《中国环境百科全书》

——选编本——

水污染控制工程

《水污染控制工程》编写委员会　编著

主　编　周岳溪

副主编　李　军　宋玉栋

中国环境出版集团・北京

图书在版编目（CIP）数据

水污染控制工程／《水污染控制工程》编写委员会编著．—北京：中国环境出版集团，2021. 11
（《中国环境百科全书》选编本）
ISBN 978-7-5111-4169-9

Ⅰ. ①水…　Ⅱ. ①水…　Ⅲ. ①水污染－污染控制　Ⅳ. ①X520. 6

中国版本图书馆 CIP 数据核字（2021）第 248286 号

出版发行　中国环境出版集团
（100062　北京市东城区广渠门内大街 16 号）
网　　址：http://www. cesp. com. cn
电子邮箱：bjgl@ cesp. com. cn
联系电话：010-67112765（编辑管理部）
发行热线：010-67125803，010-67113405（传真）

印　　刷　北京盛通印刷股份有限公司
经　　销　各地新华书店
版　　次　2021 年 11 月第 1 版
印　　次　2021 年 11 月第 1 次印刷
开　　本　787×1092　1/16
印　　张　14
字　　数　366 千字
定　　价　144 元

编写委员会

主　　编　周岳溪

副 主 编　李　军　宋玉栋

编　　委　（按姓氏汉语拼音排序）

程　荣　付丽亚　郭美婷　洪　喻　卢少勇
沈志强　王　灿　王昌稳　王建兵　王文东
吴昌永　席宏波　闫海红　于　茵　张　晶
朱洪涛

参编人员　（按姓氏汉语拼音排序）

程　荣　付丽亚　郭美婷　洪　喻　李　军
梁东博　卢少勇　彭　森　沈志强　宋玉栋
王　灿　王昌稳　王春香　王建兵　王盼新
王文东　吴昌永　席宏波　闫海红　于　茵
张　晶　赵迎新　郑林雪　朱洪涛

出版说明

《中国环境百科全书》（以下简称《全书》）是一部大型的专业百科全书，选收条目8 000余条，总字数达1 000多万字，对环境保护的理论知识及相关技术进行了全面、系统的介绍和阐述，可供环境科学研究、教育、管理人员参考和使用，也可供具有高中以上文化程度的广大读者查阅和学习。

《全书》是在生态环境部的领导下，组织近1 000名环境科学、环境工程及相关领域的专家学者共同编写的。在《全书》按条目的汉语拼音字母顺序混编分卷出版以前，我们先按分支和知识门类整理成选编本，不分顺序，先编完的先出，以求早日提供给广大读者使用。

《全书》是一项重大环境文化和科学技术基础平台建设工程。其内容横跨自然科学、技术与工程科学、社会科学等众多领域，编纂工作难度是可想而知的，加上我们编辑水平有限，一定会有许多不足之处。此外，各选编本是陆续编辑出版的，有关条目的调整、内容和体例的统一、参见和检索系统的建立，以及《全书》的编写组织和审校等，还有大量工作须在混编成卷时进行，我们诚恳地期望广大读者提出批评和改进意见。

中国环境出版集团

2018年10月

前　言

水污染控制工程是治理水污染、保护水生态环境的根本性措施，是污水资源化利用的重要前提，可支撑经济社会的可持续发展。

《中国环境百科全书》是我国第一部大型的环境专业百科全书，《水污染控制工程》分支是其重要组成部分之一。作为一部工具书，本书通过词条内容和词条体系，对水污染控制工程的理论知识及相关技术进行了全面、系统的介绍和阐述，为读者正确认识水污染控制工程提供了工具性支持。

全书涵盖了水污染控制工程的基本概念，水污染源，污水收集、输送、处理、再生利用，水环境修复，污水处理构筑物及设备等内容，涉及相关技术、工艺、材料、设备、构筑物等。在具体内容上，包括城市生活污水、工业废水、面源、水体内源等水污染源，管网与泵站、低影响开发雨水系统等污水收集输送技术；物理化学处理、生物处理、自然净化处理、再生利用等污水处理与回用技术；以及污水处理相关构筑物和专用设备等。全书内容丰富，全面反映了水污染控制工程领域多年来的研究与实践进展。

本书由同行专家咨询组和以中青年学者为主的编写团队共同完成。编写工作始于2012 年 4 月，经过对词条设置原则和词条内容的反复研讨，设计总词条表，计划收录 390 条。词条初稿形成后，综合考虑词条的内涵和各词条的相互关系，数量由 390 条调整为 304 条。其后，经过多次研讨和反复推敲，综合水污染控制工程技术进展和水环境管理新要求，添加部分新词条，删减重复词条，最终确定为 196 条。

本书的出版得到了中国环境出版集团的大力支持；本书的编辑对词条进行了认真、

细致和严谨的审读并提出了宝贵的意见，付出了辛勤的劳动；本书的同行专家咨询组和编写团队全程参与了全书的词条设计、审改、校正和定稿等工作，在此谨呈谢意。

本书涉及给排水工程学、环境科学、环境工程学、环境生物学、环境监测、生态学等多个学科，限于编者的知识与水平，难免存在不足与疏漏之处，敬请读者不吝指正，以便进一步完善和提高。

周岳溪

2021 年 10 月

凡　例

1. 本选编本共收条目 196 条。

2. 本选编本条目按条目标题的汉语拼音字母顺序排列。首字同音时，按阴平、阳平、上声、去声的声调顺序排列；同音、同调字按笔画由少到多排列。笔画数相同时，按首字的起笔笔形一（横）、丨（竖）、丿（撇）、丶（点）、フ（折，包括亅乚く等）的顺序排列。首字相同时，按第二字的音、调、起笔笔形的顺序排列，余类推。条目标题以英文字母开头的，例如，“A-B 活性污泥法”排在拼音字母 A 部。

3. 本选编本附有条目分类索引，以便读者了解本学科的全貌和按知识结构查阅有关条目。

4. 条目标题上方加注汉语拼音，所有条目标题均附有外文名。

5. 条目释文开始一般不重复条目标题，释文力求规范、简明。

6. 较长条目的释文，设置层次标题，并用不同的字体表示不同的层次标题。

7. 一个条目的内容涉及其他条目并需由其他条目的释文补充的，采用“参见”的方式。所参见的条目标题用楷体字排印。一个条目（层次标题）的内容在其他条目中已进行详细阐述，本条（层次标题）不必重述的，采用“见”的方式，例如，“曝气池”条中，在叙述**循环混合式曝气池**时，表示为“循环混合式曝气池　见氧化沟。”

8. 在重要的条目释文后附有推荐书目，供读者选读。

9. 本选编本附有全部条目的汉字笔画索引、外文索引。

10. 本选编本中的科学技术名词，以全国科学技术名词审定委员会公布的为准，未经审定和尚未统一的，从习惯。

目　录

出版说明 …… i
前言 …… iii
凡例 …… v
条目音序目录 …… viii
正文 …… 1
条目分类索引 …… 196
条目汉字笔画索引 …… 199
条目外文索引 …… 202

条目音序目录

A

A-B 活性污泥法 …… 1

B

巴氏脱氮除磷工艺 …… 3
曝气池 …… 3
曝气设备 …… 5
曝气生物滤池 …… 10
滗水器 …… 12

C

超滤 …… 16
沉淀池 …… 16
沉砂池 …… 18
城镇污水 …… 22
澄清池 …… 22
臭氧发生器 …… 23
臭氧消毒 …… 23
纯氧曝气活性污泥法 …… 23
次氯酸钠消毒 …… 24

D

低影响开发 …… 25
地表漫流系统 …… 28
地下渗滤系统 …… 28
地下水修复 …… 30
电镀废水 …… 31
电化学消毒 …… 32
电渗析 …… 32
电子工业废水 …… 33
短程硝化－反硝化工艺 …… 35

E

二氧化氯发生器 …… 36
二氧化氯消毒 …… 36

F

反渗透 …… 38
纺织染整工业废水 …… 38
放射性废水 …… 41
废水生物处理法 …… 41
废水生物脱硫 …… 42
分段进水活性污泥法 …… 42
富营养化 …… 42

G

钢铁工业废水 …… 44
高负荷活性污泥法 …… 45
高负荷生物滤池 …… 45
高温废水 …… 46
格栅 …… 47
隔油池 …… 48
隔油处理法 …… 49
工业废水 …… 49
工业园区污水收集模式 …… 50

H

含酚废水 …… 51
含氟废水 …… 51
含镉废水 …… 52
含铬废水 …… 52
含汞废水 …… 52
含氰废水 …… 53
含醛废水 …… 53

含砷废水……54
含铜废水……54
含锌废水……55
含油废水……55
好氧生物处理……55
河流水环境修复……55
黑臭水体……56
湖泊水库水环境修复……57
化粪池……58
化学工业废水……58
活性污泥法……59

J

机械加工工业废水……63
机械搅拌设备……63
给排水管道工程……64
碱性废水……64
焦化废水……65

K

颗粒污泥……67
快速渗滤系统……67
扩散渗析……68

L

拦污设备……70
绿色屋顶……73

M

慢速渗滤系统……74
面源……74
膜分离技术……75
膜生物反应器……76

N

纳滤……78
内循环反应器……78
酿造工业废水……79

P

Phoredox 工艺……81
Phostrip 工艺……81
排泥设备……82
排水泵站……93
排水工程……93
排水体制……93
排水系统……94
普通生物滤池……95

Q

气浮池……96
缺氧－好氧活性污泥法脱氮工艺……99
缺氧－厌氧－好氧活性污泥法工艺……100

R

人工湿地……101

S

三级活性污泥法脱氮工艺……103
深井曝气活性污泥法……103
渗透汽化……104
渗透塘……104
升流式厌氧污泥床……105
生活污水……106
生物活性炭滤池……106
生物接触氧化池……107
生物流化床……109
生物膜法……110
生物滞留设施……111
生物转盘……112
湿地处理系统……113
湿塘……114
石油化工废水……114
石油炼制工业废水……115
食品工业废水……116
水环境承载能力……117
水环境管理……117
水环境容量……118
水环境修复……118
水体内源……119
水体自净……119
水污染……120

水污染全过程控制 …… 120
水污染物排放标准 …… 121
水污染源 …… 121
水消毒处理 …… 122
水域功能 …… 123
水质 …… 124
酸性废水 …… 125

T

塔式生物滤池 …… 126
调节池 …… 127
透水铺装 …… 127

U

UCT 工艺 …… 129

V

VIP 工艺 …… 131

W

微滤 …… 133
稳定塘 …… 133
污泥脱水设备 …… 135
污水处理 …… 138
污水处理厂 …… 139
污水处理厂污泥 …… 139
污水处理二次污染 …… 141
污水处理构筑物 …… 142
污水磁混凝澄清处理法 …… 142
污水萃取处理法 …… 142
污水电解处理法 …… 145
污水分质收集 …… 146
污水高级氧化处理法 …… 146
污水管网 …… 147
污水光催化氧化法 …… 147
污水化学沉淀处理法 …… 148
污水化学处理法 …… 148
污水混凝处理法 …… 149
污水检查井 …… 150
污水离心分离法 …… 151
污水离子交换处理法 …… 151
污水排放口 …… 152
污水排放扩散管 …… 152
污水气浮处理法 …… 153
污水汽提处理法 …… 154
污水筛滤截留法 …… 155
污水生物除磷 …… 155
污水生物脱氮 …… 156
污水湿式空气氧化法 …… 157
污水土地处理系统 …… 158
污水物理处理技术 …… 160
污水物理化学处理技术 …… 160
污水吸附处理法 …… 160
污水氧化还原处理法 …… 161
污水再生利用 …… 162
污水蒸发处理 …… 162
污水中和处理法 …… 163
污水重力分离法 …… 163

X

吸附－再生活性污泥法 …… 164
下沉式绿地 …… 164
限制自养硝化反硝化工艺 …… 165
消毒池 …… 165
序批式活性污泥法 …… 166
絮凝池 …… 170

Y

烟道气脱硫废水 …… 172
延时曝气活性污泥法 …… 172
厌氧氨氧化工艺 …… 173
厌氧接触工艺 …… 173
厌氧颗粒污泥膨胀床 …… 173
厌氧－缺氧－好氧活性污泥法工艺 …… 174
厌氧生物处理 …… 175
厌氧生物滤池 …… 176
厌氧生物转盘 …… 176
养殖废水 …… 176
氧化沟 …… 177
液氯消毒 …… 181
医药工业废水 …… 182
医院污水 …… 183

移动床生物膜反应器 …………………………… 184
有机磷农药废水 ………………………………… 185
雨水湿地 ………………………………………… 186
约翰内斯堡工艺 ………………………………… 186

Z

再生水厂 ………………………………………… 188
造纸工业废水 …………………………………… 188
折点氯化法脱氮 ………………………………… 189
植被缓冲带 ……………………………………… 190
植草沟 …………………………………………… 190
制革废水 ………………………………………… 191
制糖废水 ………………………………………… 192
中和池 …………………………………………… 193
紫外线消毒 ……………………………………… 194

A

A-B huoxing wunifa

A-B 活性污泥法 (A-B activated sludge process) 又称吸附－生物降解工艺，是由具有各自独立的污泥沉淀回流系统的吸附段活性污泥单元与生物降解段活性污泥单元串联组成的工艺系统。

沿革 A-B 活性污泥法由德国的 Bohnke 教授于 20 世纪 70 年代首先开发，80 年代得到推广应用。最初用于污水中有机物的去除，后通过改进开发出具有脱氮除磷功能的 A-B 活性污泥法。B 段除采用活性污泥工艺外，还可采用生物膜法工艺。

流程与原理 A-B 活性污泥法工艺系统由预处理段、A 段和 B 段组成（见下图）。预处理段不设初沉池，只设格栅、沉砂池等简易处理装置。A 段和 B 段均由曝气池和沉淀池组成，A 段和 B 段完全分开，各自为独立的工艺系统，各自拥有独立的污泥回流系统，每段能够培育出独特的、适应本段水质特征并符合本段污水处理工艺要求的微生物菌群。

A 段采用高负荷运行条件［污泥负荷高于 $2kgBOD_5/$（kgMLSS · d）］，停留时间短，容积负荷和污泥负荷高，在短时间内可实现废水有机物的大幅度去除。A 段前不设初沉池，可以不断地直接从排水系统中接收污水，从而接种经过排水系统优选的微生物菌群，保证 A 段内微生物活性强、世代时间短且对来水水质（如有毒物质）有很强的适应能力。B 段接收 A 段处理出水，进水水质、水量都较稳定，受冲击负荷影响较小，B 段的净化功能得以充分发挥，出水水质更加稳定。A 段污泥产率较高，更多的有机物转化为污泥而不是彻底氧化为二氧化碳和水，使得整个工艺的耗氧量和电耗较低，也减小了整个系统的曝气池容积。

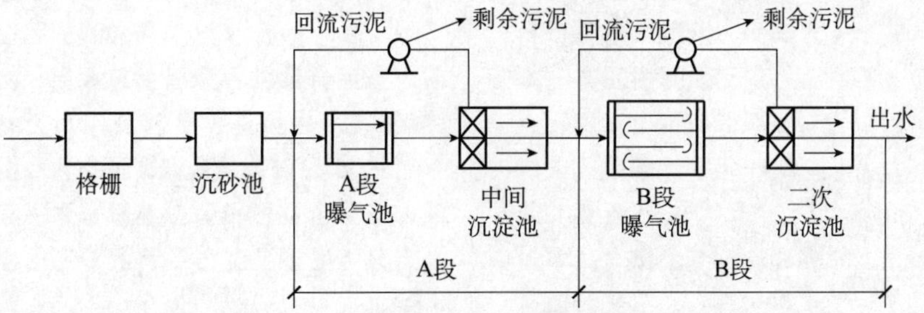

A-B 活性污泥法工艺流程

具有脱氮除磷功能的 A-B 活性污泥法 B段采用缺氧－好氧脱氮工艺，可使 A-B 活性污泥法系统具有硝化－反硝化功能。A 段微生物大量增殖，具有显著的除磷功能，B 段采用厌氧－好氧生物除磷工艺，可进一步强化A-B活性污泥法系统的除磷功能。B段采用厌氧－缺氧－好氧复合系统，可使A-B活性污泥法系统具有同步脱氮除磷功能。

优点 污染物去除效果好，出水水质波动小，抗冲击负荷能力强，污泥沉降性能好，投资及运行费用较低，有利于通过污泥厌氧消化回收沼气能源。

缺点 A-B活性污泥法污泥产率高，且剩余污泥有机物含量高，稳定性差，增加了污泥处理处置的投入。A段对有机物的去除和B段生物脱氮除磷工艺的碳源需求存在矛盾，当对脱氮除磷要求较高，而污水中有机物含量有限时，不宜采用A-B活性污泥法。此外，A段具有单独的沉淀池和污泥回流系统，增加了运行维护投入。 （席宏波　宋玉栋）

B

Bashi tuodanchulin gongyi

巴氏脱氮除磷工艺 (Bardenpho process) 由两级厌氧－好氧池串联，且第一级好氧池硝化液和二次沉淀池污泥均回流至第一级厌氧池的*活性污泥法*工艺。该工艺属于早期的同步脱氮除磷工艺，工艺流程见下图。

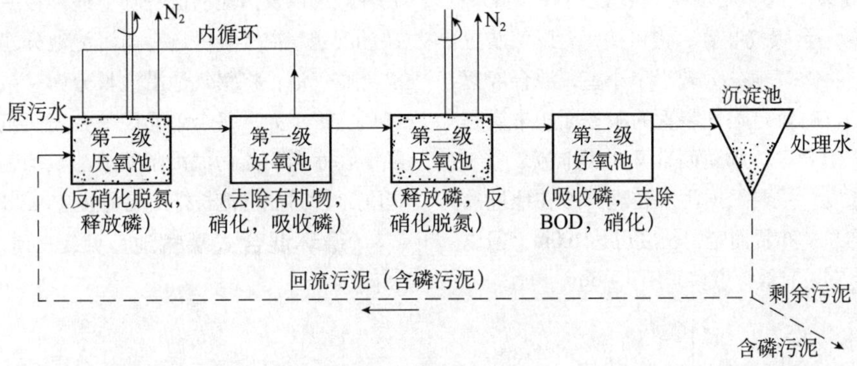

巴氏脱氮除磷工艺流程

工艺过程 包括以下五方面。

①原污水、来自第一级好氧池的回流硝化液以及来自二次沉淀池的回流污泥均进入第一级厌氧池进行反应。该单元的首要功能是脱氮，其次是污泥释放磷。

②经第一级厌氧池处理后的混合液进入第一级好氧池。该单元首要功能是去除有机物；其次是硝化；再次是聚磷菌对磷的吸收。

③经第一级好氧池处理后的混合液进入第二级厌氧池，该单元首要功能是脱氮，其次是污泥释放磷。

④经第二级厌氧池处理后的混合液进入第二级好氧池，该单元首要功能是吸收磷，其次是硝化，再次是有机物去除。

⑤沉淀池主要功能为泥水分离，上清液作为处理水排放，含磷污泥的一部分作为回流污泥，回流到第一级厌氧池，另一部分作为剩余污泥排出系统。

工艺特点 包括以下两方面。

优点 硝化、反硝化、厌氧释磷、好氧吸磷、有机物氧化反应，在系统中都反复进行两次，脱氮、除磷效果很好，脱氮率可达90%～95%，除磷率可达97%。

缺点 工艺复杂，反应器多，运行烦琐，成本高。硝化液回流影响第一级厌氧池的厌氧释磷效果。

（李军）

baoqichi

曝气池 (aeration tank) 活性污泥反应器。曝气池内保持污泥悬浮并与污水充分混合，能满足活性污泥微生物活动所需条件。

按照混合液流动形态分为推流式、完全混合式和循环混合式；按照平面形状分为长方廊道型、圆型、方型及环状跑道型等；按照采用的曝气方法分为鼓风曝气池、机械曝气池以及两者联合使用的机械—鼓风曝气池；按照生物反应池与二次沉淀池之间的关系分为合建式和分建式两种。

推流式曝气池 呈长方廊道形，混合液从池的一端流入，在后继水流的推动下，沿池长流动，并从池的另一端流出池外。多采用鼓风曝气系统，但也可以考虑采用表面机械曝气装置。采用鼓风曝气系统时，可根据曝气池尺寸将空气扩散装置安装在曝气池廊道底部的一侧、两侧或均衡地布置在整个曝气池池底。采用表面机械曝气装置时，则沿池长在池中线每隔一定距离设置一台曝气装置，也可按每台曝气装置设置隔墙，将曝气池分为若干个小室，混合液逐室串联流动，就每台曝气装置的服务面积来讲是完全混合，但就整体廊道而言又属于推流。曝气池廊道的长度，主要根据污水处理厂所在地址的地形条件与总体布置而定，长度可达100m，但以50～70m为宜，有效深度多采用4～6m。

完全混合式曝气池 废水与回流污泥一起进入曝气池后，就立即与池内混合液混合均匀，对入流水质、水量、浓度等变化有较强的缓冲能力。完全混合式曝气池多采用表面机械曝气装置，但也可应用鼓风曝气系统。完全混合式曝气池多为合建式完全混合曝气沉淀池（简称曝气沉淀池，见下图），其主要特点是曝气反应与沉淀固液分离在同一处理构筑物内完成，适用于规模较小的污水处理站。曝气沉淀池在表面上多呈圆形，偶见方形或多边形，通常由曝气区、导流区和沉淀区三部分所组成。曝气沉淀池具有结构紧凑、流程短、占地少、不需回流设备、易于管理等优点。曝气沉淀池的沉淀区在构造上具有一定的局限性，泥水分离、污泥浓缩以及污泥回流等环节还存在一些尚待解决的问题。在实践中还有与沉淀池分建的完全混合式曝气池：将曝气池沿池长分为一系列相互衔接的方形单元，每个单元设一台表面机械曝气装置，污水与回流污泥沿曝气池池长均匀引入，并均匀地沿另一侧池长排出混合液进入二次沉淀池。

循环混合式曝气池 见氧化沟。

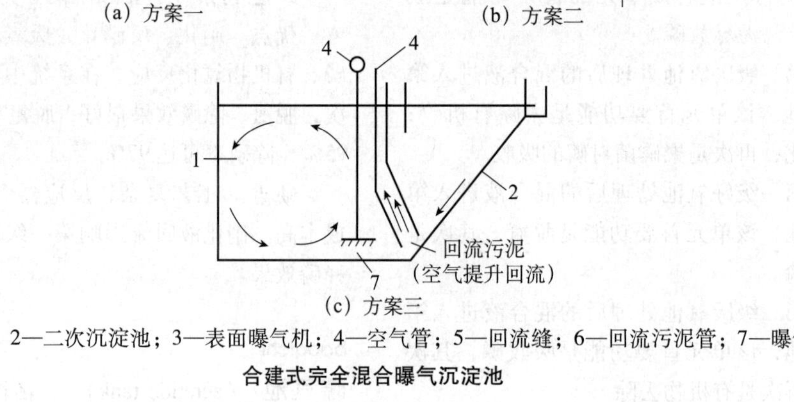

1—曝气池；2—二次沉淀池；3—表面曝气机；4—空气管；5—回流缝；6—回流污泥管；7—曝气装置

合建式完全混合曝气沉淀池

（李军　闫海红）

baoqi shebei

曝气设备 （aeration equipment） 向水中强制增氧，以供给好氧微生物新陈代谢所需要的氧量，同时对池内水体进行充分混合，加强池内微生物与污染物及溶解氧接触的设备。按照曝气方式，主要分为鼓风曝气、氧气曝气、表面曝气、水下曝气四大类，目前污水处理中的常见曝气设备见下表。

鼓风曝气设备 由空气加压设备、管路系统与空气扩散装置组成。空气加压设备一般选用鼓风机，空气扩散装置有扩散板、竖管、穿孔管、微孔曝气头等多种形式。鼓风机是依靠输入的机械能提高气体压力并排送气体的机械。按照工作原理，分为容积式鼓风机和叶片式鼓风机，前者靠在气缸内往复（往复风机）或者旋转（回转风机）运动的活塞的作用，使气体体积缩小而提高压力，回转风机又分为叶氏风机、罗茨风机和螺杆风机；后者靠高速运转叶轮的作用，提高气体的压力和速度，分为离心风机和轴流风机。

氧气曝气设备 由制氧、输氧和充氧装置等组成。与鼓风曝气设备相比，其主要特点在于能够提高曝气的氧分压。空气中的氧分压为0.21atm（$1atm = 1.013\ 25 \times 10^5 Pa$），氧气中可达1 atm，因而水中氧的饱和浓度大大提高，氧吸收率高，传递速率快；但运行成本较鼓风曝气设备高。

污水处理中常见的曝气设备类型

曝气方式	装置类别	设备名称
鼓风曝气	鼓风机	离心风机 轴流风机 叶氏风机 罗茨风机 螺杆风机 往复风机
	微孔空气扩散器	盘式空气扩散器 球式空气扩散器 钟罩式空气扩散器 平板式空气扩散器 软管式空气扩散器 可张中、微孔空气扩散器
	中大气泡空气扩散器	双环伞型空气扩散器 穿孔散流空气扩散器 网状膜中微孔空气扩散器 固定螺旋空气扩散器 动态空气扩散器 盆型空气扩散器 穿孔管空气扩散器
水下曝气	射流曝气机	供气式射流曝气机
		自吸式射流曝气机
	泵式曝气机	泵式水下曝气机
	螺旋曝气机	自吸式螺旋曝气机

续表

曝气方式	装置类别	设备名称
表面曝气	立轴式表面曝气机	泵型叶轮表面曝气机 倒伞型叶轮表面曝气机 K 型叶轮表面曝气机 平板型叶轮表面曝气机
	卧轴式表面曝气机	转刷曝气机 转盘曝气机
氧气曝气	纯氧曝气机	纯氧曝气机

表面曝气设备 按结构形式，分为立轴式和卧轴式两类。

立轴式表面曝气机 有多种型式，其机械传动结构大致相同，主要区别在于叶轮的结构形式，有泵（E）型、倒伞型、K 型、平板型等。一般由电动机、传动装置和曝气叶轮三部分组成。按整机安装方式有固定式和浮置式两类，按叶轮浸没度可调与否分为可调式和不可调式。作用原理为：①水在转动叶轮作用下，不断地从叶轮周边呈水幕状被抛向水面，并使水面产生波动水花，从而带进大量空气，使得空气中的氧迅速溶解于水中；②由于叶轮的离心抛射和提升作用，水体快速地上下循环产生一个强大的回流，液面不断更新，以充分接触空气充氧；③部分叶轮的叶片后侧有凹陷或开孔，叶轮旋转时叶片后侧形成低压区，吸入空气充氧。

泵（E）型叶轮 由平板、叶片、上压罩、下压罩、导流锥顶和进水口等构成，其构造和结构尺寸见图 1。

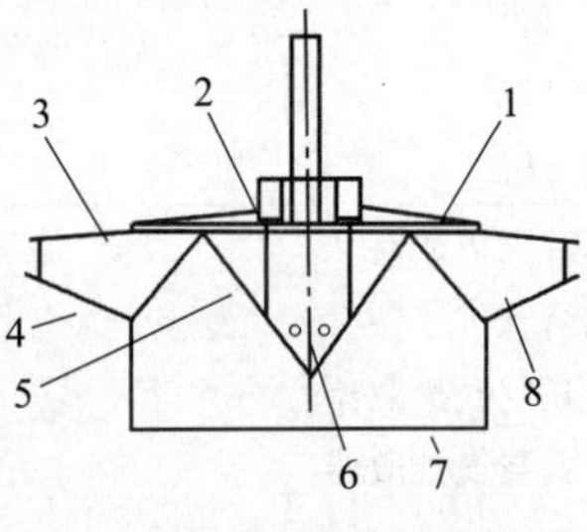

（a）叶轮构造示意

叶轮直径/mm	叶片数/片
600	8
900	12
1 200	15
1 500	18
1 800	22
2 100	24

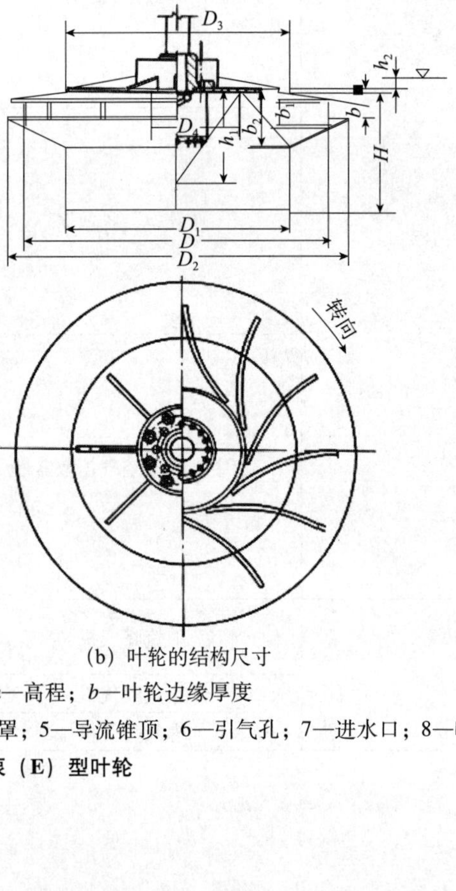

（b）叶轮的结构尺寸

D—叶轮直径；*H*、*h*—高程；*b*—叶轮边缘厚度

1—上平板；2—进气孔；3—上压罩；4—下压罩；5—导流锥顶；6—引气孔；7—进水口；8—叶片

图 1 泵（E）型叶轮

倒伞型叶轮　又称辛姆卡型叶轮，其结构见图2。直立在倒置浅锥体外侧的叶片，自轴伸向顶端的外缘，以切线方向向周边放射，其尾端均布在圆锥体边缘的水平板上，并外伸一小段，与轴垂直。在此基础上改进的DSC倒伞型叶轮具有更好的充氧效果（图3）。

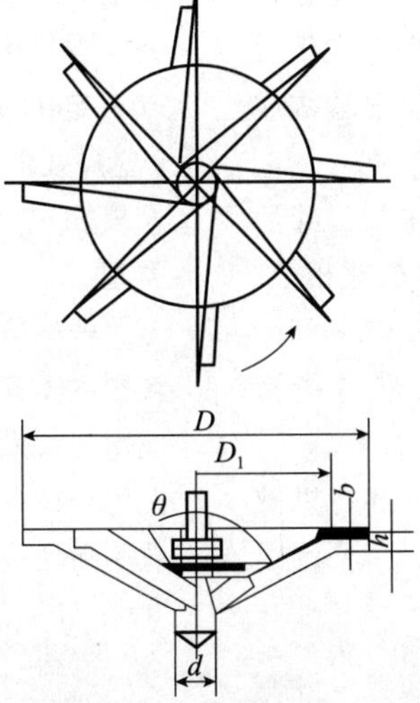

D—叶轮直径；*b*—叶轮边缘厚度；*θ*—叶片倾角；*h*—高度；*d*—叶轮轴直径

图2　倒伞型叶轮

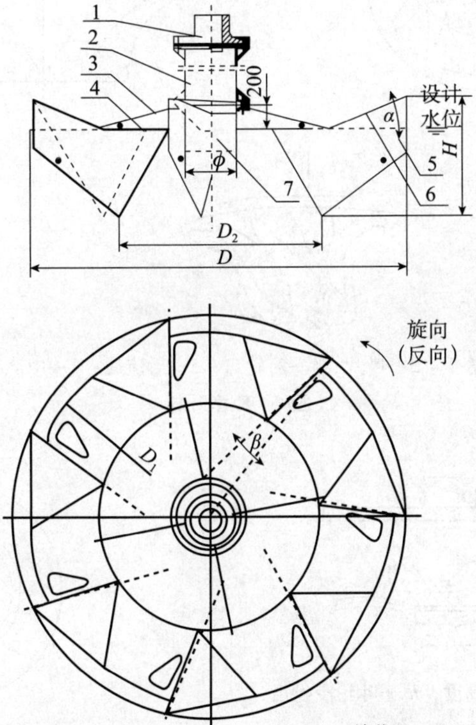

单位：mm

1—锥孔法兰；2—倒伞连接轴；3—筋板；4—中心板；5—叶片；6—压水板；7—叶轮轴

D—叶轮直径；*H*—高程；*α*—抛水口斜度；*β*—叶片后倾角；*ϕ*—叶轮轴直径

图3　DSC倒伞型叶轮

K型叶轮　主要由后轮盘、叶片、盖板和法兰组成，其结构见图4。后轮盘近似于圆锥体，锥体上的母线呈流线型，与若干双曲率叶片相交成水流通道。通道从始端至末端旋转90°。后轮盘端部外缘与盖板相接，盖板大于后轮盘及叶片，其外伸部分与后轮盘出水端构成压水罩，无前轮盘。

平板型叶轮　构造最简单，由平板、叶片和法兰等构成，其结构见图5。叶片长宽相等，叶片与圆形平板径向线夹角一般为0°～25°，最佳角度为12°。通过改变叶片形状等措施（图6），可进一步提高充氧能力。

卧轴式表面曝气机　亦有多种型式，机械传动结构大致相同，总体布置有异，主要区别在于水平轴上的工作载体——转刷或转盘。其作用原理为：①向处理污水中充氧，水在不断旋转的转刷（盘）叶片作用下，切向呈水滴飞溅状抛出水面与裹入空气强烈混合，完成空气中氧向水中的转移；②推动混合液以一定的流速在氧化沟中循环流动，转刷（盘）处液体不断更新，使混合液循环接受充氧。包括转刷曝气机和转盘曝气机两种类型。

转刷曝气机　由电动机、减速传动装置和转刷主体等主要部件组成，结构见图7。主要应用于氧化沟技术，可在矩形或圆形曝气池中使用，具有推流能力强、充氧负荷调节灵活、效率高且管理维修方便等特点。

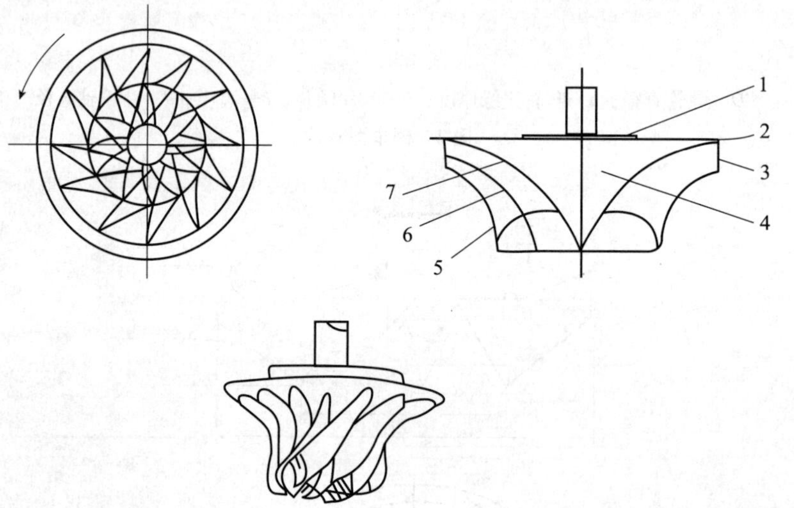

1—法兰；2—盖板；3—叶片；4—后轮盘；5—后流线；6—中流线；7—前流线

图4　K型叶轮

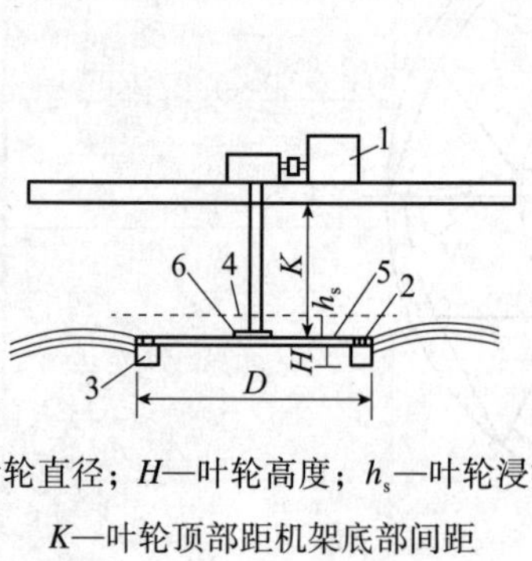

D—叶轮直径；H—叶轮高度；h_s—叶轮浸没度；

K—叶轮顶部距机架底部间距

1—驱动装置；2—进气孔；3—叶片；

4—停转时水位线；5—平板；6—法兰

图5　平板型叶轮

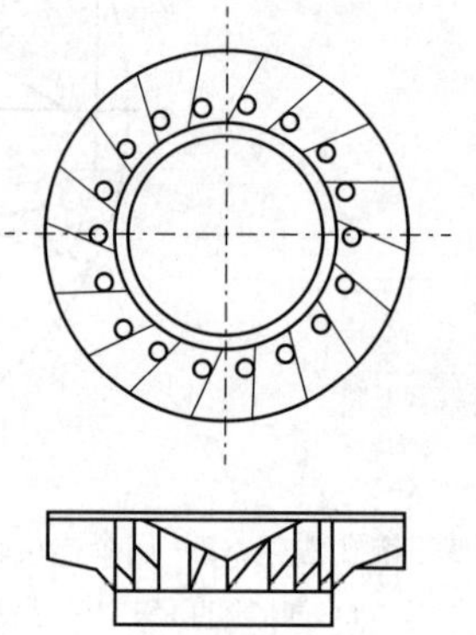

图6　改进后平板型叶轮

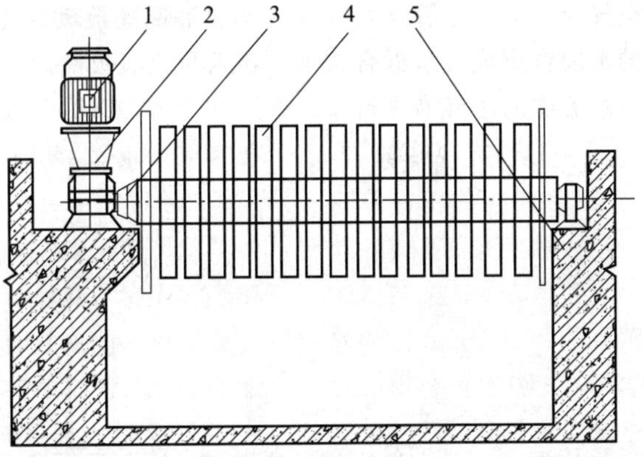

1—电动机；2—减速传动装置；3—柔性联轴器；4—转刷主体；5—氧化沟池壁

图7　转刷曝气机

转盘曝气机　主要用于奥贝尔（Orbal）氧化沟，通常被称为曝气转盘或曝气转碟。由电动机、减速传动装置、转轴及曝气转盘等主要部件组成（见图8）。

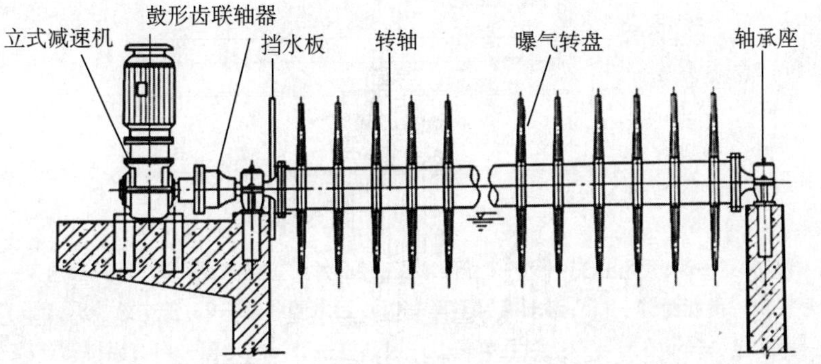

图8　转盘曝气机

水下曝气设备　按进气方式可分为压缩空气式与自吸空气式两类。压缩空气式一般采用鼓风机或空气压缩机送气；自吸空气式靠叶轮离心力或射流技术产生负压区，外接进气管吸入空气。与表面曝气方式相比，水下曝气方式的突出优点是能够提高氧的转移速度。另外，由于底边流速快，在比较大的范围内可防止污泥沉淀，且无泡沫飞溅、无噪声，避免了二次污染。包括以下四种类型。

自吸式射流曝气机　由潜水泵与射流器等组成（见图9）。当潜水泵工作时，高压喷出的水流通过射流器喷口产生射流，通过扩散管进口处的喉管时，在气水混合室内产生负压，将液面以上的空气，由通向大气的导管吸入，经与水充分混合后，空气与水的混合液从射流器喷出，与池中的水体进行混合充氧，并在池内形成环流。

供气式射流曝气机　一般由单一的射流器构成，设置在曝气池或氧化沟的底部。外接加压水管、压缩空气管与射流器构成曝气系统。送入的压缩空气与加压水充分混合后向水平方向喷射，形成射流和混合搅拌区，对水体充氧曝气。由于射流带在水平及垂直两个方向的混合作用，可得到良好的混合效果，氧转移率较高。缺点是需要外设加压水管及压缩空气系统，使得整个系统较复杂。

泵式水下曝气机　集泵、鼓风机和混合器的功能于一体的曝气设备，直接安装于池底对水体进行曝气（见图10）。水下曝气机的叶轮与潜水电机直连，叶轮转动时产生的离心力使叶轮进水区产生负压，空气通过进气导管从水面上吸入，与进入叶轮的水混合形成气水混合液由导流管口增压排出，水流中的小气泡平行沿着池底高速流动，在池内形成对流和循环，达到曝气充氧效果。

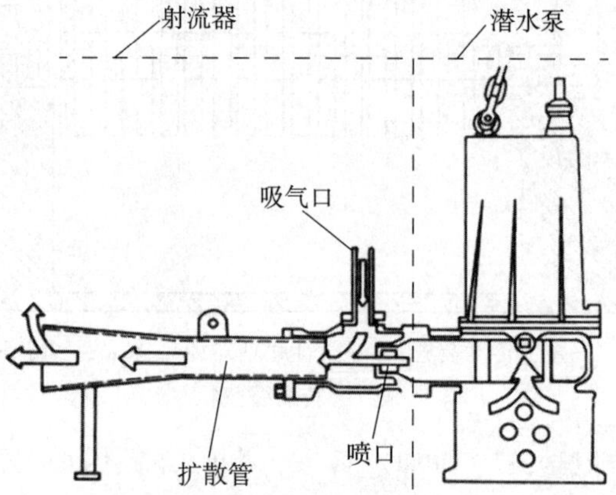

图 9　自吸式射流曝气机

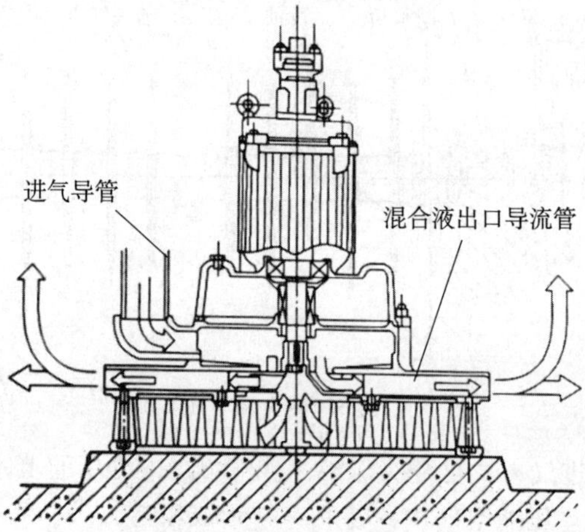

图 10　泵式水下曝气机

自吸式螺旋曝气机　是一种小型曝气设备，倾斜安装于氧化沟（池）中，利用螺旋桨转动时产生的负压吸入空气，并剪切空气使其呈微气泡扩散，进而对水体充氧。由于螺旋桨的作用，该曝气机同时具有混合推流的功能。一般用于小型曝气系统，或者作为大中型氧化沟为增强推流与曝气效果而增添的附加设施，安装容易，运行费用低，噪声小，操作简单。

（程荣）

baoqi shengwu lüchi

曝气生物滤池　(biological aerated filter, BAF)　一种采用人工曝气充氧和以粒状滤料为生物膜载体的固定床淹没式生物膜法处理构筑物，兼具生物接触氧化池对溶解性污染物的生物降解能力和滤池对悬浮态污染物的过滤截留能力。

沿革　20 世纪 30 年代在欧美出现淹没式生物接触滤池，其成为曝气生物滤池的雏形。1982 年，由法国 OTV 公司研发的 BIOCARBONE 型曝气生物滤池在巴黎投入使用；1991 年，欧盟发布《城市废水处理指令》（Urban Waste Water Treatment Directive），对出水水质提出了更高的要求，曝气生物滤池得到了广泛应用。近年来曝气生物滤池发展迅速，工艺形式不断推陈出新，出现了 BIOCARBONE、BIOFOR、BIOSTYR、BIOPUR、Colox 等多种形式。

工艺原理 曝气生物滤池是充分借鉴接触氧化法和普通快滤池的设计思路，将生物降解与吸附过滤两种处理过程合并在同一单元反应器中。以滤池中填装的粒状填料为载体，在滤池内部进行曝气，使滤料表面大量生长生物膜，当污水流经时，利用滤料上所附生物膜中高浓度活性微生物的氧化分解作用以及滤料的过滤截留作用，实现污染物的去除。

构造 曝气生物滤池根据进水方向分为上向流和下向流两种形式，目前常用上向流形式。典型曝气生物滤池主体由滤池池体、布水及反冲洗布水布气系统、承托层、滤料层、工艺曝气系统、反冲洗系统、出水系统和自控系统组成（见下图）。曝气生物滤池的滤料多采用粒状的陶粒、无烟煤、石英砂、膨胀页岩等。

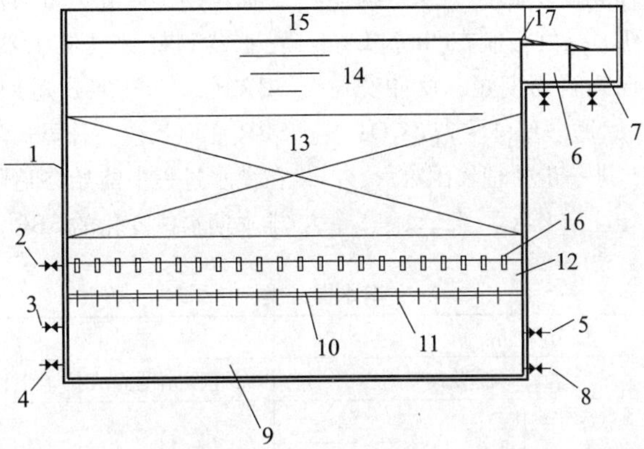

1—滤池池体；2—工艺曝气管；3—反冲洗进气管；4—进水管；5—反冲洗进水管；6—反冲洗排水槽（渠）；7—出水槽（渠）；8—放空管；9—缓冲配水区；10—承托层和滤板；11—长柄滤头；12—承托层；13—陶粒滤料层；14—清水区；15—超高区；16—单孔膜空气扩散器；17—出水堰

典型陶粒滤料曝气生物滤池结构

运行 曝气生物滤池为周期性运行，从开始过滤到反冲洗完毕为一个运行周期，包含以下三个过程。

生物氧化降解过程 污水在垂直方向通过滤料层时，利用滤料的高比表面积以及生物膜的氧化降解能力对污水进行快速净化。

截留过程 污水流经滤料层时，利用滤料粒径小的特点以及生物膜的生物絮凝作用，过滤截留污水中的悬浮物。

反冲洗过程 运行一定时间后，水头损失增加，利用处理后的出水对滤池进行反冲洗，以释放截留的悬浮物并更新生物膜，排出增殖的生物膜。

特征 与传统生物滤池相比，曝气生物滤池采用人工强制曝气代替自然通风；采用粒径小、比表面积大的滤料，显著提高了生物浓度；采用生物处理与过滤处理联合的方式，省去了二次沉淀池；采用反冲洗的方式，避免了堵塞问题，并提高了生物膜的活性。

优点 ①处理能力强，容积负荷高。曝气生物滤池采用粗糙多孔的小颗粒滤料作为生物载体，可在滤料表面保持较高的生物量（可达10~15g/L），易于挂膜且运行稳定。②生物相复杂，菌群结构合理，反应器内具有明显的空间梯度特征，不同的污染物可在同一反应器内被渐次去除，同步发挥生物氧化、生物吸附絮凝和物理截留作用，出水水质好，可满足回用要求。③与普通生物滤池及塔式生物滤池不同的是，该滤池在去除 BOD、氨氮时需进行曝气，但粒状填料层具有较高的氧转移效率，曝气量低，运行能耗较低，硝化和反硝化效率高。④曝气生物滤池为半封闭或全封闭构筑物，其生化反应受外界温度影响较小。⑤高浓度的微生物量增大了曝气生物滤池的容积负荷，进而降低了池容积和占地面积，节省了基建费用。⑥滤池运行过程中通过反冲洗去除滤层中截留的污染物和脱落的生物膜，无须设二沉池，简化了工艺流程；采用模块化结构设计，使运行管理更加方便。⑦减少了污水处理厂异味，无污泥膨胀问题，无须污泥回流。

缺点　①对进水悬浮物要求较严，悬浮物质量浓度不超过100mg/L，最好控制在60mg/L以下，进水悬浮物较多时运行周期短，反冲洗频繁；②水头损失较大，每一级1～2mH_2O；③产生的污泥稳定性差，进一步处理较困难。

（李军　王文东）

bishuiqi

滗水器（water decanter）　又称滗析器，是序批式活性污泥法（SBR）工艺定期排出与活性污泥分离后澄清水的专用设备，具有能从静止的池表面将澄清水滗出，而不搅动沉淀，确保出水水质的作用。

滗水器形式随工艺条件和池形结构而有所不同，按滗水器随水位变化与否可分为固定式和升降式（见下表）。固定式（见图1）一般都是由固定不变的排水管组成，不随水位的变化而运动，可分为重力流式滗水器、空气堰式滗水器和虹吸式滗水器。重力流式用于小型SBR池，空气堰式适用于排水期水位恒定的SBR变形工艺。升降式滗水器（见图2～图4）在滗水过程中能始终追随水位的变化，适用于排水期水位变化的SBR池型。

滗水器分类

形式	分类				说明
固定式	按排水方式	虹吸式			靠虹吸原理完成排水工作
		重力流式	固定管式	单层	靠固定的穿孔管集水，由阀门控制排水
				双层	
				多层	
			短管式		靠喇叭管集水，由阀门控制排水
		空气堰式			利用密闭空间内气液两相平衡原理滗水
升降式	按集水方式	堰槽式	圆形堰		堰槽为环式，堰式进流
			单面矩形堰		堰槽单面开口，堰式进流
			多面矩形堰		堰槽2面、3面、4面，堰式进流
		穿孔管式	单管		以单根管道集水
			多管		以2根以上管道集水
		吸口式	虹吸		靠水下虹吸口滗水
			泵吸		一般靠泵类设备完成滗水动作
		堰门式			类似给排水工程中的堰门，靠门板的上下移动，完成闲置与滗水
	按排水管性质	柔性管	软管		依柔性管的可变性，追随水位的变化
			波纹管		
		刚性管	可伸缩套筒		以可伸缩的套筒作为追随水位变化的主要工具
			旋臂直管		以刚性直管的转动作为追随水位变化的主要方法
			肘节直管		以多节直管通过回转接头作为追随水位变化的主要方法

续表

形式	分类				说明
升降式	按追随水位变化的力	浮筒力	恒浮力	阀控	定期开启阀门完成排水，反之则闲置
				门控	利用拍门原理，使集水槽闭口，闲置；反之则滗水
			变浮力	注气	给浮筒注气并排出浮筒内的水，使集水管上浮，完成闲置；反之则滗水
				压筒	将浮筒下压，使集水口抬高，闲置；反之则滗水
		机械力	螺杆传动		以螺杆的传动，完成闲置和滗水动作
			钢索传动		以钢索牵引使集水口抬出水面而闲置，重力滗水
		复合力			以浮力、机械力等相互配合、叠加，完成滗水和闲置动作
	按自动化程度	手动			定期、定时以手操作使之滗水或闲置
		半自动			以水位和时间作为条件，连续控制滗水或闲置
		全自动			对水质、水位进行连续监测与控制，实施周期性滗水或闲置

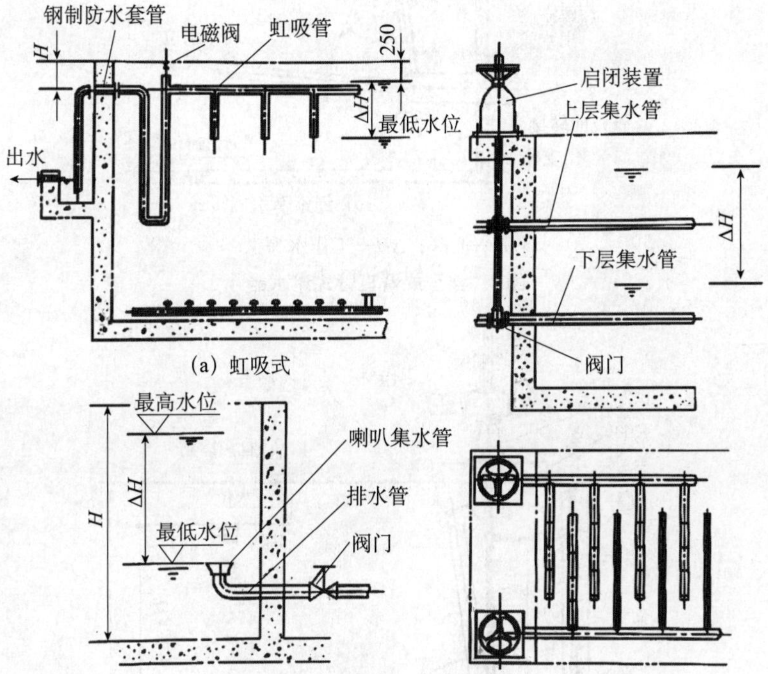

H—水深，ΔH—工作水深

图 1　典型固定式滗水器

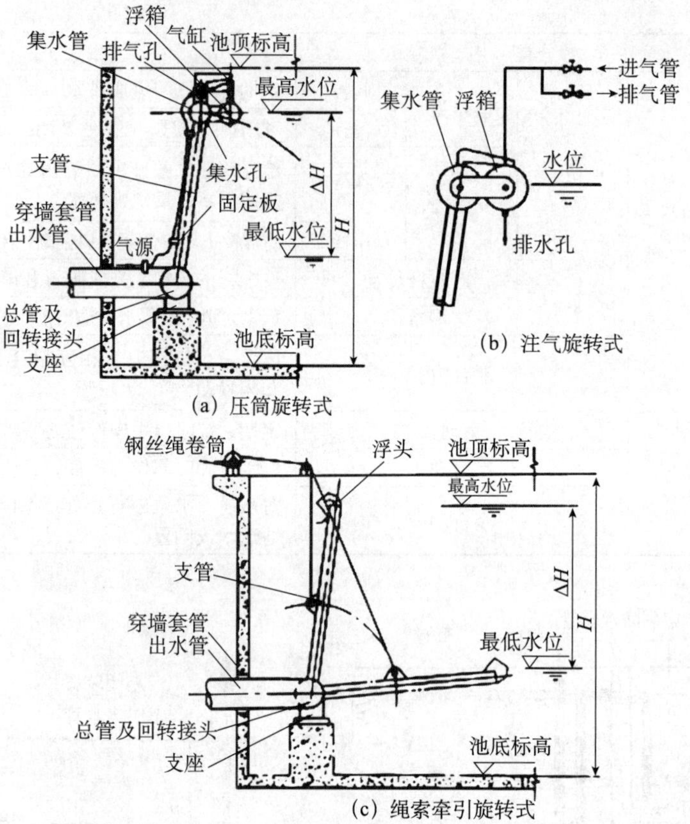

H—池深；Δ*H*—工作水深

图 2　典型旋臂直管式滗水器

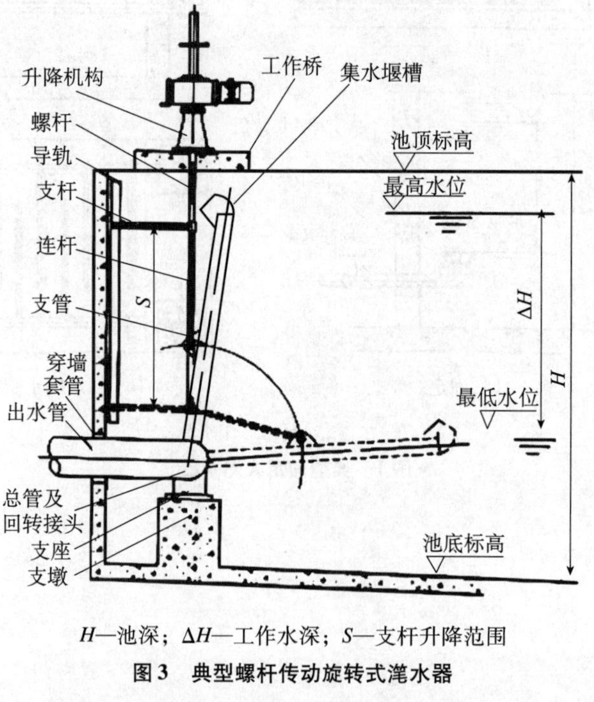

H—池深；Δ*H*—工作水深；*S*—支杆升降范围

图 3　典型螺杆传动旋转式滗水器

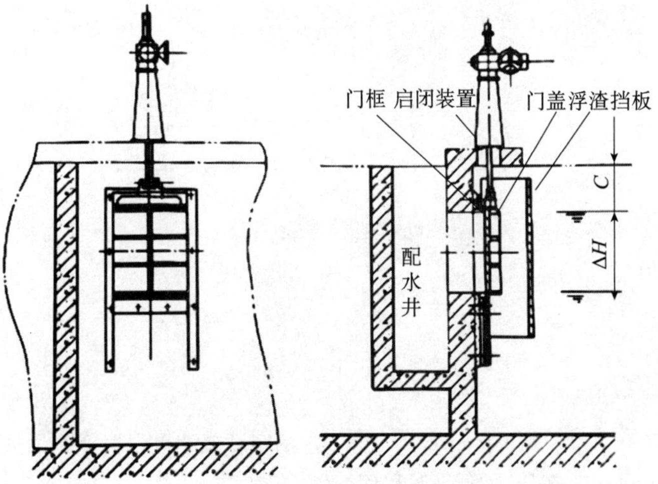

C—超高；Δ*H*—工作水深

图 4　典型堰门式滗水器

（程荣）

C

chaolü

超滤 （ultrafiltration） 在压力驱动下利用超滤膜的筛分机理截留分子量范围为几百到几百万的溶质和微粒的膜分离技术。超滤能够过滤微滤膜不能彻底去除的胶体、蛋白质、酶、病毒、染料等。

特点 包括以下四点：

①在常温无相变的温和条件下可实现对温度、pH 等敏感的生物体系的浓缩或分离纯化。

②分离过程不需要化学试剂，克服了传统生物制品分离提纯工艺易导致活性物质变性、失活等缺点。

③操作压力较低，能耗较低，渗透压差可忽略不计。

④易产生浓差极化现象。

超滤膜 是由起分离作用的一层极薄表皮层和起支撑作用的海绵状或指状多孔支撑层组成，切割分子量在几百至几百万的膜。

膜材料 分为高分子材料和无机材料两大类。高分子材料包括纤维素类、聚砜类、聚酰胺类、聚烯烃类、聚酯类、含氟类等；无机材料主要有陶瓷、金属、微孔玻璃、分子筛等。

应用 污废水处理；生物大分子的浓缩、分离、纯化；反渗透工艺的预处理工艺。

（朱洪涛）

chendianchi

沉淀池 （settling tank） 利用悬浮物与水的密度差和重力沉降作用去除水中悬浮物的构筑物。

原理 根据悬浮颗粒的浓度和性质，沉淀可分为自由沉淀、絮凝沉淀、拥挤沉淀和压缩沉淀四种基本类型。

自由沉淀 颗粒在沉淀过程中呈离散状态，互不干扰，其形状、尺寸、密度等均在沉淀过程中不发生变化，下沉速度恒定。常发生在沉砂池和初次沉淀池运行初期。

絮凝沉淀 当水中悬浮颗粒浓度不高，但具有絮凝性时，在沉淀过程中，颗粒相互干扰，其尺寸、质量均会随沉淀深度的增加而增大。沉速亦随深度而增加。这种现象通常发生在废水处理工艺中的初次沉淀池运行后期、二次沉淀池运行前期以及给水处理工艺中的混凝沉淀单元。

拥挤沉淀 又称分层沉淀。当悬浮颗粒浓度较大时，每个颗粒在下沉过程中都要受到周围其他颗粒的干扰，在清水和浑水之间形成明显的交界面，并逐渐向下移动。主要发生在高浊水的沉淀单元、活性污泥的二次沉淀池等。

压缩沉淀 当悬浮颗粒浓度很高时，颗粒相互接触、相互支撑，在上层颗粒的重力作用下，下层颗粒间的水被挤出，污泥层被压缩。这种现象发生在沉淀池底部和污泥浓缩池。

分类 按在污水处理流程中的位置，主要分为初次沉淀池、二次沉淀池和污泥重力浓缩池。

初次沉淀池 是设在生物处理构筑物前，

用以降低污水中的悬浮物浓度的沉淀池。对于一般的城市污水而言，它可以去除20% ~30%的五日生化需氧量（BOD_5）与40% ~55%的悬浮物，可改善生物处理构筑物的运行条件并降低其BOD_5负荷。

二次沉淀池 是设在生物处理构筑物后，用于污泥与水分离的沉淀池。在活性污泥法中，从曝气池流出的混合液在二次沉淀池中进行泥水分离和污泥浓缩，澄清后的出水溢流外排，浓缩的活性污泥部分回流至曝气池，其余作为剩余污泥外排。在生物膜法中，含脱落的生物膜的处理出水在二次沉淀池中进行泥水分离，澄清后的出水溢流外排，沉淀污泥作为腐殖污泥外排。生物处理单元的处理效能与二次沉淀池的设计和运行密切相关。

污泥重力浓缩池 是采用重力的方法降低污泥含水率、减少污泥体积的构筑物。污泥固体负荷宜采用30 ~60kg/（m^2 · d），浓缩时间不宜小于12h，有效水深宜为4m，采用栅条浓缩机时，其外缘线速度一般宜为1 ~2m/min，池底坡向泥斗的坡度不宜小于0.05。

池型 按水流方向，沉淀池有平流式沉淀池、辐流式沉淀池、竖流式沉淀池和斜流式沉淀池。每个沉淀池均包括进水区、沉淀区、缓冲区、污泥区和出水区等。各种池型的适用条件和优缺点如下。

平流式沉淀池 指污水沿水平方向流动，使污水中的固体物沉降的水池，适用于大、中、小型污水处理厂。具有沉淀效果好、对冲击负荷和温度变化的适应能力较强、施工简易、平面布置紧凑、排泥设备已定型化等优点，但存在配水不易均匀、采用多斗排泥时操作量大、采用机械排泥时设备较复杂等问题。每格长度与宽度之比不宜小于4，长度与有效水深之比不宜小于8，池长不宜大于60 m；宜采用机械排泥，排泥机械行进速度为0.3 ~1.2m/min（见图1）。

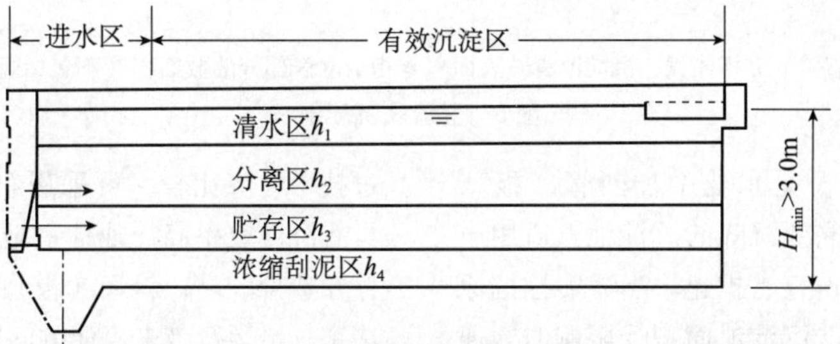

注：h和H均指高度。

图1 平流式沉淀池

辐流式沉淀池 指污水沿径向减速流动，使污水中的固体物沉降的水池，适用于大、中型污水处理厂。优点是机械排泥设备已定型化，运行可靠，管理较方便；缺点是设备较复杂，对施工质量要求高。水池直径不宜大于50m，直径与有效水深之比宜为6 ~12，宜采用机械排泥，刮泥板外缘速度不宜大于3m/min，坡向泥斗的底坡坡度不宜小于0.05（见图2）。

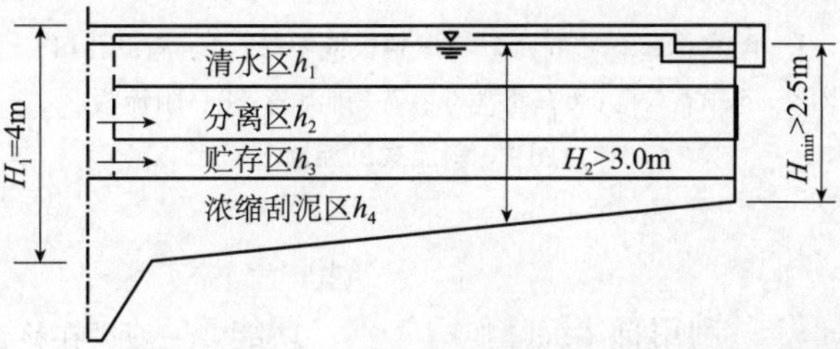

注：h和H均指高度。

图2 辐流式沉淀池

竖流式沉淀池 指污水从中心管进入，水流竖直上升流动，使污水中的固体物沉降的水池，适用于处理水量不大的中、小型污水处理厂。其优点是排泥方便，管理简单，占地面积较小；缺点是池深较大，施工困难，对冲击负荷和温度变化的适应能力较差，池径不宜过大，否则布水不均。水池直径（或正方形的边长）与有效水深之比不宜大于3，中心管内流速不宜大于30mm/s，中心管下口应设有喇叭口和反射板，板底面距泥面不宜小于0.3m（见图3）。

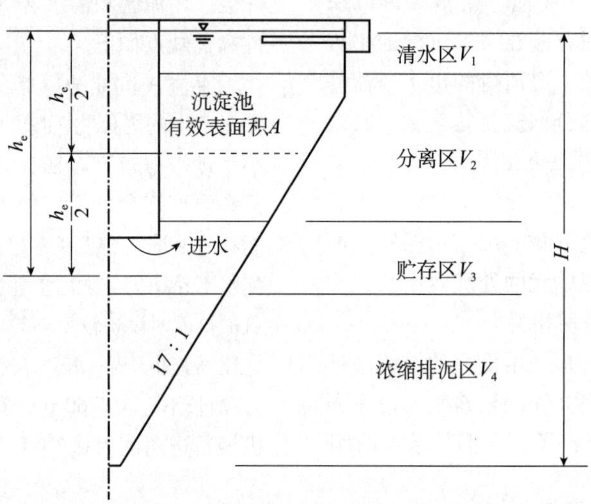

注：h和H均指高度；V指体积；沉淀池有效表面积A指清水区部分的截面积（不包括竖流导流筒部分）。

图3 竖流式沉淀池

斜流式沉淀池 是水池中加斜管（板），使污水中的固体物高效沉降的沉淀池，适用于初沉池及沉淀池的改建、扩建。当需要挖掘原有沉淀池潜力或建造沉淀池面积受限制时，通过技术经济比较，可采用斜管（板）沉淀池。具有沉淀效率高、池体占地面积小的特点，但存在造价较高，斜管（板）间有时积泥、发生堵塞、给运行带来不便的问题（见图4）。

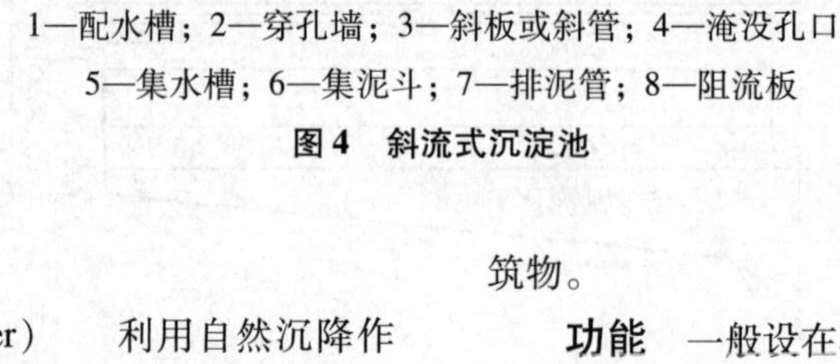

1—配水槽；2—穿孔墙；3—斜板或斜管；4—淹没孔口；
5—集水槽；6—集泥斗；7—排泥管；8—阻流板

图4 斜流式沉淀池

（闫海红）

chenshachi

沉砂池 (grit chamber) 利用自然沉降作用，去除水中砂粒或其他密度较大颗粒的构筑物。

功能 一般设在格栅后、初次沉淀池或生物处理系统前，主要用于去除污水中粒径大于

0. 2mm、密度大于 2. 65 g/cm^3 的砂粒，防止砂粒等粒径较大的重质颗粒物对后续处理构筑物与设备可能产生的不利影响，包括堵塞管道、造成过量的机械磨损、占据污泥消化池容积等。城市污水处理必须设置沉砂池，含砂粒较少的工业废水处理可不设置沉砂池。

原理 利用重力作用原理使污水中砂粒与水分离，并通过控制沉砂池的进水流速和停留时间，使得密度大的无机颗粒下沉，而密度较小的有机颗粒能够随水流被带走。

分类 可分为平流式沉砂池、曝气式沉砂池和旋流式沉砂池三大类。

平流式沉砂池 是污水沿水平方向流动分离砂粒的沉砂池。属于早期使用的型式，池型一般采用渠道式，底部设砂斗，定期排砂。最大流速 0. 3 m/s，最小流速 0. 15m/s；水力停留时间 30 ~ 60s，最大流量时的停留时间不小于 30s；有效水深不应大于 1. 2m，每格宽度不宜小于 0. 6m，排砂周期小于 2d。平流式沉砂池往往不能适应污水水量波动较大的特性：水量大时，流速过快，许多砂粒未来得及沉下；水量小时，流速过慢，有机悬浮物也沉下来，沉砂易腐败（见图 1）。

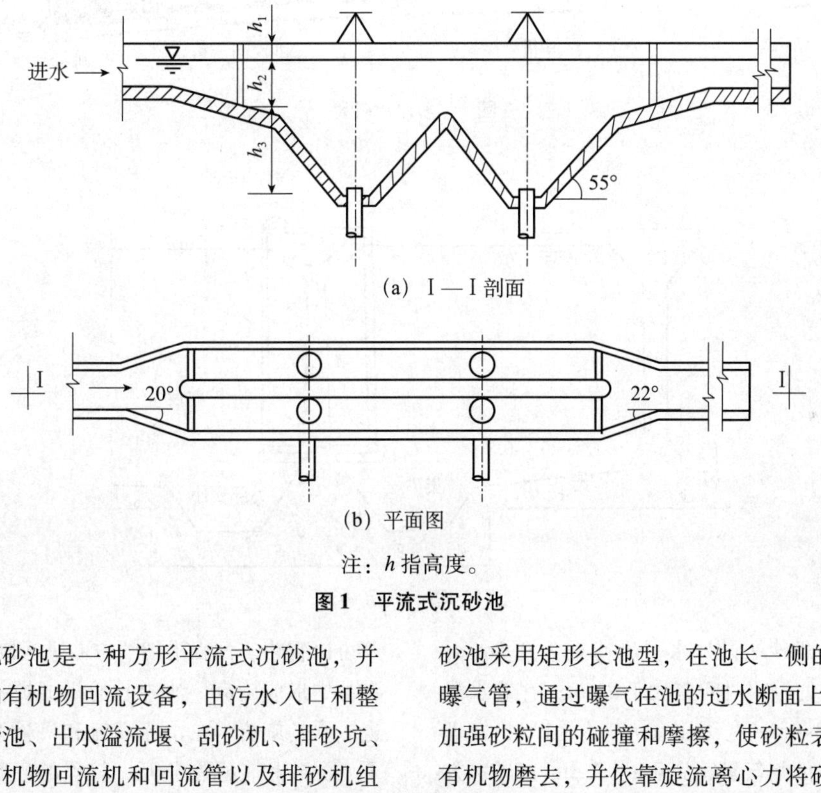

注：h 指高度。

图 1　平流式沉砂池

多尔沉砂池是一种方形平流式沉砂池，并配有洗砂和有机物回流设备，由污水入口和整流器、沉砂池、出水溢流堰、刮砂机、排砂坑、洗砂机、有机物回流机和回流管以及排砂机组成。中心设旋转刮砂机，连续排砂，洗砂机把附在砂粒上的有机物洗掉，洗下来的有机物经有机物回流机及回流管随污水一起回流至沉砂池，沉砂中的有机物含量低于 10%，达到清洁沉砂标准（见图 2）。

曝气式沉砂池 是空气沿池一侧进入、使水呈螺旋形流动分离砂粒的沉砂池。曝气式沉砂池采用矩形长池型，在池长一侧的底部设置曝气管，通过曝气在池的过水断面上产生旋流，加强砂粒间的碰撞和摩擦，使砂粒表面附着的有机物磨去，并依靠旋流离心力将砂粒甩向外层并下沉，密度较小的有机物旋流至水流中心部位随水被带走。曝气式沉砂池的优点是通过调节曝气量，可以控制污水的旋流速度，使除砂效率较稳定，受流量变化的影响较小，沉砂有机物含量低于 10%，还对污水起到预曝气作用。缺点是产生臭气污染，需要额外的曝气能耗（见图 3）。

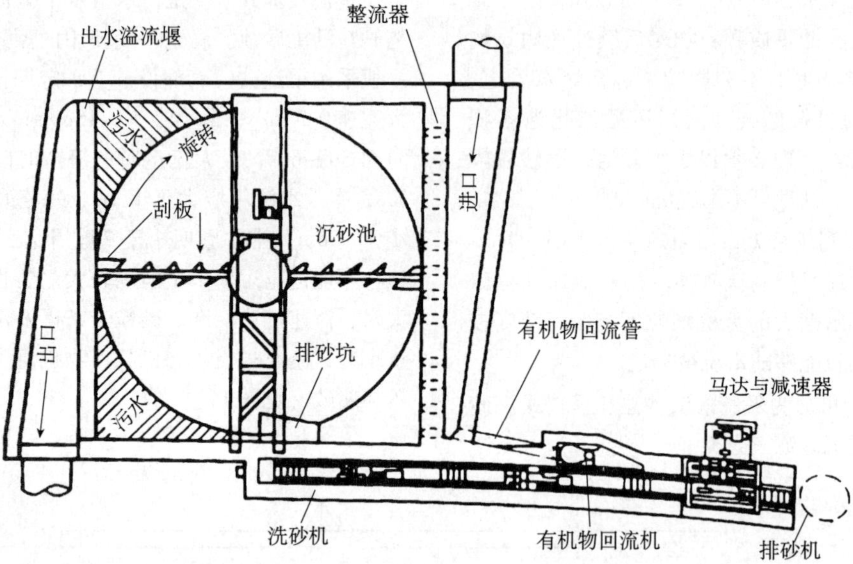

图2　多尔沉砂池

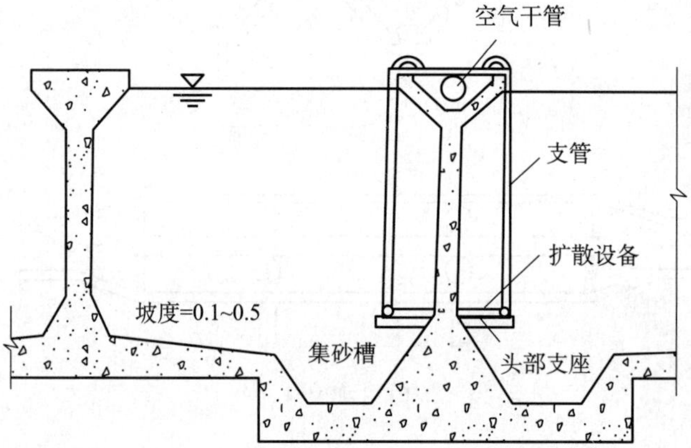

图3　曝气式沉砂池

曝气式沉砂池设计水平流速宜为0.1m/s；最高流量时的停留时间应大于2min；有效水深宜为2.0~3.0m；宽深比宜为1.0~1.5；处理每$1m^3$污水的曝气量宜为0.1~0.2m^3；进水方向应与池中旋流方向一致，出水方向应与进水方向垂直，并宜设置挡板。

旋流式沉砂池　靠进水形成旋流离心力分离砂粒的沉砂池。由进水口、出水口、沉砂区、贮砂区组成，配套专用设备有电动机、减速器、桨叶分离机、排砂管、空气管、鼓风机等。如果采用水泵排砂，则排砂管、空气管、鼓风机等可以省略。污水沿切线方向进入圆形沉砂池，在池中形成旋流，池中心的机械搅拌进一步促进了水的旋流。在水流涡流和机械搅拌的作用下，泥砂和有机物分开，较重的砂粒被甩向池壁，然后从靠近池心的环形孔口落入下部的砂斗，再经排砂泵或空气提升器排出池外。旋流式沉砂池的特点是气味小，沉砂分离效果好，沉砂夹带有机物含量低，占地少，布置灵活，投资和运行费用较低。一般适用于中小型污水处理厂（见图4）。

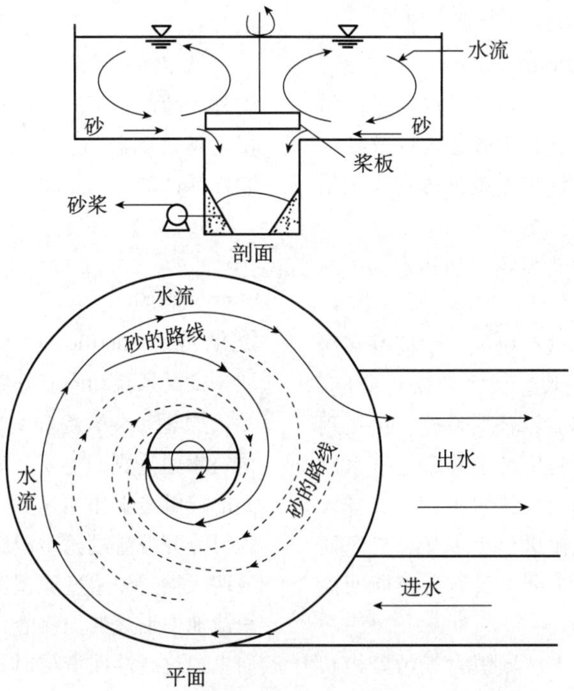

图 4　旋流式沉砂池

旋流式沉砂池在最高流量时的水力停留时间不应小于 30s；设计水力表面负荷为 150～200$m^3/(m^2 \cdot h)$；有效水深宜为 1.0～2.0m，池径与池深比宜为 2.0～2.5；池中应设立式桨叶分离机。

旋流式沉砂池有两种：钟式沉砂池（见图 5）与比式沉砂池，主要区别在于钟式沉砂池的沉砂区与集砂区之间有斜坡过渡，而比式沉砂池没有。

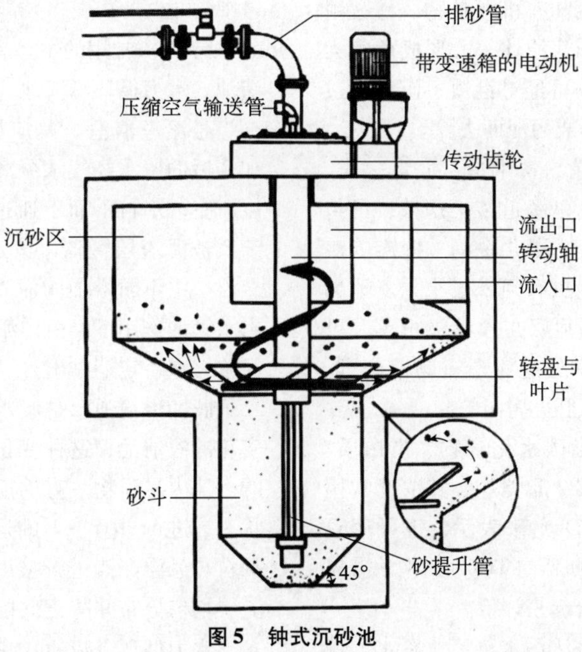

图 5　钟式沉砂池

（闫海红　宋玉栋）

chengzhen wushui

城镇污水 （municipal wastewater） 城镇区域产生排放的各类污水，包括城镇居民生活污水，机关、学校、医院、商业服务机构及各种公共设施排水，以及允许排入城镇污水收集系统的工业废水和初期雨水等。

分类 按来源可分为城镇生活污水、工业废水和径流污水。

城镇生活污水 指城镇机关、学校等和居民在日常生活中产生的废水，主要来自家庭、机关、商业服务机构和城镇公共设施，包括厕所粪尿，洗衣洗澡水，厨房污水等家庭排水以及商业、医院和游乐场所的排水等，集中排入城镇下水道管网系统，输送至污水处理厂经处理后排放，其水量和水质明显具有昼夜周期性和季节周期性变化。

径流污水 指雨雪淋洗城镇大气污染物和冲洗建筑物、地面、废渣、垃圾而形成的污水，具有季节变化和成分复杂的特点，在降雨初期所含污染物甚至会高出生活污水多倍。

污染物 包括悬浮物、病原体、需氧有机物和植物营养元素。

悬浮物 包括无机和有机颗粒物，易吸附有毒有机物、重金属和病原体等，形成危害大的复合污染物。悬浮物可经过混凝、沉淀、过滤等方法与水分离，形成污泥而去除。

病原体 包括细菌、寄生虫、病毒三类。污水中常见的病原细菌是肠道传染病菌，可传播霍乱、伤寒、肠胃炎、婴儿腹泻、痢疾等疾病。污水中常见的寄生虫有阿米巴虫、麦地那龙线虫、蛔虫、鞭虫、血吸虫、肺吸虫等，可造成各种寄生虫病。常见的病毒有肠道病毒、腺病毒、呼吸道病毒、肝炎病毒等。

需氧有机物 包括碳水化合物、蛋白质、油脂、氨基酸、脂肪酸、酯类等。其浓度常用五日生化需氧量（BOD_5）来表示，也可用总需氧量（TOD）、总有机碳（TOC）、化学需氧量（COD）等指标结合起来评价。

植物营养元素 生活污水、工业废水、城市地面径流污水中都含有植物的营养元素——氮和磷。

城镇污水中除含以上四类普遍存在的污染物外，随污染源的不同还可能含有其他多种无机污染物和有机污染物，如氰、砷、重金属、表面活性剂、药品和个人护理品等。

（李军　付丽亚）

chengqingchi

澄清池 （clarification tank） 利用悬浮泥渣层来提高絮凝和固液分离效果的水处理构筑物。

原理 将絮凝和沉淀两个过程综合于一个构筑物中完成，主要依靠悬浮泥渣层或回流泥渣的接触凝聚作用达到澄清目的。按照澄清过程可分为泥渣过滤型澄清池和泥渣循环型澄清池两大类。泥渣过滤型澄清池的工作特征是在澄清池中形成的泥渣悬浮在池中，当原水自下而上通过悬浮泥渣层时，原水中的脱稳杂质与高浓度的泥渣接触凝聚并被泥渣层拦截下来，包括脉冲澄清池和悬浮澄清池。泥渣循环型澄清池使泥渣在池内循环流动，并与原水杂质充分接触，然后再进入澄清区进行泥水分离，该类型的澄清池有机械搅拌澄清池和水力循环澄清池。

分类 常用的主要有悬浮澄清池、脉冲澄清池、水力循环澄清池、机械搅拌澄清池。

悬浮澄清池 是应用较早的一种澄清池。加药后的原水经气水分离器从穿孔配水管流入澄清室，水自下而上通过泥渣悬浮层后，水中杂质被泥渣层截留，清水从穿孔集水槽流出。悬浮层中不断增加的泥渣，在自行扩散和强制出水管的作用下，由排泥窗口进入泥渣浓缩室，经浓缩室后定期排出。

脉冲澄清池 是废水上升流速发生周期性变化的澄清池，这种变化是由脉冲发生器引起的。池内悬浮物一直周期性地处于膨胀和压缩状态，进行一上一下的运动，从而有利于絮凝颗粒与悬浮泥渣进行接触絮凝，还可使悬浮泥渣层均匀分布并防止颗粒在池底沉积。

水力循环澄清池 主要依靠水力抽吸使活性泥渣在池内循环流动，通过接触絮凝作用达到澄清效果。具有造价低、占地面积小、无机械搅拌设备、运行管理方便、构造较简单等优点。较适合于含泥砂类悬浮物的江河、湖泊水的净化，也适合处理陶瓷等行业废水及煤矿矿井水等。

机械搅拌澄清池 又称加速澄清池，由第一絮凝室和第二絮凝室及分离室组成。整个池体上部为圆筒形，下部为截头圆锥形。加过药剂的原水在第一絮凝室和第二絮凝室内与高浓度的回流泥渣相接触，达到较好的絮凝效果，结成大而重的絮凝体，在分离室中进行分离。

（李军　闫海红）

chouyang fashengqi

臭氧发生器

（ozone generator）　用于制取臭氧（O_3）气体的装置。臭氧易于分解，无法储存，需现场制取、现场使用（特殊的情况下可进行短时间的储存），所以凡是能用到臭氧的场所均需使用臭氧发生器。臭氧发生器广泛应用于水的消毒、脱色和高级氧化处理。

臭氧发生器利用高压电离（或化学、光化学反应），使空气中的部分氧气分解聚合为臭氧（氧的同素异形转变过程），亦可利用电解水法获得。按臭氧产生的方式划分，主要有三种：高压放电式、紫外线照射式和电解式，其中高压放电式是水处理中使用最广泛的臭氧发生器。

高压放电式臭氧发生器使用一定频率的高压电流制造高压电晕电场，使电场内或电场周围的氧分子发生电化学反应，从而制造臭氧。该臭氧发生器具有技术成熟、工作稳定、使用寿命长、臭氧产量大等优点。

高压放电式臭氧发生器按发生器的高压电频率划分，有工频（50～60Hz）、中频（400～1 000Hz）和高频（>1 000Hz）三种。工频发生器由于有体积大、功耗高等缺点，已基本退出市场。中、高频发生器具有体积小、功耗低、臭氧产量大等优点，是最常用的产品。按使用的气体原料划分，有氧气型和空气型两种，其中氧气型发生器的臭氧浓度较高。按冷却方式划分，有水冷型和风冷型。臭氧发生器工作时会产生大量的热能，需要冷却，否则臭氧会因高温而边产生、边分解。水冷型发生器冷却效果好，工作稳定，臭氧无衰减，并能长时间连续工作，但结构复杂，成本稍高。风冷型冷却效果不够理想，臭氧衰减明显。按介电材料划分，常见的有石英管、陶瓷板、陶瓷管、玻璃管和搪瓷管等几种类型。按臭氧发生器结构划分，分为介质阻挡放电式（DBD）和开放式两种。按臭氧发生器放电室结构划分，分为管式和板式两种。

（程荣）

chouyang xiaodu

臭氧消毒

（ozone disinfection）　向水中通入臭氧的消毒方式。

消毒机理 臭氧消毒涉及直接氧化和产生自由基的间接氧化；通过氧化，破坏微生物的细胞结构，达到消毒的目的。

消毒副产物 臭氧与有机物反应生成不饱和醛类、环氧化合物等有毒物质。在含有少量溴化物的时候，臭氧处理就会产生致癌性的副产物。主要的副产物有三溴甲烷、二溴乙腈、溴代丙酮、溴乙酸等有机性副产物，溴酸盐、次溴酸等无机性副产物。

优点 杀菌效果好，用量少，作用快，能同时控制水中的铁、锰、色、味、嗅。

缺点 臭氧生产设备（火花放电法）庞大，流程复杂，需要较高的运行管理水平，制取臭氧的电能消耗大，基建设备投资也较大，成本很高。此外，臭氧是一种不太稳定的气体，在水中容易分解。在室温下，水中臭氧的半衰期约为30min，单独采用臭氧消毒难以保证持续的杀菌效果，因此在使用中受到一定限制。

（李军）

chunyang baoqi huoxing wunifa

纯氧曝气活性污泥法

（oxygen aeration activated sludge process）　用高纯度氧气进行曝气的活性污泥法。

沿革 20 世纪 40 年代提出用纯氧代替空

气进行曝气以提高曝气池反应效率的设想。20世纪60年代后期，深冷法制氧技术出现后，工业型纯氧曝气设备正式进入实用阶段，于1968年建成首座采用纯氧曝气的曝气池。20世纪90年代以来，又发展了纯氧生物脱氮、高效能纯氧生物流化床等处理工艺，以及超微气泡敞开式纯氧曝气池。我国从20世纪70年代开始在北京高碑店污水处理厂进行纯氧曝气工艺研究，陆续采用城市污水及各种工业废水进行了试验。1986年，天津石油化工公司纯氧曝气处理装置正式投入运行。20世纪90年代以来，已在淄博、大庆等地建成纯氧曝气污水处理厂，运转稳定，效果良好。

原理 该法以纯氧为供氧源。空气中含氧量仅为21%，其余为氮、氩等惰性气体，这些气体对生物处理过程只是耗能而不起作用。而在纯氧（或富氧）曝气中，氧的含量可高达90%以上。由于提高了气相中氧的分压，氧气向混合液中转移的推动力较空气曝气成倍提高。

曝气池形式 纯氧曝气池池型多为加盖表面曝气池，也称UNOX纯氧曝气系统：池体为密封式结构，原水、回流污泥和氧气从第一格间进入后，依次通过其他格间；出水进入二次沉淀池，进行泥水分离；残余气体通过第四格间末端的尾气管排出；各格间采用表面曝气机进行充氧。此外，还有对传统空气曝气池改造后所形成的圆顶型纯氧曝气池、联合曝气式纯氧曝气池以及利用超微气泡的敞开式纯氧曝气池。

优势 包括以下四方面：①氧的利用效率可高达80%～90%，远高于鼓风曝气的约10%；②悬浮物质量浓度（MLSS）高达4 000～7 000 mg/L，可大幅提高曝气池容积负荷，缩短曝气时间，减少占地面积；③较少发生污泥膨胀，混合液污泥容积指数一般低于100mL/g，污泥沉降性能较好；④剩余污泥产率较低。（李军　席宏波）

cilüsuanna xiaodu

次氯酸钠消毒

（sodium hypochlorite disinfection）　以次氯酸钠为消毒剂的消毒方法。次氯酸钠是一种用途广泛的广谱杀菌灭藻剂，不仅具有很强的杀菌灭藻作用，而且有较好的安全性和便于贮存的优点。次氯酸钠消毒法作为液氯消毒法的替代技术，是目前使用最安全、操作最简便的消毒方法。

消毒机理 次氯酸钠溶液在水中水解为次氯酸和次氯酸根。次氯酸有强氧化性，其分子吸附在病原微生物的表面，并进入细胞内破坏病原微生物的酶和遗传物质，从而达到消毒的效果。

次氯酸钠发生器 次氯酸钠保存时间较短，常通过次氯酸钠发生器进行现场制备。次氯酸钠发生器是由低浓度食盐水通过电化学反应生成次氯酸钠溶液的装置。其总反应表达如下：

$$NaCl + H_2O \longrightarrow NaClO + H_2\uparrow$$

电极反应：

阳极：$2Cl^- - 2e \longrightarrow Cl_2$

阴极：$2H^+ + 2e \longrightarrow H_2$

溶液反应：$2NaOH + Cl_2 \longrightarrow NaCl + NaClO + H_2O$

一般由化盐装置、电解装置、整流设备、配兑水系统、自控装置和储药液箱等几大部分组成。其中核心部分——电解装置，是由一组涂有铂、钌、铱、锆等稀有金属纳米涂层的特种金属材料做阳极，耐腐蚀的特种金属材料做阴极，组成的密闭的电解槽容器。电解槽内部设有反冲洗系统和冷却系统。（郭美婷）

D

diyingxiang kaifa

低影响开发 （low impact development） 通过生态化措施，尽可能维持城市开发建设前后水文特征不变，有效缓解不透水面积增加造成的径流总量、径流峰值与径流污染的增加等对环境造成的不利影响的城市开发建设过程。

技术类型 按主要功能一般可分为渗透、储存、调节、转输、截污净化等几类。实践中应结合不同区域的水文地质、水资源等特点及技术经济分析，按照因地制宜和经济高效的原则选择低影响开发技术及其组合系统。

低影响开发设施 主要有透水铺装（透水砖、透水水泥混凝土、透水沥青混凝土等）、绿色屋顶、下沉式绿地、生物滞留设施、渗透塘、渗井、湿塘、雨水湿地、蓄水池、雨水罐、调节塘、调节池、植草沟、渗管（渠）、植被缓冲带、初期雨水弃流设施、人工土壤渗滤等，各设施性能比较见下表。

低影响开发设施性能比较

单项设施	功能					控制目标			处置方式		经济性		污染物去除率（以SS计）/%	景观效果
	集蓄利用雨水	补充地下水	削减峰值流量	净化雨水	转输	径流总量	径流峰值	径流污染	分散	相对集中	建造费用	维护费用		
透水砖铺装	○	●	◎	◎	○	●	◎	◎	√	—	低	低	80~90	—
透水水泥混凝土铺装	○	○	◎	◎	○	◎	◎	◎	√	—	高	中	80~90	—
透水沥青混凝土铺装	○	○	◎	◎	○	◎	◎	◎	√	—	高	中	80~90	—
绿色屋顶	○	○	◎	◎	○	●	◎	◎	√	—	高	中	70~80	好
下沉式绿地	○	●	◎	◎	○	●	◎	◎	√	—	低	低	—	一般
简易型生物滞留设施	○	●	◎	◎	○	●	◎	◎	√	—	低	低	—	好
复杂型生物滞留设施	○	●	◎	●	○	●	◎	●	√	—	中	低	70~95	好
渗透塘	○	●	◎	◎	○	●	◎	◎	—	√	中	中	70~80	一般
渗井	○	●	◎	◎	○	●	◎	◎	√	√	低	低	—	—
湿塘	●	○	●	◎	○	●	●	◎	—	√	高	中	50~80	好
雨水湿地	●	○	●	●	○	●	●	●	√	√	高	中	50~80	好
蓄水池	●	○	◎	◎	○	●	◎	◎	—	√	高	中	80~90	—

续表

单项设施	功能					控制目标			处置方式		经济性		污染物去除率（以SS计）/%	景观效果
	集蓄利用雨水	补充地下水	削减峰值流量	净化雨水	转输	径流总量	径流峰值	径流污染	分散	相对集中	建造费用	维护费用		
雨水罐	●	○	◎	◎	○	●	◎	◎	√	—	低	低	80～90	—
调节塘	○	○	●	◎	○	○	●	◎	—	√	高	中	—	一般
调节池	○	○	●	○	○	○	●	○	—	√	高	中	—	—
转输型植草沟	◎	○	○	◎	●	◎	○	◎	√	—	低	低	35～90	一般
干式植草沟	○	●	○	◎	●	●	○	◎	√	—	低	低	35～90	好
湿式植草沟	○	○	○	●	●	○	○	●	√	—	中	低	—	好
渗管（渠）	○	◎	○	○	●	◎	○	◎	√	—	中	中	35～70	—
植被缓冲带	○	○	○	●	—	○	○	●	√	—	低	低	50～75	一般
初期雨水弃流设施	◎	○	○	●	—	○	○	●	√	—	低	中	40～60	—
人工土壤渗滤	●	○	○	●	—	○	○	◎	—	√	高	中	75～95	好

注：1）●—强　◎—较强　○—弱或很小；
2）SS 去除率数据来自美国流域保护中心（Center for Watershed Protection，CWP）的研究数据。

建筑与小区低影响开发雨水系统　建筑屋面和小区路面径流雨水通过有组织的汇流与转输，经截污等预处理后引入绿地内以雨水渗透、储存、调节等为主要功能的低影响开发设施。因空间限制等原因不能满足控制目标的建筑与小区，径流雨水还可通过城市雨水管渠系统引入城市绿地与广场内的低影响开发设施。典型流程见图 1。

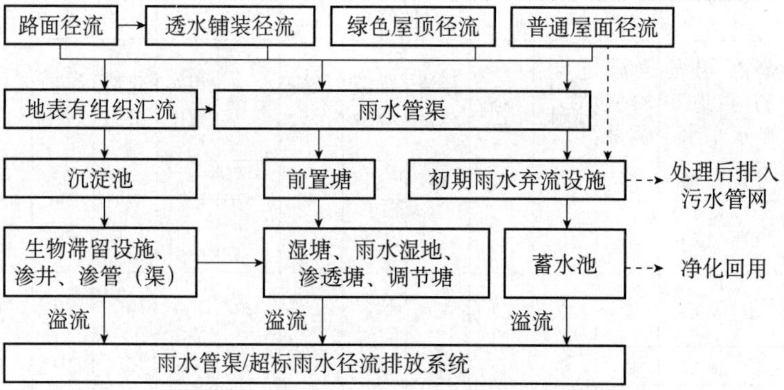

图 1　建筑与小区低影响开发雨水系统典型流程

城市道路低影响开发雨水系统　城市道路径流雨水应通过有组织的汇流与转输，经截污等预处理后引入道路红线内、外绿地内，并通过设置在绿地内的以雨水渗透、储存、调节等为主要功能的低影响开发设施进行处理。典型流程见图 2。

城市绿地与广场低影响开发雨水系统　城市绿地、广场及周边区域径流雨水应通过有组织的汇流与转输，经截污等预处理后引入城市绿地内的以雨水渗透、储存、调节等为主要功能的低影响开发设施，消纳自身及周边区域径流雨水，并衔接区域内的雨水管渠系统和超标雨水径流排放系统，提高区域内涝防治能力。典型流程见图 3。

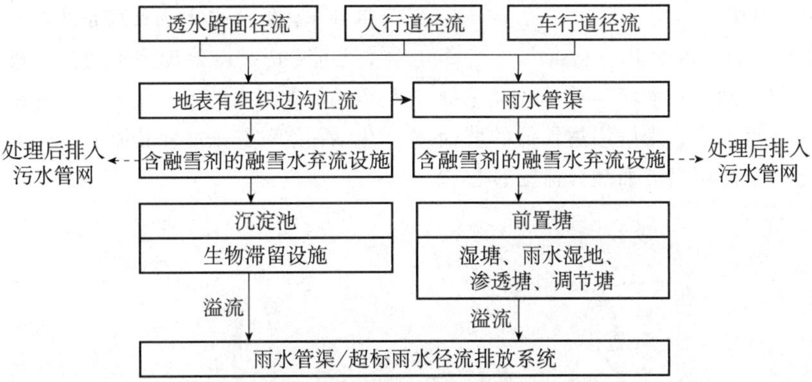

图2　城市道路低影响开发雨水系统典型流程

城市水系低影响开发雨水系统　城市水系设计应根据其功能定位、水体现状、岸线利用现状及滨水区现状等，进行合理保护、利用和改造，在满足雨洪行泄等功能条件下，实现相关规划提出的低影响开发控制目标及指标要求，并与城市雨水管渠系统和超标雨水径流排放系统有效衔接。典型流程见图4。

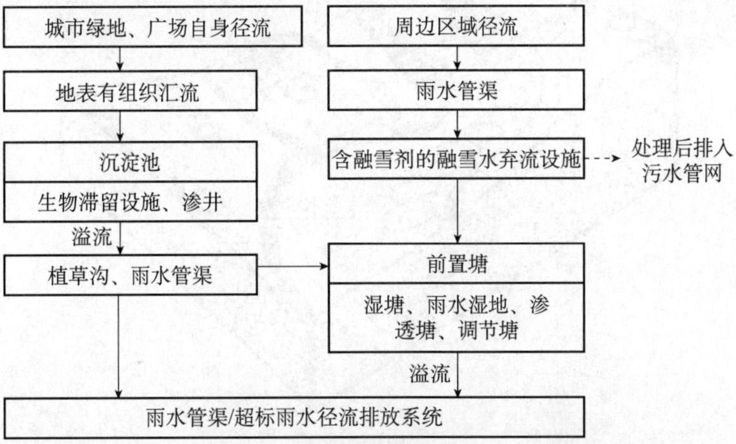

图3　城市绿地与广场低影响开发雨水系统典型流程

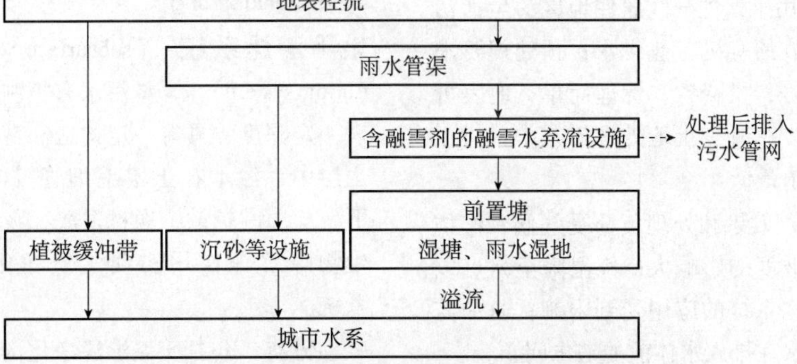

图4　城市水系低影响开发雨水系统典型流程

（王灿）

dibiao manliu xitong

地表漫流系统 (overland flow system) 将污水有控制地投配到生长多年生牧草或经选择的其他作物、坡度和缓、土壤渗透性低的坡面上，污水在地表以薄层沿坡面缓慢流动过程中得到净化的污水土地处理系统。地表漫流系统（见下图）是以处理污水为主，兼有生长作物等功能的污水处理利用系统，常用于处理城市生活污水和高浓度食品加工污水。

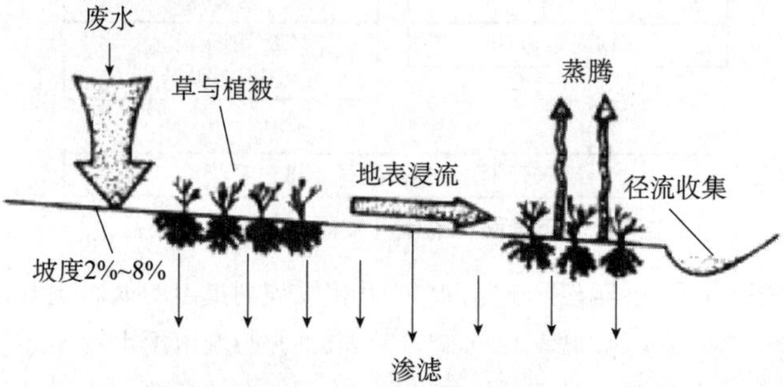

(a) 面灌

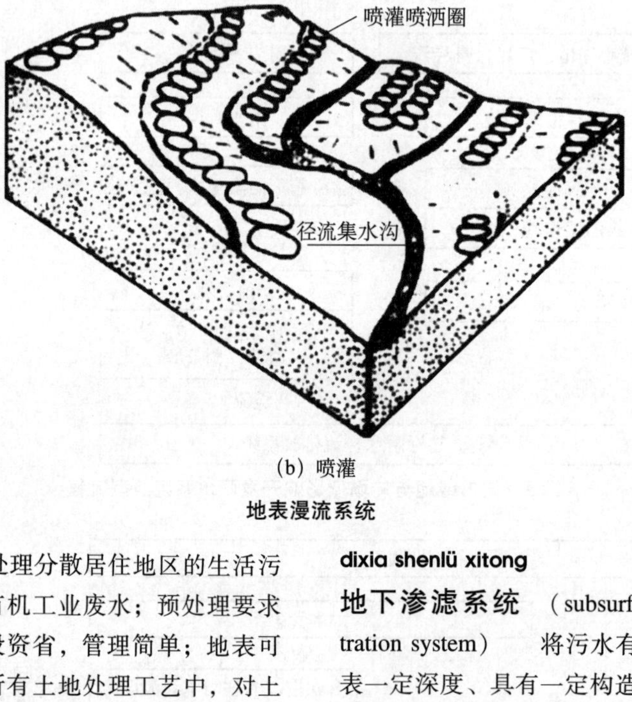

(b) 喷灌

地表漫流系统

优点 适用于处理分散居住地区的生活污水和季节性排放的有机工业废水；预处理要求低，出水水质好；投资省，管理简单；地表可种植经济作物；在所有土地处理工艺中，对土壤渗透性的要求最低。

缺点 处理效果和处理负荷受气候、作物需水量和地表坡度的影响大；气温降至冰点以下和雨季期间，系统的应用受到限制；通常需要考虑处理出水在排入水体前的消毒问题。

（李军　卢少勇）

dixia shenlü xitong

地下渗滤系统 (subsurface wastewater infiltration system) 将污水有控制地投配到距地表一定深度、具有一定构造和良好扩散性能的土层中，污水在土壤毛细管浸润和渗滤作用下，向周围扩散，通过过滤、吸附、沉淀和微生物降解等作用实现水质净化的土地处理系统。

分类 包括土壤渗滤净化沟和土壤毛细管渗滤系统。

土壤渗滤净化沟 污水先经化粪池、沉淀池或过滤池等预处理构筑物去除悬浮物后，进入埋在地下的渗滤沟中的布水管，然后慢慢地向周围土壤浸润、渗透和扩散。布水管一般埋设在距离地面0.4m左右的深度，其周围铺满砾石，砾石层底部宽0.5～0.7m，其下部铺厚约0.2m的砂（见图1）。

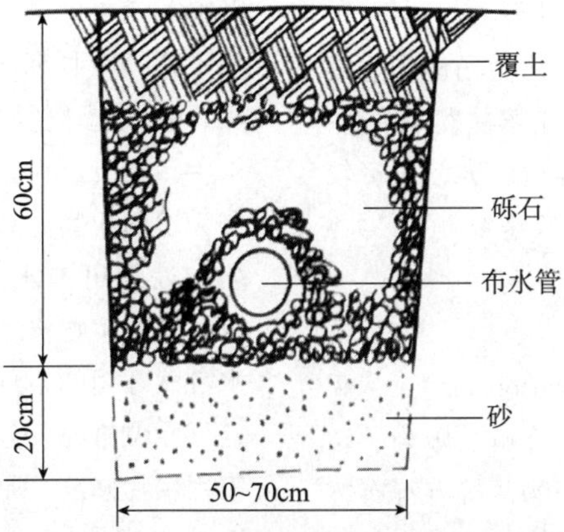

图1 土壤渗滤净化沟示意图

土壤毛细管渗滤系统 系统下部为不透水层，防止废水直接下渗，避免污染地下水。废水通过沟内土壤的毛细管作用，缓慢地向上并向四周浸润、扩散入周围土壤，在地表下30～50 cm深度的土壤层发生非饱和渗透。在此层土壤内聚集着大量微生物及微型动物。废水中的污染物由于吸附、生物降解的作用而得以去除。伸入土层中的植物根系吸收由于废水矿化而产生的无机养分（见图2）。

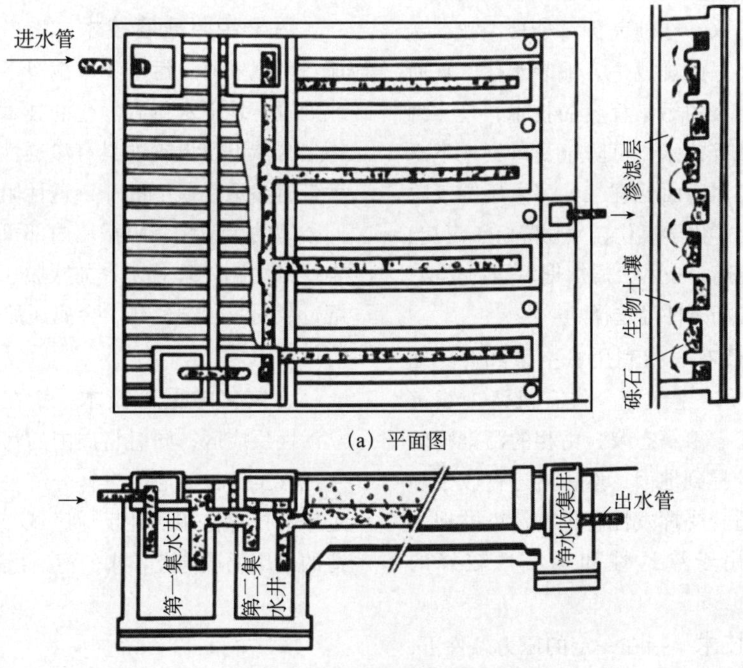

图2 土壤毛细管渗滤系统平面及剖面图

优点 布水系统埋于地下，不影响地面景观，适用于分散的居住小区、休假村、疗养院、机关和学校等的小规模污水的处理，并可与绿化和生态环境的建设相结合；运行管理简单；氮磷去除能力强，处理出水水质好。

缺点 处理效果和处理负荷受场地和土壤条件的影响大；如负荷过高，土壤易发生堵塞；进、出水设施埋于地下，工程量较大，投资较其他土地处理类型高。 （王春香 卢少勇）

dixiashui xiufu

地下水修复 （groundwater remediation） 采用物理、化学或生物的方法，降解、吸附、转移或阻隔地块地下水中的污染物，将有毒有害的污染物转化为无害物质，或使其浓度降低到可接受水平，或阻断其暴露途径，从而使其满足相应的地下水环境功能或使用功能要求的过程。地下水修复措施包括水泵抽提－地面处理、气体抽提、空气吹脱、生物修复、污染带阻截墙、原位化学反应等技术。

水泵抽提－地面处理技术 指采用水泵将地下水抽取出来，在地面进行处理净化，然后再重新注入地下或排放进入地表水体，从而减轻地下水和土壤的污染程度的技术，是一种传统的地下水修复技术。可防止受污染地下水向周围迁移扩散。地面处理工艺可采用空气吹脱、活性炭吸附、化学氧化、生物降解、沉淀、离子交换、膜分离等技术，需根据污染物类型、浓度和水量、现场条件等选择。

气体抽提技术 指利用真空泵和井，在受污染区域诱导产生气流，将有机污染物蒸汽，或将吸附态、溶解态及自由相的污染物转变为气相后，抽提到地面，然后再进行收集和处理的技术。适合受挥发性有机物污染的地下水的修复，适用于渗透性和均一性较好的地层。

空气吹脱技术 指在一定的压力条件下，将压缩空气注入受污染区域，从而将溶解在地下水中的挥发性化合物、吸附在土壤颗粒表面上的化合物以及阻塞在土壤孔隙中的化合物驱赶出来的技术。通常，空气吹脱技术与气体抽提技术组合应用，以取得更好的修复效果。包括空气吹脱、有机物挥发和有机物的好氧生物降解等过程，适合高挥发性、高吹脱性或易好氧生物降解有机物的去除。

生物修复技术 指利用微生物降解地下水中污染物，将其最终转化为无害物质的技术，分为地面生物处理和原位生物修复两类。地面生物处理可与水泵抽提－地面处理技术相结合。原位生物修复是在基本不破坏土壤和地下水自然环境的条件下，对受污染土壤和地下水进行原位修复，分为原位自然生物修复和原位工程生物修复。原位自然生物修复利用土壤和地下水中原有的微生物在自然条件下进行修复。原位工程生物修复可通过两种途径实现，一是提供微生物所需的营养，改善微生物生长的环境条件，从而大幅提高野生微生物的数量和活性，提高其降解污染物的能力；二是投加接种对污染物具有降解能力的微生物，使其降解土壤和地下水中的污染物。

污染带阻截墙技术 指当受污染地下水流经阻截墙时，污染物被截留下来并得到处理或处置，地下水得到净化的技术。阻截墙是在污染区域下游设置的具有渗透性的障碍墙，或者带有渗透性通道的非渗透性阻隔墙。针对不同类型的污染物，阻截墙内部可结合物理、化学或者生物处理技术，如吹脱、抽提、生物降解、吸附、化学氧化、金属还原等技术对污染物进行阻截。

原位化学反应技术 指在受污染区域建立活性反应区，同时将周围的污染物质随地下水迁移至活性反应区进行分解去除或者钝化固定等的技术。在活性反应区域，一般需注入合适的反应物质与迁移来的污染物进行反应。

（宋玉栋）

推荐书目

张锡辉．水环境修复工程学原理与应用．北京：化学工业出版社，2002.

diandu feishui

电镀废水 (electroplating wastewater) 电镀生产过程中产生的各种废水，包括镀件酸洗废水、漂洗废水、钝化废水、刷洗地坪和地板的废水、操作或管理不善引起的“跑、冒、滴、漏”产生的废水等。

分类 按污染物类型主要可分为酸碱废水、含氰废水、含铬废水、含镉废水、含镍废水、含铜废水、含锌废水、含铅废水、含银废水、含氟废水和混合废水。

来源及主要成分 见下表。

电镀废水的来源及主要成分

废水种类	废水来源	废水主要成分
酸碱废水	镀前处理，冲洗地坪	各种酸类和碱类等
含氰废水	氰化镀工序	氰络合金属离子、游离氰等
含铬废水	粗化、镀铬、钝化、化学镀铬、阳极化处理	六价铬、铜等金属离子
含镉废水	无氰镀镉、氰化镀镉	镉离子、游离氰离子
含镍废水	镀镍、化学镀镍	镀镍：硫酸镍、氯化镍、硼酸、添加剂 化学镀镍：硫酸镍、络合剂、还原剂
含铜废水	酸性镀铜、焦磷酸盐镀铜、氰化镀铜、镀铜锡合金、镀铜锌合金	酸性镀铜：硫酸铜、硫酸 焦磷酸盐镀铜：焦磷酸铜、焦磷酸钾、柠檬酸钾、氨三乙酸及添加剂 氰化镀铜：铜离子、氰离子 镀铜锡合金：氰离子、铜的氰化络合物、锡的氰化络合物 镀铜锌合金：氰离子、铜的氰化络合物、锌的氰化络合物
含锌废水	碱性锌酸盐镀锌	锌离子、氢氧化钠和部分添加剂等
	钾盐镀锌	锌离子、氯化钾、硼酸和部分光亮剂
	硫酸锌镀锌	硫酸锌、部分光亮剂
	铵盐镀锌	氯化锌、氯化铵、锌的络合物和添加剂
含铅废水	氟硼酸盐镀铅、镀铅锡铜合金	氟硼酸铅、氟硼酸根、氟离子
含银废水	氰化镀银、硫代硫酸盐镀银	银离子、游离氰离子
含氟废水	冷封闭	镍离子、氟离子
混合废水	电镀前处理和清洗	铜、锌、镍、三价铬等重金属离子

处理方法 电镀废水应分类收集、分质处理，含氰废水和含铬废水应单独收集和处理。电镀溶液过滤后产生的滤渣和报废的电镀溶液不得进入废水收集和处理设施。

酸碱废水 采用中和法处理，中和反应产生大量沉渣，通过沉淀予以去除。

含氰废水 氰离子质量浓度小于50mg/L时，采用碱性氯化法处理；氰离子质量浓度大于50mg/L时，采用电解处理技术；用臭氧处理含氰废水时，对氰离子浓度没有限制，但含有络合氰根离子时，不宜采用臭氧处理；含氰废水应避免铁、镍离子混入。

含铬废水 将六价铬还原为三价铬后通过化学沉淀法去除，可采用亚硫酸盐还原处理法、硫酸亚铁石灰处理法、微电解处理法。在六价铬质量浓度不大于200mg/L的情况下也可采用离子交换法对铬酸进行回收。

含镉废水 可采用氢氧化物沉淀法或离子交换法处理镉离子质量浓度不大于50mg/L的废水；采用硫化物沉淀法处理镉离子质量浓度约为100mg/L的废水；采用化学沉淀－反渗透组合技术处理氰化镀镉槽中的清洗废水。

含镍废水 可采用氢氧化物沉淀法去除废水中的镍；采用离子交换法回收镀镍清洗水中质量浓度不大于 200mg/L 的镍离子；采用超滤－反渗透技术浓缩回收镀镍清洗废水中的镍。

含铜废水 可采用离子交换法处理氰化镀铜废水、铜锡合金废水、硫酸铜镀铜废水、焦磷酸盐镀铜废水。可采用电解处理技术回收含铜废水中的铜。

含锌废水 可采用化学沉淀法处理碱性锌酸盐镀锌清洗废水、铵盐镀锌废水；可采用离子交换法处理钾盐镀锌废水。

含铅废水 可采用磷酸盐沉淀法处理含铅废水。

含银废水 可采用电解法回收含银废水中的银。

含氟废水 采用石灰－硫酸铝沉淀法处理。

混合废水 电镀混合废水中的重金属可采用微电解－混凝沉淀－膜分离联合处理工艺、凝聚沉淀处理工艺在车间排水口处理，废水中的有机物、石油类、氨氮等污染物采用生物处理工艺去除。（宋玉栋）

dianhuaxue xiaodu

电化学消毒

电化学消毒 （electrochemical disinfection） 依靠电场作用，通过电化学反应装置对水中病原微生物等进行杀灭去除的消毒方式。按照作用原理，可分为直接电氧化消毒和间接电化学消毒。

直接电氧化消毒 是在一个装配阴极和阳极，并通入直流电的电化学反应器中进行消毒的方式。当水流经这一电极反应器时，通过阳极的直接电氧化作用将水中的微生物杀灭。该消毒方法设备简单，不需要辅助装置，操作容易，杀菌效率比较高。所用的阳极应采用惰性材料，如金属钛、钌钛、石墨等，通电以后阳极不会溶出。近年来，为了提高电氧化消毒的效率，人们研究了多种新型电极材料，特别关注电极对电氧化反应的催化作用，如二氧化钛涂覆的钛电极、银掺杂的二氧化铅电极等，都被证明在直接电氧化消毒中具有催化作用。

间接电化学消毒 是通过电化学产生消毒剂进行间接消毒的方式。在这一过程中，水中含有的氯离子非常关键。在必要的情况下，可加入少量的氯离子以提供足量的消毒剂前体物。对于水中含有较高浓度氯离子的原水，采用间接电化学消毒是一种具有协同效应的方法。它在将水中氯离子氧化成为氯气或次氯酸盐并对水进行高效消毒的同时，也减少了氯离子的含量，对提高水质具有双重效果。（李军）

dianshenxi

电渗析

电渗析 （electrodialysis） 在直流电场作用下，以电位差为推动力，利用离子交换膜的选择透过性，将电解质从溶液中分离出来，实现溶液的淡化、电解质的浓缩及纯化的膜分离过程。电渗析是 20 世纪 50 年代发展起来的一种膜分离技术。最初用于苦咸水除盐，目前已成为含盐污水处理的重要方法。

电渗析器 是进行电渗析操作的设备，由离子交换膜、隔板和电极组成。片状的阳离子交换膜和阴离子交换膜交替排列，隔板放置其间，构成一系列相间的隔室。隔板的厚度仅 1～2mm，内有隔网，起保持膜间距和扰动液流的作用。膜组的两端设电极室，室中置电极，并有电极水在电极旁流过。制造电极的材料有不锈钢、石墨、涂钌的钛等。

电渗析器对进水的浊度、硬度、有机物含量、铁和锰的含量等水质指标有一定的要求，如不符合要求必须进行预处理。电渗析器长期稳定运行的关键是防止和消除水垢，常用的方法是将操作电流控制在极限电流值以下，浓水加酸调整 pH 和定时倒换电极等。

离子交换膜 是电渗析器的重要组成部分。按照选择透过性能分为阴离子交换膜、阳离子交换膜和双极膜。理想的阴离子交换膜或阳离子交换膜仅允许阴离子或阳离子选择性透过。双极膜是特种离子交换膜，是由一张阳离子交换膜（阳膜）、一张阴离子交换膜（阴膜）和中间催化层复合制成的复合膜，在直流电场作用下，中间催化层可将水解离成氢离子和氢氧根，并分别通过阳离子交换膜和阴离子交换膜。

原理 在传统电渗析中，离子减少的隔室称为淡室，离子增加的隔室称为浓室。在两端电极通直流电源后，电渗析过程开始，淡室中阳离子向阴极方向移动，穿过阳离子交换膜进入浓室；淡室中阴离子向阳极方向移动，穿过阴离子交换膜进入浓室。由于离子交换膜的选择透过性，浓室中的阴离子和阳离子分别受到阳离子交换膜和阴离子交换膜的阻隔，无法在电场力的作用下进入淡室。其结果是，淡室含盐量逐渐降低，而浓室含盐量逐渐升高。

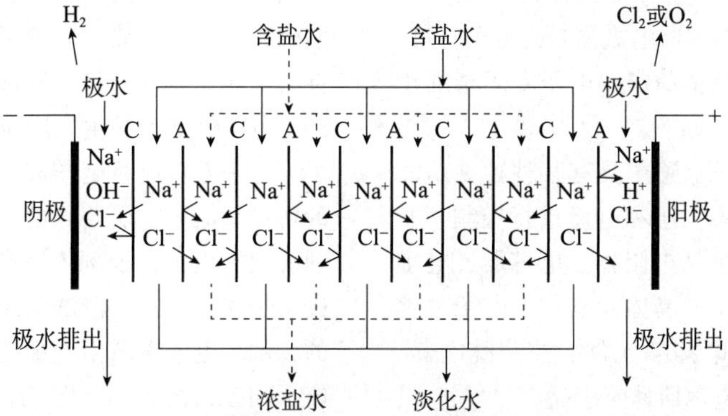

C—阳离子交换膜； A—阴离子交换膜

图1 传统电渗析原理图

双极膜电渗析膜堆与传统电渗析不同。以三室型双极膜电渗析为例，双极膜（BPM）、阴离子交换膜（AEM）和阳离子交换膜（CEM）交替排列形成酸室、料室和碱室。在两端电极通直流电源后，电渗析过程开始，料室中阳离子向阴极方向移动，穿过阳离子交换膜进入碱室，并与双极膜阴膜透过来的氢氧根结合生成碱；料室中阴离子向阳极方向移动，穿过阴离子交换膜进入酸室，并与双极膜阳膜透过来的氢离子结合生成酸。其结果是，料室含盐量逐渐降低，而酸室的酸浓度和碱室的碱浓度逐渐升高，实现由盐向酸和碱的转化。

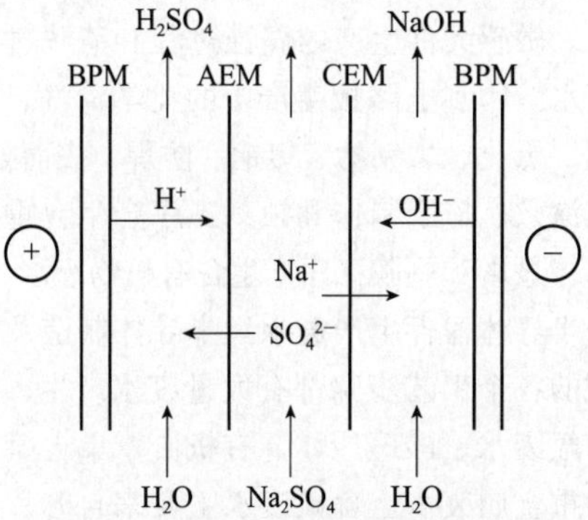

图2 三室型双极膜电渗析原理图

应用 现已广泛地应用于海水和苦咸水除盐、化工分离和浓缩、制取去离子水、制碱和废水处理等众多领域。在水污染控制领域具有以下应用：①用电渗析法代替离子交换法或采用电渗析－离子交换联合工艺制取去离子水，可节省大部分甚至全部化学药剂，减少或消除用离子交换法再生造成的酸、碱、盐对水体的污染。②用电渗析法代替制碱等工业生产的旧工艺，可以减轻环境污染。③生活污水和某些工业废水经三级处理后可用电渗析法除盐，以制取再生水。④用电渗析法分离或浓缩回收工业废水中的物质，如从采用酸液清洗金属表面所形成的废液中回收酸和金属；从电镀废水中回收重金属离子；从碱洗法的烟气脱硫废水中回收酸和碱等。 （宋玉栋）

dianzi gongye feishui

电子工业废水 （electronics industry wastewater） 电子专用材料、电子元件、印制电路板、半导体器件、显示器件及光电子器件、电子终端产品（含涂装工艺产品在内）等电子产品生产过程中产生的废水。

电子工业产品 主要包括以下七种。

电子专用材料 在半导体集成电路、各种电子元器件（包括有源及无源元器件、铝电解电容器、激光器件、光通信器件、发光二极管器件、液晶显示器件等电子基础产品）制造中所采用的特定材料。包括半导体材料、覆铜板、电子铜箔、铝电解电容器电极箔、光电子材料、蓝宝石基片、压电晶体材料、电子专用精细化工与高分子材料等。

电子元件 电子电路中具有某种独立功能的单元，可对电路中电压和电流进行控制、变换和传输等。一般包括电阻器、电容器、电子变压器、电感器、压电晶体元器件、电子敏感元器件与传感器、电接插元件、控制继电器、微特电机与组件、电声器件等产品。

印制电路板 在绝缘基材上，按预定设计形成印制元件、印制线路或两者结合的导电图形的印制电路或印制线路成品板。印制电路板包括单面印制电路板、双面印制电路板、多层印制电路板、刚性板与挠性板，以及刚挠结合印制电路板和高密度互连印制电路板等。

半导体器件 利用半导体材料的导电特性制造，以实现特定功能的电子器件。包括分立器件和集成电路两大类产品。

光电子器件 利用半导体光－电子（或电－光子）转换效应制成的各种功能器件。如发光二极管（LED），半导体光电器件中的光电转换器、光电探测器等，激光器件中的气体激光器件、半导体激光器件、固体激光器件、静电感应器件等，光通信电路及其他器件，半导体照明器件等。

显示器件 基于电子手段呈现信息供视觉感受的器件。包括薄膜晶体管液晶显示器件（TN/STN-LCD、TFT-LCD）、低温多晶硅薄膜晶体管液晶显示器件（LTPS-TFT-LCD）、有机发光二极管显示器件（OLED）、真空荧光显示器件（VFD）、场发射显示器件（FED）、等离子显示器件（PDP）、曲面显示器件以及柔性显示器件等。

电子终端产品 以印制电路板（PCB）组装工艺技术为基础装配的具有独立应用功能的电子信息产品或组件，如通信设备、雷达设备、广播电视设备、电子计算机、视听设备、电子测量仪器等。

类型 主要包括重金属废水、含氰废水、含氨废水、含氟废水、含磷废水、有机废水和酸碱废水等，主要来自电子专用材料、电子元件、半导体器件、显示器件和光电子器件的生产，电子终端产品生产过程产生废水较少。

电子专用材料生产废水 单晶硅片生产中的切片、倒角、研磨、抛光工序产生含悬浮物和油剂的废水，蚀刻工序产生酸碱废水、含氮废水和含氟废水，清洗工序产生含氟化物和氨的废水。电子铜箔生产中的溶铜工序产生酸性废水和含铜废水，净化工序产生含悬浮物废水，分切工序产生电镀废水、含磷废水和有机废水。电极箔生产中的水洗工序产生含有机物、悬浮物和氨氮的废水。酯类液晶材料生产中不产生废水，醚类、炔类、联苯类、环已烷类和烯类液晶材料生产中均产生含有机溶剂和盐的废水。石英晶棒加工的修正、机磨、倒角工序产生含悬浮物废水，清洗工序产生含悬浮物及有机物的废水。电阻浆料生产中产生含悬浮物、银、铅和苯等有机物的废水。

电子元件生产废水 电容器生产中清洗工序产生含重金属废水。电阻器生产中清洗工序产生含油污、洗涤剂的废水，蚀刻、显影工序也产生废水。电位器生产中浆料配制、溶剂研磨、显影、冲洗、清洗、印刷等工序均产生废水。电感器、电子变压器生产中清洗工序产生废水。敏感元件生产的腐蚀过程和清洗过程产生废水。印制电路板生产中的化学清洗、减薄蚀刻、黑化、去钻污、镀铜、防焊、表面处理、有机涂敷、掩膜制作和蚀刻工序产生含重金属废水，显影和剥膜工序产生含有机物废水。

半导体器件生产废水 半导体制造及封装测试的各个工艺步骤都有大量废水产生，主要为含氟废水、酸碱废水、有机废水、含氨废水和含重金属废水。含氟废水主要来自芯片制造过程中的扩散工序及化学机械研磨工序。酸碱废水主要来自芯片制造的清洗工序以及纯水站阴阳离子的再生工序。有机废水主要来自使用有机溶剂的工序。含氨废水主要来自蚀刻工序。含重金属废水主要来自半导体器件封装的电镀工序。

显示器件和光电子器件生产废水 薄膜晶体管液晶显示器件生产的阵列、彩膜、成盒、模块工序主要产生有机废水、酸碱废水、含氟废水、含氨废水和含磷废水。主动矩阵式有机发光二极管（AMOLED）生产过程的蚀刻、清洗、掩膜光刻、光刻胶剥离、掩膜板清洗、废气处理等工序产生大量有机废水、含磷废水、酸碱废水、含氟废水等。发光二极管（LED）生产中的基片处理、外延和光刻工序分别产生酸性废水、含砷废水和有机废水。

处理方法 通常采取分质处理的方式。酸碱废水采用化学中和法处理。含氟废水通常采用化学沉淀法处理，即向废水中投加钙盐形成氟化钙沉淀，再通过混凝沉淀实现泥水分离。含金属离子废水主要采用化学沉淀法处理。有机废水基本采用生物处理法处理。含氰废水采用碱化－氧化处理，包括氯氧化法、次氯酸根氧化法、臭氧氧化法等。含氨废水根据废水量和氨浓度采用次氯酸钠氧化法、吹脱法或硝化－反硝化法处理。铜氨废水可采用折点加氯－化学沉淀法处理。含 EDTA 络合铜废水可采用破络－化学沉淀法处理，常用的破络剂包括铁盐、硫化物、重捕剂等。（宋玉栋）

duancheng xiaohua－fanxiaohua gongyi

短程硝化－反硝化工艺 （shortcut nitrification－denitrification process） 生物硝化过程控制在亚硝化阶段，并以亚硝酸盐为电子受体进行生物反硝化的污水生物脱氮工艺。

原理 该工艺的关键是将生物硝化反应控制在亚硝化阶段。根据亚硝化菌和硝酸菌两类硝化细菌的生长特性，通过控制较高温度（25～35℃）、较低溶解氧含量、较高 pH 和极端的污泥龄等，可抑制硝酸菌的生长而使亚硝化菌在反应器内占绝对优势，从而把生物硝化过程控制在亚硝化阶段。例如，荷兰 Delft 工业大学研究开发的 SHARON 工艺通过缩短污泥龄、提高反应温度的方式实现了硝酸菌的淘汰和亚硝酸盐的积累。

特点 包括两方面：①可减少硝化所需要的曝气量，节省反硝化所需的碳源。②可缩短污水硝化所需的停留时间，减少反应器体积和占地面积。

应用 主要用于处理污泥消化上清液、垃圾渗滤液等高氨氮污水，常与厌氧氨氧化相结合，以进一步降低污水处理的能耗和碳源需求。（吴昌永）

E

eryanghualü fashengqi

二氧化氯发生器 （chlorine dioxide generator） 产生二氧化氯的设备。作为一种新型的氧化剂和消毒剂，二氧化氯以其高效、广谱、无残留、无副产物的消毒能力和脱色、除臭、除异味等强氧化能力在水处理领域得到广泛应用。

二氧化氯发生器有电解法和化学法两种。化学法二氧化氯发生器又分为以氯酸钠、盐酸为原料的复合型二氧化氯发生器和以亚氯酸钠、盐酸为原料的纯二氧化氯发生器，其中以前者应用最为广泛。

电解法二氧化氯发生器 由电解槽、直流电源、盐溶解槽及配套管道、阀门、仪表等组成。将一定浓度食盐溶液加入电解槽阳极室，同时将清水加入电解槽阴极室，接通电源开始电解，生成含有二氧化氯和次氯酸钠的水溶液。

化学法复合型二氧化氯发生器 由供料系统、反应系统、电控系统、吸收系统、安全系统、计量调节系统等组成。供料系统内的氯酸钠水溶液和盐酸（质量分数30%～31%）在计量调节系统、电控系统的作用下被定量输送到反应罐内，在一定温度下经过负压曝气反应生成二氧化氯和氯气的气液混合物，经吸收系统吸收制成一定浓度的二氧化氯混合消毒液。

化学法纯二氧化氯发生器 由供料系统、反应系统、电控系统、吸收系统、安全系统等组成，采用亚氯酸钠和盐酸（或硫酸）为原料，混合反应得到含二氧化氯的水溶液，该水溶液中不含游离性氯，因此称为纯二氧化氯发生器。 （程荣）

eryanghualü xiaodu

二氧化氯消毒 （chlorine dioxide disinfection） 是以二氧化氯为消毒剂的消毒方法。二氧化氯不和烷类生成氯代烷，不与绝大多数脂肪烃和芳香烃反应，不产生致癌的有机物三氯甲烷，其反应物为水、微量氯化钠和二氧化碳等无毒物质，是较理想的消毒剂。

消毒机理 二氧化氯对细胞壁有较好的吸附和透过性能。二氧化氯与微生物接触释放出新生态的氧及次氯酸分子，从而产生强大的杀菌消毒作用，主要表现在对负电子或供电子的原子或基团（如氨基酸内含硫基的酶或硫化物、氮化物等）进行攻击，使病原体中的氨基酸氧化分解，抑制其生长并将其杀灭，从而达到消毒灭菌的目的。

二氧化氯制备 包括还原法和氧化法。

还原法 是使用较为广泛的方法。根据所选还原剂的不同，又可分为盐酸还原法、草酸还原法和甲醇还原法等几种方法。其中盐酸还原法是目前污水消毒中应用最多的二氧化氯制备方法。

盐酸还原法：$NaClO_3 + 2HCl = ClO_2\uparrow + 1/2Cl_2\uparrow + NaCl + H_2O$

草酸还原法：$2NaClO_3 + 2H_2SO_4 + H_2C_2O_4 = 2ClO_2\uparrow + 2CO_2\uparrow + 2H_2O + 2NaHSO_4$

甲醇还原法：$30NaClO_3 + 7CH_3OH + 20H_2SO_4 = 30ClO_2\uparrow + 6HCOOH + 10Na_3H(SO_4)_2 + 23H_2O + CO_2\uparrow$

氧化法 是以氧化剂（Cl_2或 NaClO）氧化亚氯酸钠（$NaClO_2$）或在酸性介质中使$NaClO_2$发生歧化反应生成ClO_2的方法。氧化亚氯酸钠法可分为氯气氧化法、自氧化法和次氯酸盐氧化法。

氯气氧化法：$2NaClO_2 + Cl_2 = 2ClO_2\uparrow + 2NaCl$

自氧化法：$5NaClO_2 + 4HCl = 4ClO_2\uparrow + 5NaCl + 2H_2O$

次氯酸盐氧化法：$2NaClO_2 + NaClO + 2HCl = 2ClO_2\uparrow + 3NaCl + H_2O$ （郭美婷）

F

fanshentou

反渗透 (reverse osmosis，RO) 在高于渗透压差的压力下，溶剂（如水）通过半透膜进入膜的低压侧，而溶液中的其他组分（如盐）被阻挡在膜的高压侧并随浓溶液排出，从而达到有效分离的过程。

RO工艺的运转需要在料液侧施加压力，当压力超过RO膜两侧渗透压差时，水会逆着自然渗透的方向做反向渗透。在RO膜的另一侧，即低压侧可得到滤后水；高压侧混合液被浓缩。

反渗透膜 是用于反渗透过程、使水和溶质分离的半透膜。反渗透膜一般只能透过水分子，因此可截留离子、溶解性分子及体积更大的物质。

按操作压力，可分为高压反渗透膜、中低压反渗透膜、超低压反渗透膜。按膜结构，可分为非对称膜和复合反渗透膜。按膜材料，可分为醋酸纤维素膜、芳香聚酰胺膜等。

工艺优点 包括以下三方面。

①分离过程不需要加热，无相变，适用于热敏物质的分离、浓缩和纯化。

②能耗低，体积小，操作简单，应用范围广。

③分离精度高，杂质去除彻底。

工艺缺点 包括以下两方面。

①一般过滤过程压力较高，需要高压泵和耐高压管路。

②对预处理要求较高。

应用 大规模应用于海水和苦咸水（卤水）淡化、锅炉用水软化、污废水处理及高品质再生水制备，并可与离子交换结合制取高纯水。 （朱洪涛）

fangzhi ranzheng gongye feishui

纺织染整工业废水 (textile dyeing and finishing industry wastewater) 对纺织材料（纤维、纱、线及织物）进行前处理、染色、印花和整理的过程中产生的废水。

分类 按产品类型分为棉纺印染废水、毛纺印染废水、丝纺印染废水、麻纺印染废水和化纤印染废水。按工序划分，包括织造废水和印染废水。

棉纺印染废水 主要来自染整工段，包括退浆废水、煮炼废水、漂白废水、丝光废水、染色废水、印花废水和整理废水等。织造工段废水排放较少。

退浆废水 棉织物上的浆料和纤维本身的部分杂质在漂染前必须去除。退浆废水一般占废水总量的15%左右，污染物约占总量的50%。退浆废水是碱性的有机废水，含有各种浆料分解物、纤维屑、酸和酶等污染物，废水呈淡黄色。退浆废水的污染程度和性质视浆料的种类而异：过去多用天然淀粉浆料，淀粉浆料的可生化性较好；目前使用较多的化学浆料（如聚乙烯醇）的可生化性较差；近年来化学浆料有被可生化性更好的改性淀粉浆料逐渐取代的趋势。

煮炼废水　煮炼工艺一般用烧碱、表面活性剂等作水溶剂，在 pH 为 10～13 的条件下对棉纤维进行煮炼，将纤维中的棉蜡、油脂、果胶类等杂质去除，以保证漂白和染整的加工质量。煮炼废水量大，呈强碱性和深褐色，有机物浓度高。

漂白废水　漂白工艺一般采用次氯酸钠、过氧化氢（双氧水）、亚氯酸钠等氧化剂去除纤维表面和内部的有色杂质，使织物漂白。由于过氧化氢、含氯漂白剂在漂白过程中分解，漂白废水水量虽大，但污染程度小，有机物浓度均较低。

丝光废水　丝光处理是将织物在氢氧化钠浓碱液内浸透，以提高纤维的张力强度，增加纤维的表面光泽，降低织物的潜在收缩率，同时增加织物与染料的亲和力。丝光废水含高浓度氢氧化钠，一般通过多效蒸发浓缩回收后，用于丝光、煮炼和退浆等工序。

染色废水　主要污染物是染料和助剂，色泽深。不同纤维原料需用不同的染料、助剂和染色方法，加上染料上色率、染液浓度、染色设备和规模不同，废水水质差异很大。一般染色废水呈强碱性，特别是采用硫化染料和还原染料时，pH 高达 10 以上。染色废水中的许多污染物不易被生物分解，单纯生物处理难以有效去除有机物和色度。

印花废水　污染物主要来自调色、印花滚筒、印花筛网的冲洗水，以及后处理的皂洗、水洗、洗印花衬布的废水。印花废水污染物浓度高；此外，活性染料应用大量尿素，使印花废水的氨氮含量升高。

整理废水　除纤维屑之外，还含有多种树脂、甲醛、表面活性剂等，但废水量较少。

毛纺印染废水　主要包括洗毛废水、炭化废水和染色废水。

洗毛废水　洗毛工艺是利用机械化学作用从原毛中去除羊毛脂、羊汗、泥沙、杂质的过程。根据加入化学药品的种类，洗毛的方法可分为中性洗毛、合成洗涤剂加纯碱洗毛、皂碱洗毛、铵碱洗毛和酸性洗毛。洗毛废水主要污染物是羊毛脂、羊汗、泥土、羊粪和洗毛药剂，具有有机物和悬浮物浓度高、含脂量高、表面活性剂浓度高等特点。

炭化废水　炭化是通过强酸和加热作用使羊毛上的植物性杂质如草籽、草刺和干草脱水而成炭的化学处理工艺。炭化废水含有无机酸、植物性杂质及炭化残渣等污染物。

染色废水　含有剩余染料和大量染色助剂。毛纺织产品染色主要使用酸性染料、媒介染料、阳离子染料、分散染料等。这些染料上染率较高，染色残液中剩余染料相对较少，与棉印染产品排放的废水相比，其废水中污染物含量较低，废水色度低。所使用的染色助剂，大多较易生物降解。

丝纺印染废水　主要包括缫丝废水、精炼废水、染色（染纱）废水等。

缫丝废水　含有丝胶等有机污染物，丝胶本身也是由多种氨基酸组成的蛋白质，其废水可生物降解性好。

精炼废水　含有一定量的丝胶、浆料及其他有机污染物，废水呈碱性，pH 为 10～11。

染色（染纱）废水　真丝染色时采用弱酸性染料，以醋酸作为匀染剂，染料上染率较高，醋酸可生物降解性较好。排放的染色废水（包括染纱废水）呈微酸性，可生物降解性较好。

麻纺印染废水　主要为脱胶废水和印染废水。其中，脱胶废水为高浓度的有机废水，较易生物降解；印染废水水质与棉纺印染废水水质相近。

化纤印染废水　主要包括除油废水、精炼废水、碱减量废水和染色废水。其中，碱减量废水产生量大，污染物浓度高且较难生物降解，是较难处理的印染废水之一。

源头减量　主要包括以下 14 种技术。

真空渗透煮茧技术　用于丝绸纺织制丝过程的煮茧工序，采用机外真空渗透与机内煮熟技术对蒸汽和水温按照适煮工艺条件进行配置，可减小蚕茧丝胶溶失率，降低煮茧废水中污染物浓度。

羊毛脂回收技术 采用离心法、溶剂萃取法、超滤法对洗毛废水中的羊毛脂进行提取，降低水污染物浓度，同时实现羊毛脂回收。

生物－化学联合脱胶技术 用于苎麻、荨麻等原麻脱胶生产，通过生物法去除部分果胶，减轻后续化学脱胶的负荷，失重率、残胶率均明显改善，化学药剂使用量减少，废水中污染物浓度下降。

冷轧堆一步法前处理技术 用于纯棉织物、棉麻混纺织物、化纤及化纤混纺织物的前处理，通过一次性投加不同复合型的退浆剂和煮炼剂，将前处理工段合并完成，再经漂洗完成前处理，实现蒸汽使用量节约和新鲜水用量减少。

气流染色技术 用于坯布染色工序，将高速气流和染液分别注入喷嘴后形成的雾状微细液滴喷向织物，使得染液与织物充分接触以达到均匀染色的目的，染液循环频率高，织物浴比高，废水产生量少。

气液染色技术 用于坯布染色工序，以气流牵引织物循环，通过组合式染液喷嘴促使染液与被染织物充分接触进而实现染色，织物浴比高，废水产生量少。

活性染料冷轧堆染色技术 用于坯布染色工序，在低温下通过浸轧染液和碱液，使染液吸附在织物纤维表面，再经打卷堆置完成染料的吸附、扩散和固色，通过水洗完成上染。该技术流程短，能耗低，设备简单，无须设烘干和汽蒸工序，废水产生量比传统染缸染色大幅减少。

小浴比匀流染色技术 用于坯布染色工序，采用匀流染色机，在染色机主缸底部增加横向循环泵，加大染液间的交换速度和频次，织物浴比高，节约蒸汽用量，废水产生量少。

涂料染色技术 用于各种纤维材料的坯布和成衣染色工序，将不溶于水的颜料借助黏合剂固着在织物上，染色过程中无废水产生。

无导布轮喷射染色技术 用于自然或合成纤维、混纱布、超细纤维、高密度纤维塔夫塔布、弹性纱或新合纤维等材料的坯布染色工序，利用液流喷射力驱动布匹，通过导布管改变布匹运行方向，经格栅挡板前后摆动使布匹产生前后叠放的效果，布匹在低浴比状态下可高速运转，上染率高，废水产生量少。

筒子纱自动化染色技术 用于纱线染色，采用数字化及自动化技术实现筒子纱染色的自动化生产，与传统筒子纱染色技术相比，可节约水和染料。

泡沫整理技术 用于织物整理，将整理液发泡后施加于织物表面并透入织物内部，废水产生量大幅降低。

液氨丝光技术 用于棉织物整理工序，将烘干后的织物在液氨整理机内浸轧液氨，使织物浸氨匀透并瞬时吸氨。浸轧液氨后的梭织布再进入反应室内与氨充分反应，同时蒸发织物上的余氨，可实现液氨的循环利用，不产生废碱液和丝光废水。

水性聚氨酯涂层整理技术 用于织物整理工序，以水为分散介质，生产过程一般不产生废水和有机废气。

处理方法 包括高浓度有机污水、含特殊污染物废水预处理和综合污水处理。

高浓度有机污水预处理 洗毛废水采用离心分离法、溶剂萃取法、超滤法等预处理回收羊毛脂；麻脱胶废水采用厌氧处理法进行预处理；涤纶碱减量废水进行碱回收和对苯二甲酸回收预处理；退浆精炼废水采用厌氧生物处理法、化学氧化法进行预处理；蜡染洗蜡废水采用酸析、气浮法回收松香；聚乙烯醇（PVA）退浆废水采用热超滤浓缩或盐析凝胶法等回收 PVA。

含特殊污染物废水预处理 高氨氮印花废水采用汽提、吹脱方法回收氨；炭化酸性废水采用酸碱中和法进行预处理；丝光废水进行碱回收或综合利用；含铬染整废水采用化学还原、化学沉淀法进行预处理；含锑染整废水采用聚合硫酸铁混凝法进行预处理。

综合污水处理 采用以生物处理法为主、物化处理法为辅的工艺技术。（李军　宋玉栋）

fangshexing feishui

放射性废水 （radioactive wastewater） 核工业和放射性同位素应用部门所产生的含有放射性核素且其放射性浓度超过国家规定限值的废水。

来源 ①核工业各主要生产环节，包括核燃料循环过程；②放射性同位素的提取、纯化过程及其在工农业、医疗、民用等方面的应用过程；③原子能和平利用；④科学研究，包括放化、核物理、生物、生理实验室和核辐照试验等的排水和地面清洗水、洗衣房废水；⑤其他核设施及放射性物质运载工具的清洗和事故漏失。

危害 放射性废水因其含有放射性核素而具有辐射损伤性，可能产生遗传危害，且一旦进入人体，易在器官内沉积。

分类 我国一般按放射性活度的高低分为三类：①高放射性废水，其放射性活度$\geqslant 4\times 10^{10}$Bq/L；②中放射性废水，其放射性活度为$4\times 10^{6}\sim 4\times 10^{10}$Bq/L；③低放射性废水，其放射性活度$\leqslant 4\times 10^{6}$Bq/L。

废水处理 放射性废水的主要去除对象是具有放射性的重金属核素。必须根据放射性杂质在水中的状态（不溶于水的悬浮物、胶体物质、分子态物质和离子态物质）选择适宜的净化处理方法。放射性核素用任何水处理方法都不能改变其固有的放射性衰变特性，其处理一般遵循两个基本原则：①将放射性废水排入水体，通过稀释、扩散达到无害水平。主要适用于极低水平的放射性废水的处理。②放射性废水浓缩后，将其浓缩产物与人类的生活环境长期隔离，任其自然衰减。

放射性废水的浓缩处理方法包括：①化学沉淀法：通过投加铁盐、铝盐、磷酸盐、高锰酸盐、石灰、苏打等沉淀剂，使放射性核素形成沉淀；②离子交换法：利用离子交换树脂吸附低盐度放射性废水中的放射性核素离子，常用于化学沉淀和过滤处理后放射性核素离子的彻底去除；③蒸发法：利用放射性核素的难挥发性处理废水，常用于高、中放射性废水的处理；④膜分离法：利用微滤、超滤、纳滤等对废水进行预处理，去除绝大部分悬浮物和高分子物质，然后利用反渗透工艺对放射性核素进行浓缩，实现废水的净化。在放射性废水浓缩处理过程中产生的沉淀污泥和浓缩液浓缩产物，以及离子交换树脂、膜材料等具有很高的放射性，需进行妥善的最终处理处置，常用的固化方法包括水泥固化、玻璃固化和沥青固化等。 （李军　付丽亚）

feishui shengwu chulifa

废水生物处理法 （biological treatment of wastewater） 又称废水生物化学处理法，简称废水生化法，是在人工营造的有利于微生物生长和繁殖的环境条件下，利用微生物的代谢作用去除废水中有机和无机污染物的方法。

沿革 废水生物处理法的发展大致可分为三个阶段。

第一阶段（1881—1915 年）为早期阶段，主要发明有 Mouras 池（1881 年）、生物滤池（1893 年）和活性污泥法（1914 年）。

第二阶段（1916—1960 年）为废水生物处理的普及阶段，化粪池、生物滤池、活性污泥法及污泥消化池先后被大量应用，废水生物处理成为城市污水处理的主要工艺。传统的活性污泥法不断得到改良，阶段曝气法、延时曝气法、吸附再生法、氧化沟等新工艺出现。普通生物滤池逐步发展，产生了高负荷生物滤池、塔式生物滤池、生物转盘、生物接触氧化等新工艺。厌氧生物处理从传统的低负荷消化池逐步发展出高负荷消化池、二级消化池、两相消化池、厌氧接触法等新工艺。

第三阶段（1961 年至今）是废水生物处理技术发展的新时期，废水生物处理的研究和应用有了很大飞跃。在好氧生物处理方面，出现了 A-B 活性污泥法、序批式活性污泥法、纯氧曝气活性污泥法、深井曝气活性污泥法、膜生物反应器、好氧颗粒污泥、好氧生物流化床、曝气生物滤池、移动床生物膜反应器等新工艺，以及高效曝气器、新型填料等设备与材料。在厌氧生物处理方面，先后出现了升流式厌氧污泥床、厌氧生物流化床、膨胀颗粒污泥床、内循环厌氧反应器、厌氧氨氧化等新工艺，厌氧生物处理的应用范围从污泥消化扩展到高浓度有机废水和高浓度氨氮废水的处理。在厌氧-好氧组合系统方面，出现了生物脱氮、生物除磷和同步生物脱氮除磷等新工艺。

分类 根据作用微生物对氧需求的不同，分为好氧生物处理法、厌氧生物处理法和缺氧生物处理法。

缺氧处理法是在缺氧以及存在有机物等电子供体的条件下，微生物利用硝酸盐作为电子受体进行呼吸，将硝酸盐转化成氮气，实现废水脱氮和有机物去除的方法，主要用于处理含硝酸盐废水。（宋玉栋）

推荐书目

张忠祥，钱易．废水生物处理新技术．北京：清华大学出版社，2004.

feishui shengwu tuoliu

废水生物脱硫 （wastewater biological desulfurization） 在硫酸盐还原菌（SRB）作用下，硫酸盐和亚硫酸盐作为有机物氧化的电子受体转化为硫化物（包括 H_2S、S^{2-} 和 HS^-），再由硫化物氧化菌（SOB）转化为硫单质从污水中脱除的过程。

目前，国内外利用 SRB 和 SOB 处理硫酸盐废水多处于实验室研究和小试阶段。根据 SOB 种类的不同，废水生物脱硫工艺分为三类：利用 SRB 与光合细菌的生物脱硫工艺；利用 SRB 与无色硫细菌的生物脱硫工艺；利用 SRB 与脱氮硫杆菌的生物脱硫工艺。（李军）

fenduan jinshui huoxing wunifa

分段进水活性污泥法 （step-feed activated sludge process） 又称阶段曝气活性污泥法，是污水沿曝气池长度方向多点进水的一种活性污泥处理工艺，于 20 世纪 40 年代末开始在美国实现工业化应用。

原理 在活性污泥工艺系统中，当污水进入推流式曝气池时，曝气池前端有机物浓度较高，所需供氧量大；当污水到达曝气池末端时，所需供氧量大大减少。通过污水沿反应器长度方向分散地均衡进水，使有机负荷在曝气池内均衡分布，需氧量更加均化，可充分发挥整个曝气池的处理能力（见下图）。

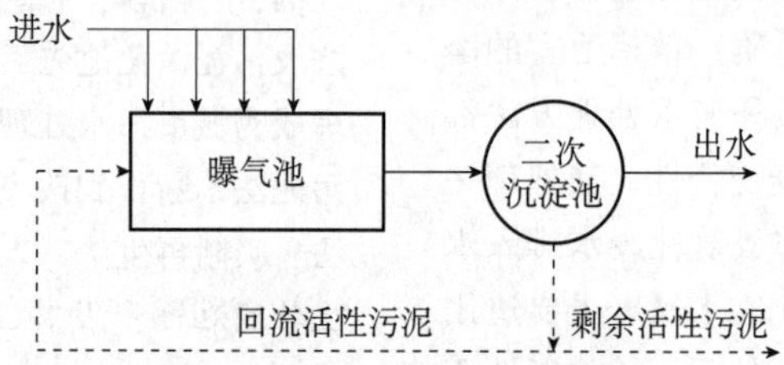

分段进水活性污泥法工艺流程示意图

特征 包括以下两方面：①曝气池的需氧量峰值点变为 3～4 处，曝气池内需氧量与供氧量间的差距减小，曝气能耗低。②原水分散、均衡地注入曝气池，系统对污水水质、水量冲击负荷的适应能力强。（席宏波　宋玉栋）

fuyingyanghua

富营养化 （eutrophication） 在人类活动的影响下，生物所需的氮、磷等营养物质大量进入湖泊、河口、海湾等缓流水体，引起藻类及其他浮游生物迅速繁殖，水体溶解氧量下降，水质恶化，鱼类及其他生物大量死亡的现象。在自然条件下，湖泊也会从贫营养状态过渡到富营养状态，沉积物不断增多，先变为沼泽，再变为陆地，不过这种自然过程非常缓慢。而人为排放含营养物质的工业废水、生活污水、养殖污水和农田退水所引起的水体富营养化现象，可在短时期内出现。

水体出现富营养化现象时，浮游生物大量繁殖，因占优势的浮游生物的颜色不同，水面往往呈现蓝色、红色、棕色、乳白色等。这种现象在江河湖泊中称为水华，在海中则叫作赤潮。

危害 水体富营养化会导致水质下降、水生态系统破坏和湖泊衰退等，进而影响水资源利用、水产养殖、景观等。

水质下降 在富营养化的湖泊、水库水体中以蓝藻、绿藻为优势种类的水藻大量繁殖，湖水浊度升高，透明度下降，严重影响湖泊的景观功能；夜间藻类呼吸作用以及藻类死亡后腐烂分解，大量消耗溶解氧，造成水体溶解氧含量下降；产毒藻株可能释放藻毒素，水华藻特别是一些蓝藻会产生土腥素和二甲基异莰醇等致臭物质，藻类死亡也会释放大量污染物，使水质恶化，造成以此为水源的供水厂水处理成本增加，甚至发生滤池堵塞、出水藻毒素超标等问题，严重影响湖泊的供水水源功能。

水生态系统破坏 富营养化条件下易引起水华藻类快速生长，抑制其他浮游植物的生长；浮游生物大量生长，导致水体透明度下降，阳光难以透射进入湖泊深层，湖底水草难以生长；湖水溶解氧浓度下降和藻毒素等的释放，造成水生动物大量死亡；水体原有的物种结构受到破坏，水体生物多样性减少，水生态系统平衡紊乱；鱼虾类水产品大量死亡，严重影响水体的水产养殖功能。

湖泊衰退 富营养化是水体老化的表现。湖泊中若藻类大量繁殖，将导致严重缺氧，水生动物的生存空间越来越少，水道阻塞，恶臭现象频发。

评价方法 富营养化程度可根据水体的环境因子和其中的生物种群特征进行评价。主要包括营养状态指数法和生物评价法。营养状态指数法将水体中总氮、总磷、叶绿素 a、化学需氧量及透明度等环境因子综合转化成营养状态指数函数以评估富营养化程度，是目前最常用的方法之一。生物评价法依据湖泊中生物来评估富营养化，例如，Likens 提出根据浮游植物的组成划分富营养化程度：以金藻为主的贫营养，以隐藻为主的贫—中营养，以甲藻为主的中营养，以硅藻为主的中—富营养，以硅—绿藻为主的富营养，以及以蓝—绿藻为主的重富营养。

防治 富营养化治理是一个长期过程。防止发生富营养化，首先，要控制外源，减少营养物质（主要是磷和氮）进入水体；其次，可采取疏浚底泥、去除水草和藻类等方式去除内源；再次，可采取深层水抽取、稀释冲刷、水体循环等措施（见水环境修复）。 （洪喻）

G

gangtie gongye feishui

钢铁工业废水 (iron and steel industry wastewater) 在钢铁工业各生产单元及辅助设施产生的废水。主要包括卸原料、烧结、炼铁、炼钢、轧钢等生产单元产生的废水，主要来源于生产工艺过程用水、设备与产品冷却水、设备与场地清洗水等。

原料场废水 指原料场卸料除尘、冲洗地坪过程中产生的废水，主要污染物为悬浮物，经沉淀处理后回用。

烧结厂废水 包括冲洗混合料胶带、冲洗地坪产生的冲洗废水，湿式除尘器排水和烧结机烟气脱硫废液。

特性 冲洗混合料胶带、冲洗地坪产生的冲洗废水是间断性排水，悬浮物含量高，且含大颗粒物料。湿式除尘器排水悬浮物含量高。烧结机烟气脱硫废液悬浮物及氯离子浓度高，含汞、铅、砷、锌、铊等重金属离子。

预防与处理方法 在大型烧结厂，采用电除尘或布袋除尘代替湿式除尘，可从根本上防止湿式除尘器排水的产生。烧结机烟气脱硫废液水量较小，通常单独处理。

烧结厂废水处理主要对象为冲洗废水和湿式除尘器排水，主要目标为去除悬浮物，主要处理方法为沉淀或浓缩，处理出水循环使用，主要难点在于污泥脱水。国内较常用的废水处理工艺包括平流式沉淀池分散处理工艺、集中浓缩污泥斗处理工艺、集中浓缩拉链机处理工艺、集中浓缩真空过滤机（或压滤机）处理工艺和集中浓缩综合处理工艺。

炼铁厂废水 主要包括高炉煤气洗涤废水和炉渣粒化废水。

特性 高炉煤气洗涤废水是炼铁厂的主要废水，水量大，悬浮物含量高，含有酚、氰等有害物质。炉渣粒化废水根据粒化工艺不同分为高炉冲渣废水和高炉泡渣废水，特点是水温高、含有细小的悬浮物。

处理方法 高炉煤气洗涤废水经沉淀处理、水质稳定和降温处理后可循环使用，可采用的沉淀处理方法包括自然沉淀和混凝沉淀，可采用的水质稳定方法包括酸化法、软化法、磁化法、渣滤法和投药法等。炉渣粒化废水经渣水分离后可循环使用，可采用的渣水分离方法包括渣滤法、槽式脱水法和转鼓脱水法。

炼钢废水 主要包括转炉烟气湿式除尘废水和连铸废水。

特性 转炉烟气的收集方法有未燃法和燃烧法2种，对烟气湿式除尘废水水质具有重要影响。当采用未燃法时，除尘废水悬浮物以 FeO 为主，废水呈黑灰色，悬浮物的颗粒较大，废水呈碱性，pH 甚至可达 10 以上。当采用燃烧法时，FeO 进一步氧化为 Fe_2O_3，除尘废水颗粒呈红色，粒径较小，废水呈酸性。

连铸废水主要为二次冷却区产生的废水，受热污染并带有氧化铁皮和油脂。

处理方法 包括转炉烟气湿式除尘废水处理和连铸废水处理两方面。

转炉烟气湿式除尘废水处理　包括悬浮物的去除、水质稳定和污泥脱水与利用，废水经处理后循环使用。悬浮物的自然沉淀效果不佳，需采用强化沉淀措施，如在沉淀池前加混凝药剂，通过磁凝聚器磁化后再进入沉淀池，以及采用水力旋流器分离等。水质稳定措施包括投加水质稳定剂、投加碳酸钠、与高炉煤气除尘废水混合处理、药磁处理等。常用的处理工艺包括混凝沉淀—水稳药剂处理工艺、药磁混凝沉淀—永磁除垢处理工艺、磁凝聚沉淀—水稳药剂处理工艺、降硬—絮凝沉淀—水稳药剂处理工艺。沉淀污泥含铁量高，经脱水处理后可输送至烧结工段进行综合利用。

连铸废水处理　一般采用固—液分离（沉淀）、液—液分离（除油）、过滤、冷却、水质稳定等措施处理。废水经一次铁皮坑，将大颗粒的氧化铁皮清除掉，用泵将水送入沉淀池，一方面除去水中微细颗粒的氧化铁皮，另一方面利用除油器将油除去，一般采用混凝沉淀方式。过滤常采用双层滤料过滤。

轧钢废水　按照轧钢工艺分为热轧废水和冷轧废水。

特性　热轧废水主要为轧机支撑辊、卷取机、除鳞机、辊道等设备的冷却和冲铁皮过程产生的废水，特点是含有大量的氧化铁皮和油，温度较高，水量大，经沉淀、机械除油、过滤、冷却等物理方法处理后，可循环利用。

冷轧废水种类较多，主要包括酸碱废水、含油和乳化液废水、含铬废水。酸碱废水含有一定浓度的酸或碱，需进行中和处理；含油和乳化液废水含有一定浓度的润滑油和液压油；含铬废水含有铬、锌、铅等重金属离子。

处理方法　热轧废水处理按处理程度的不同有不同的组合，但都要保证循环使用条件，包括一次沉淀工艺、二次沉淀工艺、沉淀—混凝沉淀—冷却工艺、沉淀—过滤—冷却工艺、沉淀—混凝—气浮工艺、沉淀—过滤—除油—冷却工艺；除油—混凝沉淀—气浮工艺。

冷轧废水中，酸性废水处理一般采用投药中和法或过滤中和法；含乳化液废水一般采用破乳和膜分离处理；含铬废水处理包括除铬预处理和常规处理；碱性废水采用曝气中和和絮凝沉淀法处理。　（宋玉栋）

gaofuhe huoxing wunifa

高负荷活性污泥法　（high load activated sludge process）　又称短时活性污泥法或不完全处理活性污泥法，是通过缩短曝气反应时间提高处理负荷的活性污泥处理工艺。

原理　通过缩短曝气时间（仅需0.5～2.0h）将曝气池中容积负荷提高至2～4kg（BOD_5）/（m^3·d），以提高有机物的去除速率。因曝气时间较短，有机物降解不充分，BOD_5去除率较低（65%～75%）。

特征　处理负荷较高，但出水水质较差，单独应用较少，多作为两段或多段生物处理中的第一段应用，例如，作为A-B活性污泥法的A段应用。　（席宏波　宋玉栋）

gaofuhe shengwu lüchi

高负荷生物滤池　（high-rate trickling filter）　在普通生物滤池的基础上，通过限制进水有机物浓度、增大滤料粒径、处理出水回流等措施获得较高负荷率的一种生物滤池。

构造　主要由池体、滤料、布水装置、排水系统组成（见下图）。在平面上多呈圆形，池体多用砖石筑造，一般应高出滤料表面0.5～0.9m，具有维护滤料的作用，并可防止风力对池表面均匀布水的影响。

滤料　是生物滤池的主体，应具备质坚耐腐、比表面积大、孔隙率大、抗冻耐用、适合就地取材等条件，多采用碎石、卵石、炉渣和焦炭等矿物滤料。滤料层由底部的承托层（厚0.2m，无机滤料粒径70～100mm）和其上的工作层（厚1.8～3.8m，无机滤料粒径40～70mm）两层充填而成，粒径下大上小。近年来已广泛使用的由聚氯乙烯、聚苯乙烯和聚酰胺等材料制成的人工滤料，具有更大的比表面积（80～220m^2/m^3）和孔隙率（94%～98%）。这些人工滤料一般呈波形板状、列管状和蜂窝状。

布水装置 多采用连续工作的旋转布水器。主要由固定不动的布水竖管和可以转动的布水横管所组成。横管距滤料表面0.15～0.25m，其数目一般为2～4，根据需要可在横管上设分叉管。横管上一侧开小孔，其间距由池中心向池边逐渐减小以保证均匀布水。污水从进水竖管进入配水短管，然后分配至各布水横管，在一定水头（0.25～0.8mH_2O）的作用下喷出小孔并产生反作用力，从而推动布水横管向与水流相反的方向转动，由此保证滤池的连续布水。

排水系统 位于滤池底部，包括通风孔、集水沟和总排水沟等，其作用是排出处理后的污水并保证滤池的良好通风；滤层厚度在2m以上时，一般采用人工通风措施。

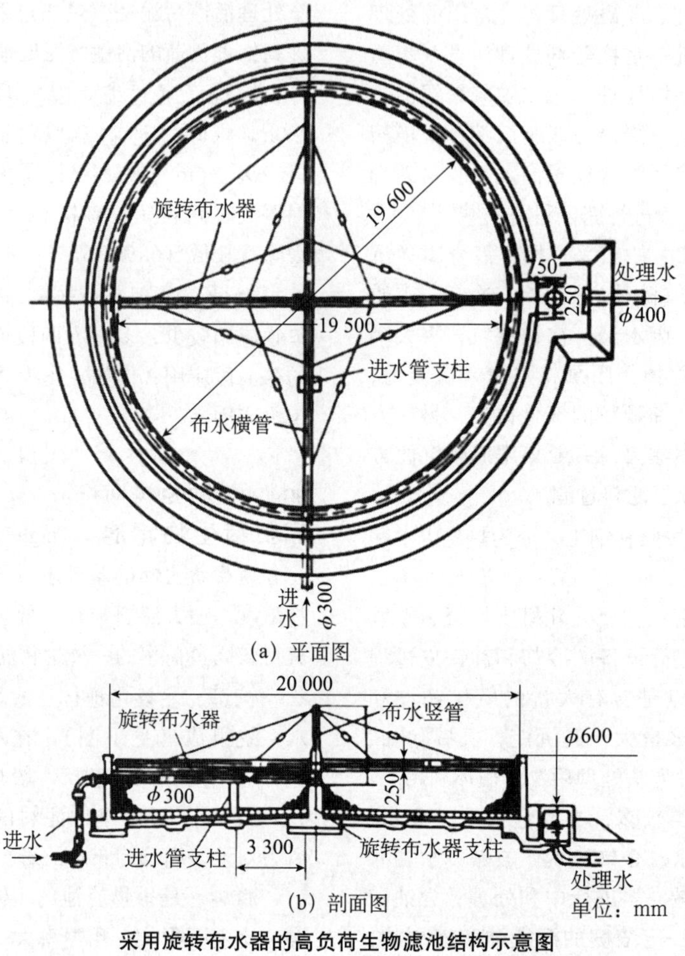

采用旋转布水器的高负荷生物滤池结构示意图

特点 ①高负荷生物滤池大幅度地提高了滤池的负荷率，其五日生化需氧量（BOD_5）容积负荷率比普通生物滤池高6～8倍，水力负荷高达10倍；②处理水回流可均化并稳定进水水质、降低进入高负荷滤池的BOD_5值（低于200 mg/L）、加大水力负荷、及时冲刷过厚和老化的生物膜，从而使生物膜迅速更新并经常保持较高的活性，同时抑制滤池蝇的过度滋长，减轻散发的臭味。 （李军 王文东）

gaowen feishui

高温废水 （high temperature wastewater）工业生产过程中的冷却、蒸馏及冲洗等环节排出的温度较高的废水。

来源及危害 来自工业生产过程中，温度高达40～100℃。高温废水不经处理排入天然水域将造成水体热污染，使水中鱼贝类大批死亡，减少水中溶解氧，恶化水生生物栖息条件。有时使水中微生物大量繁殖，大量消耗溶解氧，甚至局部出现厌氧，污染水环境。

处理方法 可采用人工或天然冷却法，降低水温，消除热污染。 （付丽亚）

gezha

格栅 （bar screen） 一种拦截水中较大尺寸漂浮物或其他杂物的装置，由一组平行的金属栅条或筛网制成，安装在废水流经的渠道上、泵站集水池的进口处或污水处理厂的端部。截留效果取决于缝隙宽度和水的性质。

功能 防止污水中塑料瓶、塑料袋、破布、棉纱、木棍、树枝、水草等大块的固体悬浮物和漂浮物堵塞水泵叶轮，妨碍管道渠道闸阀正常操作，堵塞沉淀池排泥管等。

原理 依靠筛滤截留作用实现大块固体悬浮物和漂浮物的去除。

分类 按形状，分为平面格栅（见图1）、曲面格栅（见图2）、阶梯式格栅；按栅条净间隙，分为粗格栅（25～100mm）、中格栅（10～25mm）和细格栅（1.5～10mm）；按格栅构造特点，分为抓爪式、孔板式、倾斜转鼓式、水平转鼓式、破碎式、循环式、回转式等多种形式；按清渣方法，分为人工清除格栅、机械清除格栅和水力清除格栅。当拦截的栅渣量大于 $0.2m^3/d$ 时，一般采用机械清渣方式；栅渣量小于 $0.2m^3/d$ 时，可采用人工清渣方式，也可采用机械清渣方式。

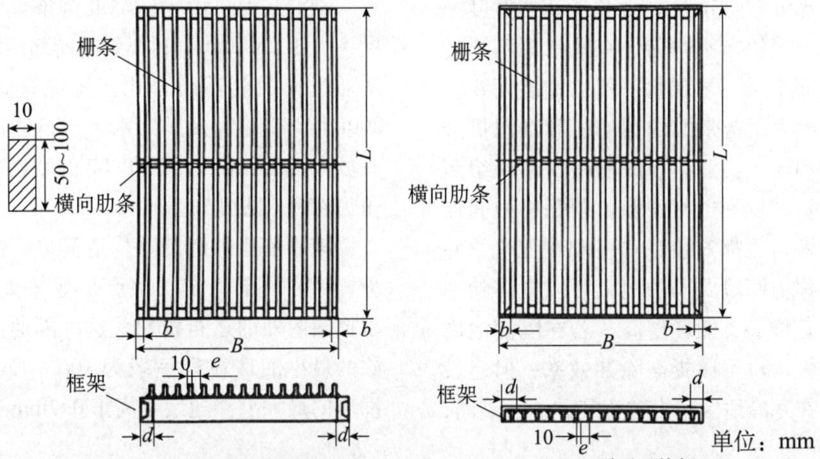

(a) A型平面格栅　(b) B型平面格栅

L—格栅长度；*B*—格栅宽度；*b*—栅条到外边框距离；*d*—框架周边宽度；*e*—间隙净宽。

图1 平面格栅

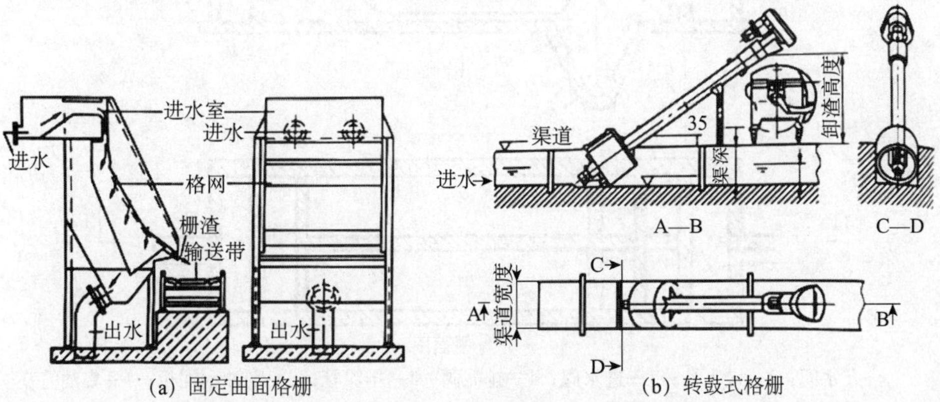

(a) 固定曲面格栅　(b) 转鼓式格栅

图2 曲面格栅

设计要求 污水过栅流速宜为0.6～1.0m/s，栅前渠道内水流速为0.4～0.9m/s；除转鼓式格栅除污机外，机械清除格栅安装角度宜为60°～90°，人工清除格栅的安装角度宜为30°～60°。格栅上部必须设置工作平台，机械格栅的动力装置一般宜设置在室内，或采取其他保护设备的措施；格栅间应设置通风设施、有毒有害气体的检测与报警装置和必要的起重设备。 （闫海红）

geyouchi

隔油池 （oil separator） 利用油滴与水的密度差产生的上浮作用来去除含油废水中可浮性较高的油类物质的一种废水预处理构筑物。

构造 多用钢筋混凝土筑造，也有的用砖石砌筑。沿水流方向分为2～4格，每格宽度一般为2～6m，以便布水均匀。有效水深不超过2m，隔油池的长度一般比每一格的宽度大4倍以上。隔油池多用链带式的刮油机和刮泥机分别刮除浮油和池底污泥。一般每格安装一组刮油机和刮泥机，设一个污泥斗。若每格中间加设挡板，挡板两侧都安装刮油机和刮泥机，并设污泥斗，称为两段式隔油池，可以提高除油效率，但设备增多，能耗增高。若在隔油池内加设若干斜板，也可以提高除油效率，但建设投资较高。在寒冷地区，为防止冬季油品凝固，可在集油管底部设蒸汽管加热。隔油池一般都要加盖，并在盖板下设蒸汽管，以便保温，防止隔油池起火和油品挥发，并可防止灰沙进入。

池型 主要有平流隔油池和斜板隔油池两种类型。

平流隔油池 废水从池的一端流入池内，从另一端流出。在隔油池中，由于流速降低，相对密度小于1.0而粒径较大的油珠上浮到水面上，相对密度大于1.0的杂质沉于池底。在出水一侧的水面上设集油管。集油管一般用直径为200～300mm的钢管制成，沿其长度方向在管壁的一侧开有切口，集油管可以绕轴线转动。平时切口在水面上，当水面浮油达到一定厚度时，转动集油管，使切口浸入水面油层之下，油进入管内，再流到池外。

刮油刮泥机由钢丝绳或链条牵引，移动速度不大于2m/min。刮集到池前部污泥斗中的沉渣通过排泥管适时排出。排泥管直径不小于200mm，管端可接压力水管进行冲洗。池底应有坡向污泥斗的0.01～0.02的坡度，污泥斗倾角为45°（见图1）。

该隔油池的优点是构造简单，便于运行管理，除油效果稳定。缺点是池体大、占地多。根据国内外的运行资料，这种隔油池，可能去除的最小油珠粒径一般为100～150μm，此时油珠的最大上浮速度不高于0.9mm/s。

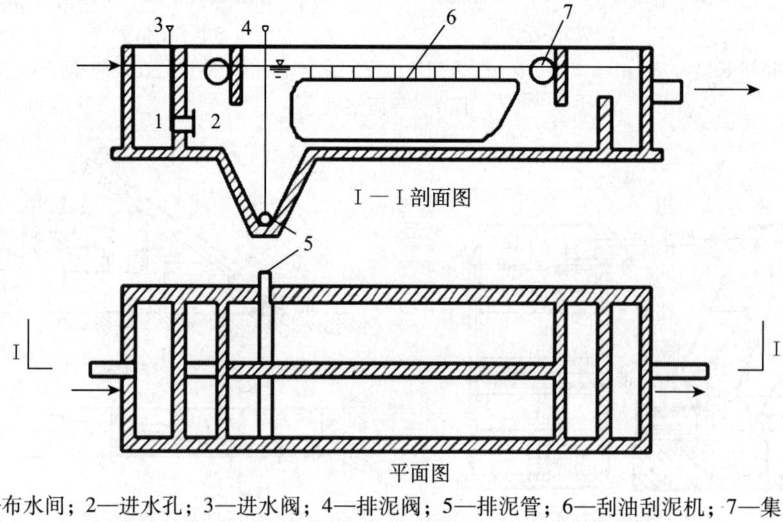

1—布水间；2—进水孔；3—进水阀；4—排泥阀；5—排泥管；6—刮油刮泥机；7—集油管

图1 平流隔油池

斜板隔油池 采用波纹形斜板，板间距宜为40mm，倾角不应小于45°。废水沿板面向下流动，从出水堰排出。水中油珠沿板的下表面向上流动，然后经集油管收集排出（见图2）。水中悬浮物沉降到斜板上表面，滑下落入池底部经排泥管排出。实践表明，这种隔油池油水分离效率高，可除去粒径不小于80μm的油珠，表面水力负荷宜为0.6～0.8m^3/（m^2·h），停留时间短（一般不大于30min），占地少。目前我国一些新建的含油废水处理站，多采用这种形式的隔油池，斜板材料应耐腐蚀、不沾油和光洁度好，一般由聚酯玻璃钢制成。池内应设清洗斜板的设施。（李军　闫海红）

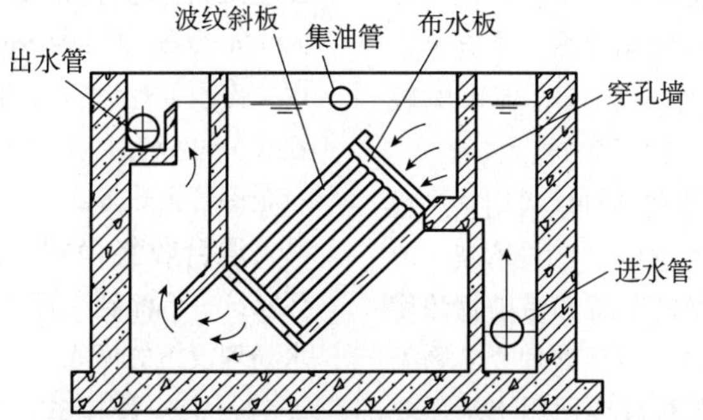

图2　斜板隔油池

geyou chulifa

隔油处理法

隔油处理法（oil separation）　依靠油水密度差使含油污水中悬浮油滴上浮移除的方法。

原理　含油污水在重力的作用下，借助油水密度差，采用自然上浮法分离去除废水中的悬浮油与部分分散油。一般借助隔油池或其他隔油装置完成。隔油池的构造多采用平流式，含油废水通过配水槽进入平面为矩形的隔油池，沿水平方向缓慢流动，在流动中油品上浮至水面，由集油管或设置在池面的刮油机推送到集油管中并流入脱水罐。在隔油池中沉淀下来的重油及其他杂质，积聚到池底污泥斗中，通过排泥管进入污泥管中。经过隔油处理的废水则溢流入排水渠排出池外，进行后续处理。

隔油装置　平流隔油池（API）装置占地面积大，构造简单，维护容易，应用较为广泛。平行板式隔油池（PPI），是API的改良型。在平流隔油池内沿水流方向安设数量较多的倾斜平行板，不仅增加有效分离面积，而且也提高了整流效果。倾斜板式隔油池（CPI）是PPI的改良型，油水分离效率高，停留时间短，占地面积少。见隔油池。

应用　广泛应用于含油污水的预处理。

（李军　朱洪涛）

gongye feishui

工业废水

工业废水（industrial wastewater）　工业生产过程产生的废水。其中含有随水流失的工业生产用料、中间产物和产品以及生产过程中产生的副产物。工业废水必须经预处理达到一定标准后方能排入排水管网或进入污水处理厂处理。

分类　工业废水通常可按四种方式分类。①按工业废水中所含主要污染物的化学性质，可分为有机废水、无机废水、兼含有机物和无机物的混合废水等。②按工业企业的产品和加工对象，可分为冶金废水、造纸工业废水、炼焦煤气废水、金属酸洗废水、化学肥料废水、纺织染整工业废水、染料废水、制革废水、农药废水、电站废水等。③按废水中所含污染物的主要成分，可分为酸性废水、碱性废水、含氰废水、含铬废水、含镉废水、含汞废水、含酚废水、含醛废水、含油废水、含硫废水、含有机磷废水和放射性废水等。④按废水产生的生产环节，可分为工艺废水、机器设备冷却水、烟气洗涤水、设备和场地清洗水等。通常，工艺废水在生产过程中直接与原料、副产物、产品或半成品直接接触，含有大量化学物质，是工业废水治理的重点和难点。

特点 工业废水通常具有以下特点：①废水排放节点多，废水种类多，水质、水量差异性大。②组成复杂，且常含有有毒、有害以及难生物降解污染物，环境风险较高。③废水水质、水量特征受生产工艺及运行管理影响较大。④部分高浓度污水资源化潜力较大。

治理原则 工业废水的治理应采用全过程控制的理念，优先考虑通过生产工艺革新、改进、优化实现废水产生量的削减和污染物浓度的降低，然后再通过废水分质预处理、生物处理和深度处理，达到排放标准或回用水水质要求。工业废水的有效治理应遵循如下原则：①革新、改进和优化生产工艺，以尽可能在生产过程中杜绝有毒、有害废水的产生，如以无毒用料或产品取代有毒用料或产品。②在使用有毒原料以及产生有毒的中间产物和产品的生产过程中，采用合理的工艺流程和设备，并实行严格的操作和监督，消除漏逸，尽量减少流失量。③含有剧毒物质的废水，如含有一些重金属、放射性物质、高浓度酚和氰等的废水应与其他废水分流，以便于单独处理和回收有用物质。④一些流量大而污染轻的废水（如冷却废水），应优先在厂内经适当处理后循环使用。⑤含有难以生物降解有毒污染物的废水，应进行单独处理。⑥经预处理后成分和性质类似于城市污水的有机废水应建造大型污水处理厂进行混合处理，以降低基本建设和运行费用。⑦处理出水应优先考虑资源化利用，排入受纳水体时，需满足相关水质要求。 （宋玉栋）

gongye yuanqu wushui shouji moshi

工业园区污水收集模式 （wastewater collection mode of industrial park） 工业园区集中式污水处理设施对园区企业污水进行收集的模式。可分为混合收集模式、一企一管模式和一企多管模式等。

混合收集模式 指园区每个排污单位的污水统一混流到一根管道输送到园区集中式污水处理设施的模式。

一企一管模式 指园区每个排污单位单独布设一条排水管道将污水输送到园区集中式污水处理设施的模式。集中式污水处理设施运营单位可单独对每个排污单位的废水进行监测，并可根据水质特征进行分质处理和收费。国内许多化工园区采取了该收集模式。

一企多管模式 指园区每个排污单位布设多条排水管，将不同类型的污水分别输送到园区集中式污水处理设施的模式。例如，某电镀工业园区，将各电镀企业产生的酸碱废水、含氰废水、含铬废水、含镍废水、含铜废水、含锌废水等分别输送到集中式污水处理设施，然后进行分质处理。 （赵迎新）

H

han fen feishui

含酚废水 (phenol containing wastewater) 工业生产过程中排出的含有酚类化合物的废水。

来源 煤焦化、煤气化、石油炼制、木材干馏、苯酚生产等工业生产过程中都可产生不同数量或性质的含酚废水。

危害 含酚废水不经处理排入环境会危害水生生物，影响人体健康及危害农作物。水体含酚0.1～0.2 mg/L，鱼肉会有煤油味；含酚1 mg/L，会影响鱼产卵和洄游；含酚5～10 mg/L，鱼类就会大量死亡。

处理方法 处理含酚废水通常有两个途径：①改革工艺，降低废水含酚浓度，或通过废水循环利用压缩废水水量；②对高浓度含酚（质量浓度＞1 000 mg/L）废水，通常先回收酚，再进行无害化处理。

从废水中回收酚的方法有萃取法（采用苯、重苯、醋酸丁酯、轻油等作萃取剂）、蒸气脱酚法（主要用于处理含挥发酚的废水）、吸附法、离子交换法等。对于浓度较低、无回收价值的含酚废水（含酚数十至数百毫克/升）采用生物处理法（活性污泥法、生物膜法）处理。此外，还可采用化学氧化、高级氧化等方法处理低浓度含酚废水。经过二级处理后的废水，含酚量及其他有害物质含量大大降低，可回用于农业灌溉、熄焦、熄渣或水力除灰等。

（李军）

han fu feishui

含氟废水 (fluoride containing wastewater) 含氟及其化合物的废水。

来源 含氟废水主要来源于电解铝厂、磷肥厂、玻璃厂、陶瓷厂、电镀厂和煤的燃烧等。废水中的氟多以氢氟酸或氟离子形式存在。

危害 地表水中氟化物允许质量浓度为1.0mg/L（Ⅰ～Ⅲ类水）或1.5mg/L（Ⅳ～Ⅴ类水）。生活饮用水中氟化物最高允许质量浓度为1.0mg/L。人摄入过量的氟，在体内会干扰多种酶的活性，破坏钙、磷的代谢平衡，出现牙齿脆弱、生斑、骨骼和关节变形等症状的氟骨病。

处理方法 主要有石灰沉淀法、石灰铝盐沉淀法等，其中以石灰沉淀法使用较为普遍。

石灰沉淀法 通过在废水中投加石灰乳，使氟以氟化钙沉淀形式去除。该法具有处理流程短、操作管理简单等优点，但污泥含水率高，脱水较困难。用电石渣代替石灰乳，除氟效果与石灰沉淀法相似，污泥也易于脱水，处理成本更低，但电石渣不易取得。石灰沉淀法处理后，氟含量可降至10～30mg/L。

石灰铝盐沉淀法 往废水中投加石灰乳，调节pH至6.0～7.5，再投加铝盐，通过混凝沉淀去除氟。除氟效果与所投加的铝盐量正相关。如加投水玻璃，可提高除氟效果，使氟含量降至1mg/L。

（李军）

han ge feishui

含镉废水 （cadmium containing wastewater）含有镉及其化合物的废水。

来源 含镉废水主要来自铅锌矿，有色金属冶炼，电镀和以镉化合物制造颜料、塑料稳定剂、合金、电池、电视显像管磷光体、橡胶硫化剂、核反应堆的慢化剂和防护层等工业生产过程。

危害 镉化合物毒性很大。环境受到镉污染后，植物可吸收和富集土壤中的镉，使农作物和动物食品中的镉含量升高。镉通过食物链进入人体，在人体内形成镉硫蛋白，通过血液到达全身，并选择性地蓄积于肾脏、肝脏中，引起慢性中毒，具有致畸和致癌作用。镉可使温血动物和人的染色体发生畸变。镉中毒主要影响肾脏，引起贫血，使骨骼生长代谢受阻，造成骨骼疏松、萎缩、变形等。急性大量食入含镉物品，会造成严重的呕吐、恶心和腹痛；若一次食入的量很大，可能造成急性肾衰竭、肝损伤甚至死亡。

处理方法 主要有化学沉淀法、吸附法、离子交换法。沉淀法是目前处理含镉废水的主要方法，常用的沉淀剂有生石灰、消石灰、碳酸钙、电石渣、苛性钠、碳酸钠、硫化物、聚合硫酸铁等。沉淀法虽能除去废水中的大部分镉离子，但无法实现镉的回收利用，沉渣的堆放也易造成二次污染。吸附法除镉的吸附剂有活性炭、矿渣、壳聚糖、改性甲壳素、硅藻土、沸石等，吸附法处理含镉废水效果较好，但选择性不高。当废水中的镉以 Cd^{2+} 形式存在时，可用酸性阳离子交换树脂处理，饱和树脂用盐酸或硫酸钠的混合液再生，再将无机碱或硫化物加入再生流出液中，生成镉化合物沉淀而从废水中分离出来。当废水中的镉以络合阴离子形式存在时，选择阴离子交换树脂处理。用于含镉废水处理的离子交换材料有腐殖酸树脂、螯合树脂等。离子交换法处理含镉废水净化程度高，可以回收镉，无二次污染，但树脂再生复杂，处理成本较高。 （李军）

han ge feishui

含铬废水 （chromium containing wastewater）含铬及其化合物的废水。

来源 含铬废水主要来自电镀、制革、铬铁冶炼、化工等行业，其水质、水量随生产工艺而异。六价铬主要存在于水相，三价铬主要存在于沉积物相，一般以废水中铬的总含量来评估铬的赋存水平。

危害 三价铬和六价铬对人体健康都有害，六价铬的毒性较强也易为人体吸收和蓄积，对人类有致癌、致畸、致突变作用。

处理方法 主要有电解法、化学还原法、钡盐法、离子交换法等。当废水中的六价铬质量浓度不超过 200mg/L 时，用电解法处理，可使六价铬质量浓度降低到 0.1mg/L 以下。对于三价铬，可投入碱液调整其 pH 升至 7.5～8.5，生成氢氧化铬沉淀去除。对于六价铬，可采用电解法或药剂法（投加硫酸亚铁、重亚硫酸钠等）使其还原成三价铬后进一步处理去除。此外，还可采用离子交换法（利用阴离子交换树脂去除六价铬，阳离子交换树脂去除三价铬），以及渗透或电渗析法处理含铬废水，回收镀液并使废水循环利用。 （李军）

han gong feishui

含汞废水 （mercury containing wastewater）含汞及其化合物的废水。

来源 汞及其化合物只有在镀银前汞极化时使用，由于汞有毒，目前已逐步被预镀银等其他工艺代替，但有一部分工厂仍在使用。

危害 汞与各种蛋白质的巯基极易结合，而这种结合又异常牢固，会抑制酶的活性。汞及其化合物可通过呼吸道、皮肤或消化道等不同途径侵入人体。当汞进入人体后，即集聚于肝、肾、大脑、心脏和骨髓等部位，造成神经性中毒和深部组织病变，引起疲倦、头晕、颤抖、牙龈出血、秃发、手脚麻痹、神经衰弱等症状，甚至会出现精神紊乱，进而疯狂痉挛致死。

处理方法 含汞废水必须在排放前严格处理。对偏碱性含汞废水通常采用化学凝聚法或硫化物沉淀法进行处理；对偏酸性含汞废水可用金属还原法处理；低浓度含汞废水可用活性炭吸附法、化学凝聚法或活性污泥法处理；有机汞废水难处理，需先将有机汞氧化变成无机汞，再进行处理。（李军）

han qing feishui

含氰废水（cyanide containing wastewater）含有氰化物的废水。氰化物通常指含有氰根的无机物（氰化钾、氰化钠、氢氰酸）及含氰络合物（铁氰化钾等）。

来源 含氰电镀、金属表面处理、氰化物合成、丙烯腈合成、煤气、炼焦、选矿等行业排出的工业废水中都含有氰化物。

危害 氰化物如氰化钾、氰化钠、氢氰酸有剧毒，可破坏人体呼吸链，极小量即可致死；含氰络合物毒性相对较小。氰化物污染水体会引起鱼类、家畜、人类急性中毒。《污水综合排放标准》（GB 8978—1996）中规定，污水排放口处氰化物最高允许排放质量浓度为0.5mg/L（新扩改企业一、二级标准）。

处理方法 高浓度含氰废水可采用酸化曝气-碱液吸收法（回收氰化钠溶液）和解吸法（制取黄血盐）处理，其中酸化曝气-碱液吸收法应用较普遍。对含氰浓度低的废水，可用碱性氯化法、电解氧化法、臭氧氧化法、加压水解法、硫酸亚铁法、空气吹脱法等进行处理，其中碱性氯化法应用较普遍。

酸化曝气-碱液吸收法 可用于处理含较高浓度氰化物的废水。主要方法是向含氰废水中投放硫酸，生成氰化氢气体，再经氢氧化钠碱液吸收，其反应为：

$$2NaCN + H_2SO_4 = 2HCN\uparrow + Na_2SO_4$$

$$HCN + NaOH = NaCN + H_2O$$

吸收后生成的NaCN进入碱液池循环使用，待碱液中金属氰化物浓度达到回用浓度时进行回收。

碱性氯化法 用于处理含较低浓度氰化物的废水。主要方法是在碱性条件下向废水中投放氯系列氧化剂，如液氯、次氯酸钠、漂白粉等，使氰化物先氧化为氰酸盐（不完全氧化），然后再氧化为二氧化碳和氮气（完全氧化），其反应为：

$$CN^- + ClO^- + H_2O = CNCl + 2OH^-$$

$CNCl + 2OH^- = CNO^- + Cl^- + H_2O$（不完全氧化阶段）

$2CNO^- + 3ClO^- + H_2O = N_2\uparrow + 3Cl^- + 2HCO_3^-$（完全氧化阶段）

不完全氧化阶段必须在 $pH > 10$ 的碱性条件下进行，因反应生成的氯化氰有剧毒，在酸性条件下易挥发使人中毒。完全氧化阶段的氧化降解反应，控制pH为7.5～8.0即可加速进行。（李军）

han quan feishui

含醛废水（aldehyde containing wastewater）含有醛类有机物的废水。

来源 含醛废水主要来源于化工、医药等行业。甲醛、乙醛、丁醛、戊二醛、糠醛等都是重要的化工产品和原料，其生产过程及应用过程中常产生含醛废水。丙烯氧化制丙烯酸过程中产生含甲醛、丙烯醛、糠醛的废水，乙烯氧化法生产乙醛过程中产生含乙醛和氯乙醛的废水，聚酯生产过程中产生高浓度乙醛废水，丁辛醇生产过程中产生含丁醛和辛醛的废水，巴豆醛生产过程中产生含巴豆醛的废水。

危害 醛类物质毒性较强。甲醛被世界卫生组织（WHO）确定为致癌致畸物质，同时也是公认的变态反应源。一定浓度的甲醛与微生物接触，可与微生物细胞内的蛋白质、核酸直接反应，抑制其生物活性，甚至导致微生物死亡；与人体接触则会刺激皮肤，易引起皮炎，对人有潜在的致癌作用，如果长期饮用被甲醛污染的水源，会引起头昏、贫血及各种神经系统方面的疾病。乙醛在低浓度条件下会引起呼吸道刺激，高浓度条件下会麻醉神经系统，出现头痛、嗜睡、神志不清及支气管炎、肺水肿、腹泻、蛋白尿、肝和心肌脂肪性病变。戊二醛对眼睛、皮肤和黏膜有强烈的刺激作用。戊二醛、甲醛常用作杀菌剂，可造成水体自净能力下降。含醛废水未经预处理直接进行生化处理，易对废水处理微生物产生抑制性冲击。

处理方法 高浓度含醛废水生物毒性较高，一般需经预处理后再进行生物处理，例如，采用汽提工艺可从聚酯生产废水中回收乙醛作为副产品，经预处理后废水可进行厌氧－好氧生物处理。（李军　宋玉栋）

han shen feishui

含砷废水 (arsenic containing wastewater)

含砷及其化合物的废水。

来源 含砷废水主要来源于硫酸、磷肥、冶炼、农药等工厂。采矿和冶炼的废渣，冶金、化工、农药、染料和制革生产过程中以及地热发电厂排出的废水中均含有不同量的砷。

危害 废水中含砷量大于1mg/L时会影响废水生物处理过程。砷化合物均有毒性，三价砷化合物毒性更强。砷进入人体后，会引起慢性中毒和“黑脚病”，血红蛋白和红细胞数下降，并诱发砷癌。2017年10月27日，世界卫生组织国际癌症研究机构（IARC）公布的致癌物清单中，砷和无机砷化合物属于一类致癌物。2019年，砷及砷化合物被列入我国《有毒有害水污染物名录（第一批）》。

处理方法 常用处理方法有沉淀法、吸附法和氧化法等。

沉淀法适用于处理高浓度含砷废水，常用的药剂有硫化物、石灰、明矾、硫酸铁、三氯化铁、硫酸亚铁等。向含砷废水中加入硫化钠或硫化氢，可产生硫化砷（As_2S_3）沉淀。石灰法处理含砷废水，可形成亚砷酸钙［$Ca_3(AsO_3)_2$］或砷酸钙［$Ca_3(AsO_4)_2$］沉淀。石灰－铁盐法利用砷酸盐和亚砷酸盐能与铁等金属离子形成稳定的化合物，并易被铁等金属离子的氢氧化物吸附共沉淀的特性除砷。

吸附法适用于处理低浓度含砷废水，研究人员关注的吸附剂包括沸石、活性铝氧化物、膨润土、粉煤灰等。

氧化法利用漂白粉、双氧水、氯气、臭氧、高锰酸钾、Fenton试剂等氧化剂将三价砷氧化为五价砷，然后利用沉淀法或吸附法去除五价砷。（李军）

han tong feishui

含铜废水 (copper containing wastewater)

含铜及其化合物的废水。

来源 含铜废水主要来自化工生产、印染、电镀、有色冶炼、有色金属矿山开采、电子材料漂洗、染料生产等过程。含铜废水中存在的铜离子按照价态有二价铜离子和一价铜离子，按照存在形式有游离铜（如Cu^{2+}）和络合铜（如铜氰配离子、铜氨络合物等）。

危害 含铜废水排放对水体、土壤危害很大。水体中过高浓度的铜离子会对水体自净产生明显抑制，并导致水生动物死亡。铜是人体必需的微量元素之一，但若水源地和农田污染造成饮用水或食物中铜含量过高，会对人体的脏器尤其是肝和胆造成负担。

处理方法 含铜废水的处理方法有离子交换、化学沉淀、电解等技术及其组合工艺。

离子交换法 用阳离子树脂交换吸附废水中的Cu^{2+}，树脂吸附饱和后，可用酸再生。酸再生液可进行资源化利用。

化学沉淀－隔膜电解法 先将废水中的Cu^{2+}等变成污泥，再经过电解，把污泥转化为金属。①化学沉淀：废水中的铜离子在中性或弱碱性条件下生成氢氧化物沉淀。②隔膜电解：将氢氧化铜沉淀放入隔膜电解槽的阳极室内，阴极室内放入铜离子溶液，阴、阳极室用隔膜分开。在阴极室，铜离子被还原为单质铜；在阳极室，电解产生的酸将氢氧化铜沉淀转化为铜离子，并通过隔膜向阴极室迁移。

（李军　付丽亚）

han xin feishui

含锌废水　（zinc containing wastewater）含锌及其化合物的废水。

来源　含锌废水主要来自铅锌矿的开采与冶炼，化工无机盐与颜料生产，机械制造、镀锌和仪器仪表等行业。

危害　锌是动植物所必需的营养元素，但过量的锌会导致锌中毒。水体中过高浓度的锌会对鱼类和微生物产生毒害作用，影响水体自净能力。用含锌污水灌溉农田对农作物特别是小麦生长会产生较大影响。锌易在土壤中富集，而过量的锌会使土壤酶失去活性，并使土壤中的微生物作用减弱。

处理方法　有化学沉淀法、离子交换法等。（李军）

han you feishui

含油废水　（oil containing wastewater）　含油类物质的废水。含油废水中所含的油类物质包括天然石油、石油产品、焦油及其分馏物，以及动植物油和脂肪类。

来源及特征　含油废水主要来自炼油、机械制造及加工、汽车制造、飞机维修、压延、涂料、洗毛、纺织、食品及油脂加工等行业。油类物质在废水中通常以三种状态存在：①油品在废水中分散的颗粒较大，粒径大于100μm，易于从废水中分离出来，在石油污水中，这种油占水中总含油量的60%～80%；②油品在废水中分散的粒径较小，呈乳化状态，不易从废水中分离出来；③小部分油品呈溶解状态，溶解度为5～15mg/L。

危害　挥发性油或溶剂类有火灾、爆炸等危险性，漂浮油在水面上会形成油膜，阻止水与空气接触，影响水中溶解氧的恢复，从而影响水中水生生物生长，产生恶臭；附着于农作物，会造成农作物枯死。

处理　一般悬浮油采用隔油池去除，悬浮及乳化油采用混凝气浮法去除，而溶解油则常采用生化法或强氧化法去除。（李军）

haoyang shengwu chuli

好氧生物处理　（biological aerobic treatment）利用好氧微生物（包括兼性微生物）在有氧条件下的生物代谢作用降解污染物，使其稳定化、无害化的处理方法，可分为活性污泥法和生物膜法两类。

过程　污染物被微生物摄取后，通过微生物的代谢活动，一部分被分解、稳定化，并为微生物提供其生理代谢所需的能量；另一部分被转化，合成为新的细胞物质，即进行微生物自身生长繁殖。后者就是废水生物处理中活性污泥或生物膜的增长部分，通常称其为剩余活性污泥或生物膜，又称生物污泥。在废水生物处理过程中，生物污泥经固－液分离后，需进行进一步处理和处置。

生化反应　包括：

①分解反应（又称氧化反应、异化代谢、分解代谢）

$$CHONS + O_2 \xrightarrow{\text{异养微生物}} CO_2 + H_2O + NH_3 + SO_4^{2-} + \cdots + \text{能量}$$（有机物的组成元素）

②合成反应（又称合成代谢、同化作用）

$$CHONS + \text{能量} \xrightarrow{\text{异养微生物}} C_5H_7NO_2$$

③内源呼吸（又称细胞物质的自身氧化）

$$C_5H_7NO_2 + O_2 \xrightarrow{\text{微生物}} CO_2 + H_2O + NH_3 + \cdots + \text{能量}$$

④硝化反应

$$NH_3 + 2O_2 \xrightarrow{\text{硝化细菌}} NO_3^- + H_2O + H^+ + \text{能量}$$

（李军　王文东）

heliu shuihuanjing xiufu

河流水环境修复　（water environment restoration of rivers）　采用物理、化学或生物的方法，降解、转移或阻隔河流及其底质中的污染物，将污染物浓度降低到可接受的水平，或阻断其暴露途径，从而恢复河流水环境功能的过程。

河流水环境修复措施包括：流域内污水处理、退耕还林还湿、农业面源治理、支流水质改善等外源性污染控制措施，河滨带与缓冲带修复、强化自然净化修复等提高河流自净能力的措施，以及底泥疏浚、河床覆盖隔离等底质修复措施等。

外源性污染控制 是改善河流污染状态的根本途径。一方面应通过清洁生产、污水处理设施提标改造等措施提高流域内工业和生活污水处理设施的排放标准，加强对生活垃圾和工业固体废物的收集和处理处置，防止其直接或间接入河；另一方面，应通过退耕还林还湿、精准施肥、农田退水治理等措施加强对农业面源污染的治理，加强对入河支流的水质净化。

河滨带与缓冲带修复 一方面可利用河滨湿地植物及其附着的生物膜降解河水中污染物，提高河道自净能力；另一方面，河滨带与缓冲带可对降雨期间河岸带地表径流进行净化，减少水土流失等造成的污染负荷。在地下水补给河水的河段，河滨带与缓冲带还可对两岸的地下扩散渗流进行净化，降低河流污染负荷。

强化自然净化修复 包括对河流进行人工富氧以及向河流中投加人工培养的活性微生物。

底质修复 包括污染底泥的疏浚、污染河床的覆盖和隔离等措施。污染底泥疏浚应防止二次污染和对底栖生态系统的破坏。河床的覆盖与隔离要考虑在洪水等条件下污染底泥被重新冲起和释放的影响。 （宋玉栋）

推荐书目

金相灿，等. 湖滨带与缓冲带生态修复工程技术指南. 北京：科学出版社，2014.

heichou shuiti

黑臭水体 （black and odorous water） 呈现令人不悦的颜色和（或）散发令人不适气味的水体的统称。当水体遭受严重有机污染时，有机物的好氧分解使水体耗氧速率大于复氧速率，造成水体缺氧，致使有机物降解不完全、速度减缓，经厌氧生物降解过程生成硫化氢、氨、硫醇等发臭物质，同时形成黑色物质，使水体发黑发臭。水体黑臭是严重的水污染现象，使水体完全丧失使用功能，并影响景观以及人类生活和健康。黑臭水体治理措施包括控源截污、内源治理、生态修复等。

控源截污 包括截污纳管和面源控制。

截污纳管 通过沿河沿湖铺设污水截流管线，并合理设置提升（输运）泵房，将污水截流并纳入污水收集和处理系统。对老旧城区的雨污合流制管网，应沿河岸或湖岸布置溢流控制装置。无法沿河沿湖截流污染源的，可考虑就地处理等工程措施。

面源控制 可结合海绵城市的建设，采用各种低影响开发技术、初期雨水控制与净化技术、地表固体废物收集技术、土壤与绿化肥分流失控制技术，以及生态护岸与隔离（阻断）技术；畜禽养殖面源控制主要可采用粪尿分类、雨污分离、固体粪便堆肥处理利用、污水就地处理后回用农地等技术。

内源治理 包括垃圾清理、生物残体及漂浮物清理和清淤疏浚。

垃圾清理 城市水体沿岸垃圾清理是污染控制的重要措施，其中垃圾临时堆放点的清理属于一次性工程措施，应一次清理到位。

生物残体及漂浮物清理 水生植物、岸带植物和落叶等属于季节性的水体内源污染物，需在干枯腐烂前清理；水面漂浮物主要包括各种落叶、塑料袋、其他生活垃圾等，需要长期清捞维护。

清淤疏浚 包括机械清淤和水力清淤等方式，工程中需考虑水体原有黑臭水的存储和净化措施。清淤前，需做好底泥污染调查，明确疏浚范围和疏浚深度；根据当地气候和降雨特征，合理选择底泥清淤季节；清淤工作不得影响水生生物生长；清淤后回水水质应满足“无黑臭”的指标要求。清淤底泥应及时进行处理、处置，依据底泥的污染物化学成分，处理技术可选择微生物及植物修复技术、固化/稳定化技术、焚烧处置技术、资源化利用技术。

生态修复 包括岸带修复、生态净化和人工增氧。

岸带修复 采取植草沟、生态护岸、透水砖等形式，对原有硬化河岸（湖岸）进行改造，通过恢复岸线和水体的自然净化功能，强化水体的污染治理效果。

生态净化 主要采用人工湿地、生态浮岛、水生植物种植等技术方法，利用土壤－微生物－植物生态系统有效去除水体中的有机物、氮、磷等污染物；综合考虑水质净化、景观提升与植物的气候适应性，尽量采用净化效果好的本地物种，并关注其在水体中的空间布局与搭配。

人工增氧 主要采用跌水、喷泉、射流，以及其他各类曝气形式有效提升水体的溶解氧水平；通过合理设计，实现人工增氧的同时，辅助提升水体流动性能。

其他治理技术 包括活水循环、清水补给、就地处理和旁路治理。

活水循环 通过设置提升泵站、水系合理连通、利用风力或太阳能等方式，实现水体流动；非雨季时可利用水体周边的雨水泵站或雨水管道作为回水系统。

清水补给 利用城市再生水、城市雨洪水、清洁地表水等作为城市水体的补充水源，增加水体流动性和环境容量。充分发挥海绵城市建设的作用，强化城市降雨径流的滞蓄和净化；清洁地表水的开发和利用需关注水量的动态平衡，避免影响或破坏周边水体功能；再生水补水应采取适宜的深度净化措施，以满足补水水质要求。

就地处理 在黑臭水体中采用物理、化学或生化处理方法，快速去除水体中的污染物。

旁路治理 在水体周边区域设置适宜的处理设施，从污染最严重的区段抽取河水，经处理设施净化后，排放至另一端，实现水体的净化和循环流动。可采用悬浮物快速分离、人工快速渗滤、污水处理常规工艺、生物稳定塘、人工湿地等技术。 （沈志强　宋玉栋）

hupo shuiku shuihuanjing xiufu

湖泊水库水环境修复 （water environment restoration of lakes and reservoirs） 采用物理、化学或生物的方法，降解、分离、转移或阻隔湖泊水库及其底质中的污染物，将污染物浓度降低到可接受水平，或阻断其暴露途径，并改善水体动力学循环条件，从而恢复湖泊水库水环境功能的过程。修复措施包括外源性污染控制、生态控制、深层水抽取、稀释冲刷、水体循环和底质修复等。

外源性污染控制 是改善湖泊污染状态，特别是富营养化状态的根本途径。一方面，应通过清洁生产、使用无磷洗涤剂、污水处理设施提标改造等措施提高流域内工业和城市污水处理设施的排放标准，特别是氮、磷指标的排放标准；另一方面，应通过退耕还林还湿、精准施肥、农田退水治理等措施加强对农业面源污染的治理，加强对入湖河流的水质净化，恢复湖滨带和缓冲带，提高其对地表径流和地下扩散水流的净化作用。

生态控制 是利用水生生物之间的生态关系，将水生生物数量控制在一定范围之内的措施，可避免施用药物所产生的副作用和使用机械所需要的高成本，且具有比较长期持久的效果。例如，为控制藻类的生长，可采取种植并定期收割高等水生植物、放养滤食藻类的鱼类或投放嗜藻微型浮游动物等措施。

深层水抽取 湖泊水库的水质恶化一般从深层水开始，将一部分深层水抽出来并进行一定程度的处理，可缩短深层水的停留时间，减小深层水转为厌氧状态的机会，降低底质中富营养元素和重金属离子释放速率，减少污染物向表层水的扩散传输。

稀释冲刷 通过外流引水的方式对湖泊水库进行稀释或冲刷，从而降低水体中污染物浓度和藻类浓度。一方面，外流引入污染物浓度较低的新鲜水，可稀释降低湖泊水库内的污染物浓度；另一方面，外流引水可缩短入流水在湖泊水库内的滞留时间，使污染物和藻类能够更快地被置换出或冲洗出水体，并减少污染物向底质的沉积。

水体循环 可通过泵、射流或曝气实现，可防止水体分层或破坏已经形成的分层，增加水体溶解氧，加快污染物质分解，提高深层水溶解氧浓度，控制内源性污染，增加混合层厚度，控制藻类的生长。对于深水型湖库，效果更加明显。

底质修复 包括底泥疏浚、底泥氧化、底泥覆盖等措施。底泥疏浚可彻底去除积累在底泥中的有毒有害物质和营养元素，但需要防止底泥泛起造成二次污染以及对底栖生态系统的破坏。底泥疏浚技术是基于调查诊断而把污染底泥的污染层精准疏挖去除的技术。底泥氧化适用于控制内源性磷的情形，可氧化其中的有机物，并将亚铁离子转化为氢氧化铁，使磷与铁氧化物紧密结合，达到控制内源性磷的目的。采用沙子、卵石、黏土等覆盖底泥，可在一定程度上控制内源性污染物质（如磷）的释放。（宋玉栋）

huafenchi

化粪池（septic tank） 将生活污水分格沉淀，并对污泥进行厌氧消化的小型处理构筑物。

原理 化粪池是一种利用沉淀和厌氧发酵的原理，去除生活污水中有机物的处理设施，属于初级生活污水处理构筑物。生活污水中含有大量粪便、纸屑、病原虫。污水进入化粪池经过12～24h的沉淀，可去除50%～60%的悬浮物。沉淀下来的污泥经过3个月以上的厌氧发酵分解，使易腐败的生污泥转化为稳定的熟污泥，降低了污泥的含水率。定期将污泥清掏外运，填埋或用作肥料。

清掏周期 与粪便污水温度、气温、建筑物性质及排水水质、水量有关。设计清掏周期过短，则化粪池粪液浓度过高，与实际清掏周期差距过大，影响正常发酵和污水处理效果，甚至造成粪液漫溢，影响环境卫生。设计清掏周期过长，则化粪池容积过大，增加造价。《建筑给水排水设计标准》（GB 50015—2019）要求清掏周期为3～12个月。

停留时间 是关系污水处理效果和化粪池容积与造价的重要指标。停留时间过短，则污水处理效果差；停留时间过长，又增加化粪池容积与造价，且布置困难。停留时间的确定，应兼顾污水处理效果与建设造价两方面。《建筑给水排水设计标准》（GB 50015—2019）中要求停留时间取12～24h。（闫海红）

huaxue gongye feishui

化学工业废水（chemical industry wastewater） 简称化工废水，是化学工业生产过程中产生的废水的总称。

分类 按废水来源，可分为工艺废水、冷却水以及废气洗涤水等。按行业和工艺过程，可分为石油化工废水、煤化工废水、精细化工废水、无机化工废水、化肥工业废水、生物化工废水等。按废水污染物组成特点，可分为含汞废水、含氰废水、含酚废水、含氨废水、含炭黑废水、含硫废水、含铬废水、含磷废水、含重金属废水、含砷废水、含油废水、含盐废水等。按产品类型，可分为橡胶废水、树脂废水、化纤废水、精细化学品废水、农药废水、磷肥工业废水、氮肥工业废水、氯碱工业废水、染料工业废水、涂料工业废水等。

特征 包括排放量大、污染物组分复杂且含量高和污染物毒性大。

排放量大 化工产品生产过程中工艺用水和冷却水用量都很大，一部分受污染后作为废水排放。部分原料中含水，某些反应过程产生水，最终也作为废水排放。

污染物组分复杂且含量高 化工废水的水质、水量因原料、工艺路线及生产规模不同而有很大差异。废水中可能含有未反应的原料、未回收的产品、反应副产物、原料中的杂质等，致使污染物组成复杂，部分废水污染物浓度很高。

污染物毒性大 化工废水中很多污染物都具有毒性，如汞、氰、酚、铬、砷、有机氯、有机磷、苯胺、硝基苯等，致使废水处理难度较大。

来源 见下表。

典型化工废水及其来源

废水名称	废水主要来源
含汞废水	氯碱厂、无机盐厂
含氰废水	合成氨厂、有机玻璃厂、丙烯腈厂
含酚废水	有机合成厂、酚醛树脂厂、合成材料厂、农药厂
含氨废水	氮肥厂
含炭黑废水	合成氨厂、炭黑厂、橡胶加工厂
含硫废水	硫酸厂、有机原料厂、合成材料厂、染料厂
含铬废水	铬盐厂、无机颜料厂、催化剂厂
含磷废水	黄磷厂、磷肥厂、农药厂
含重金属废水	无机盐厂、颜料厂、染料厂
含砷废水	硫酸厂、磷肥厂、焦化厂
含有机氯化物废水	环氧氯丙烷厂、环氧树脂厂、农药厂、氯丁橡胶厂
含氟化物废水	氟塑料厂、有机氟化工厂、磷肥厂
含有机磷农药废水	农药厂
含苯胺废水	染料厂、有机原料厂
有机含氧化合物废水	有机原料厂、试剂厂、溶剂厂、合成材料厂
有机含氮化合物废水	有机原料厂、合成材料厂、染料厂
含硝基苯废水	染料厂、有机材料厂、农药厂
含油废水	涂料厂、有机原料厂
含酸废水	制酸厂、染料厂、农药厂、钛白粉厂
含碱废水	纯碱厂、烧碱厂
含盐废水	氯碱厂、农药厂、染料厂

（宋玉栋）

huoxing wunifa

活性污泥法 （activated sludge process）利用活性污泥在废水中的凝聚、吸附、氧化、分解和沉淀等作用去除废水中污染物，使水得到净化的方法。

沿革 活性污泥法于1914年在英国曼彻斯特被发明。最初用于废水中有机物的去除，后来逐步发展到用于水中氮和磷的去除。传统的活性污泥工艺系统主要由曝气池、二次沉淀池、曝气系统和污泥回流系统构成。20世纪30—50年代逐步开发出阶段曝气、回流污泥再生曝气、吸附－再生、延时曝气、高负荷活性污泥法、多级活性污泥法等活性污泥工艺系统。随着工艺控制技术的发展，序批式活性污泥（SBR）工艺系统得到广泛应用，并衍生出间歇循环延时曝气（ICEAS）、循环活性污泥（CASS）、连续进水间歇曝气（DAT－IAT）、一体化活性污泥（Unitank）以及改良型序批式活性污泥（MSBR）等工艺系统。20世纪50年代发明了采用循环曝气池的氧化沟工艺，并发展出Pasveer、Carrousel、Orbal、DE型、T型、一体化等多种形式的氧化沟。20世纪60

年代末，随着膜材料和膜分离技术的发展，开始采用膜分离单元代替二次沉淀池，发展形成了膜生物反应器（MBR）工艺系统。20 世纪 70 年代中期发明了吸附－生物降解活性污泥工艺系统（A-B 活性污泥法）。

基本流程 需处理的污水和从二次沉淀池回流的活性污泥同时进入曝气池，在曝气的作用下，活性污泥和污水充分混合接触，并得到溶解氧，供微生物降解污染物所需。污水中的污染物被活性污泥吸附并被栖息在活性污泥上的微生物所分解，实现污水的净化。然后曝气池混合液进入二次沉淀池，已被净化的污水与活性污泥分离后排出系统。在二次沉淀池浓缩后的活性污泥，一部分回流至曝气池，另一部分作为剩余污泥排出系统（见下图）。

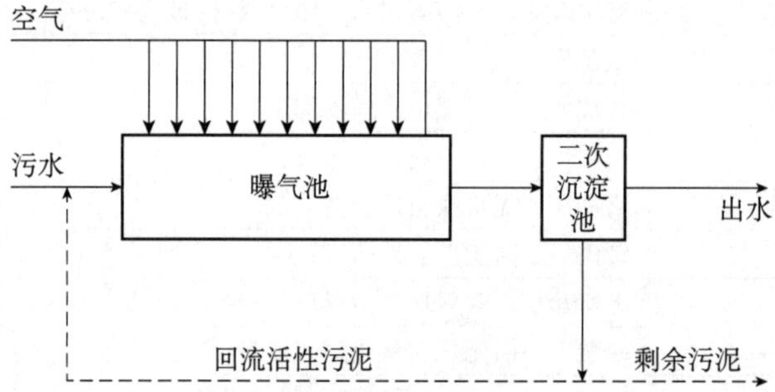

活性污泥法基本流程

曝气池 是活性污泥法的核心，其作用是通过机械搅拌、鼓风曝气等方式使污水和活性污泥充分接触，并为污染物降解和去除创造所需的好氧、缺氧或厌氧条件。常用的反应器型式包括连续进水的推流式反应器、完全混合式反应器和混合液在环形槽内循环流动的循环混合式反应器，以及间歇排水的序批式反应器。常用的曝气方法有鼓风曝气法（又称气泡曝气法）和表面曝气法（又称机械曝气法）两种。通常以空气为氧气源，20 世纪 60 年代开始出现“纯氧”曝气，以含氧浓度极高的空气替代一般空气。参见曝气池。

生物相特征 活性污泥由具有活性的微生物、微生物自身氧化的残留物、吸附在活性污泥上的有机物和无机物等组成。活性污泥中的微生物群体是由细菌、真菌、原生动物、后生动物等多种微生物组成的一个微小生态系。细菌是使活性污泥具有净化功能的主要微生物，通常以菌胶团的形式存在，具有良好的凝聚和沉淀性能。活性污泥中还存在着丝状菌，常见的有球衣菌、贝氏硫菌等。丝状菌过度繁殖会影响污泥的沉降性能，产生“污泥膨胀”。活性污泥中的原生动物有肉足类、鞭毛类和纤毛类，多以游离细菌和有机颗粒为食，它们的种属随工艺运行条件和水质变化，在一定程度上能够反映水质和处理效果，称为指示生物。例如，在系统运行初期，活性污泥絮体尚未很好形成，处理水质不佳，曝气池中常出现鞭毛虫和肉足虫类，游泳型纤毛虫类占优势；当活性污泥培育成熟，处理水质良好时，常出现固着型纤毛虫类原生动物，如钟虫、盖纤虫、累枝虫等。活性污泥中有时也出现轮虫、红斑瓢体虫等后生动物，表明污水处理效果较好。

投料活性污泥法 指在传统活性污泥法工艺系统中投加生物载体或药剂以提高系统污染物去除能力的方法。目前较常采用的有投加多孔悬浮载体的活性污泥法、投加粉末活性炭的活性污泥法、投加混凝剂（或助凝剂）的活性污泥法等。

投加多孔悬浮载体的活性污泥法 通过向曝气池中投加占曝气池体积 15% ~50% 的多孔悬浮载体，使悬浮载体表面生长生物膜，从而使曝气池中的生物量大幅提高，并形成同时存在悬浮生长微生物和附着生长微生物的系统，以延长系统的污泥龄，提高系统的污染物去除能力。

投加粉末活性炭的活性污泥法 指通过向曝气池中投加粉末活性炭，依靠活性炭的吸附作用提高难降解及有毒污染物的去除率，改善污泥沉降性能，延长系统的污泥龄的方法。为降低粉末活性炭投加成本，可对剩余污泥中的活性炭进行再生回用，常用的措施包括湿式氧化法、加热再生法等。

投加混凝剂（或助凝剂）的活性污泥法 指通过向活性污泥工艺系统中投加化学药剂（无机混凝剂或高分子助凝剂），改变活性污泥絮体结构，增大絮体密度，改善污泥沉降性能与脱水性能，改善二沉池固液分离条件，缩小二沉池容积及占地面积，提高污泥处理能力，抑制污泥膨胀及上浮等不良现象的方法。同时，投加混凝剂可与废水中磷酸盐结合生成不溶性盐，有利于提高系统的除磷效果。常用的混凝剂包括硫酸铝和三氯化铁等。

活性污泥的培养和驯化 是活性污泥处理系统正式投产前的首要工作。城市生活污水可直接进行培养，工业废水或以工业废水为主的城市污水，由于其中缺乏专性菌种和足够的营养，因此在投产时除用一般菌种和所需营养培养足量的活性污泥外，还应对所培养的活性污泥进行驯化，使活性污泥微生物群体逐渐形成能代谢特定工业废水的酶系统，具有某种专性。按照培养和驯化的先后顺序可分为异步培驯法、同步培驯法和接种培驯法。

主要设计、运行参数 包括污泥浓度、污泥回流比、污泥容积指数、污泥龄、水力停留时间、污泥负荷和容积负荷。

污泥浓度 指曝气池混合液中干污泥的浓度，即单位体积混合液中活性污泥的干重，是计量活性污泥微生物量的指标。通常采用混合液悬浮固体浓度（MLSS）或混合液挥发性悬浮固体浓度（MLVSS）表示。

污泥回流比 指在活性污泥法污水处理系统中，从二次沉淀池回流到曝气池的活性污泥量（混合液量）与被处理的污水量之比。污泥回流比与曝气池的型式、运行方式、污泥含水率及污水水质有关。

污泥容积指数 简称污泥指数（SVI），是在曝气池出口处的混合液，经过30min静沉后，每克干污泥所形成的沉淀污泥所占的容积，以mL计。SVI值能够反映活性污泥的凝聚、沉降性能，对于处理生活污水的活性污泥，此值以70～100mL/g为宜。SVI值过低，说明泥粒细小，无机质含量高，缺乏活性；过高，说明污泥的沉降性能不好，并有产生膨胀现象的可能。

污泥龄 又称生物固体平均停留时间，指在反应系统内，微生物从其生成到排出系统的平均停留时间，也就是反应系统内的微生物全部更新一次所需的时间。保持足够长的污泥龄有利于世代时间较长的微生物在系统中生长，如硝化细菌。

水力停留时间 简写为HRT，指待处理污水在反应器内的平均停留时间，也就是污水与生物反应器内微生物作用的平均反应时间。

污泥负荷 又称F/M比，是反应器（曝气池）内单位质量活性污泥在单位时间内接受的污染物量，是影响污染物降解和活性污泥增长的重要因素。

容积负荷 是反应器（曝气池）单位容积在单位时间内接受的污染物量。同等条件下，容积负荷越高，所需反应器容积越小。

异常情况 包括污泥膨胀、污泥解体、污泥腐化和污泥上浮。

污泥膨胀 指污泥结构松散和体积膨胀、SVI值增高、不易沉淀、二次沉淀池澄清液稀少的现象，分为丝状菌污泥膨胀和非丝状菌污泥膨胀。一般情况下，污水中碳水化合物较多，缺乏氮、磷、铁等营养元素，溶解氧不足，水温高或pH较低等条件都可能造成污泥膨胀。

污泥解体 指处理水水质混浊、污泥絮凝体微细化的现象。曝气过量等运行问题以及污水中混入了有毒物质均会导致污泥解体。

污泥腐化　指在二次沉淀池由于污泥长期滞留而产生厌氧发酵气体（H_2S、CH_4等），从而使大块污泥上浮的现象。

污泥上浮　指污泥在二次沉淀池中呈块状上浮的现象。污泥上浮不是腐败所造成的，而是由于沉淀池底部发生反硝化，氮气附着于污泥上，从而使污泥整块上浮。

（宋玉栋　席宏波）

J

jixie jiagong gongye feishui

机械加工工业废水 （mechanical industry wastewater） 在机械制造和加工过程中产生的废水。

机械加工工业 机械加工工业按产品区分，包括机床制造、电机制造、发电设备和电器元件的配套，以及工程机械、液压零部件的生产和加工等。按行业划分，涉及通用设备制造业，专用设备制造业，汽车制造业，铁路、船舶、航空航天和其他运输设备制造业、电气机械和器材制造业等。

废水类型 按加工工序可分为：机械加工废水、电镀废水和涂装废水等；按水中污染物成分可分为：含油废水、含乳化液废水、酸性废水、碱性废水、含酚废水、含氰废水、含镀液废水、含铅废水等。

机械加工废水 主要包括锻造过程中产生的脱模剂废水，磨、切、削、轧等机械加工过程中产生的废乳化液和废切削液，机械零件清洗过程中产生的含油废水，机械加工车间冲刷地面、设备等排出的含油废水等，往往含有磨削液、钝化剂、活性剂、金属清洗剂、乳化油等污染物。

涂装废水 涂装工艺过程中产生的废水，包括前处理脱脂、表调、酸洗、磷化产生的废水，电泳废水，喷漆废水和各类清洗废水。涂装废水中除含有油脂、磷酸盐、悬浮物等常规污染物外，通常还含有重金属（如铬、锌和镍）、溶剂、油漆等有毒污染物。

处理方法 机械加工废水通常首先进行破乳、隔油、气浮等除油预处理，然后进行生物处理，最后再结合排放标准或回用水质要求进行必要的深度处理。涂装废水通常采用混凝沉淀、气浮等预处理去除废水中的重金属、油脂、油漆、悬浮物、磷酸盐等污染物，然后采用生物处理去除废水中的有机物，最后再结合排放标准或回用水质要求进行必要的深度处理。

（李军　宋玉栋）

jixie jiaoban shebei

机械搅拌设备 （mechanical stirring device） 依靠搅拌器在搅拌槽中转动对液体进行搅拌的设备。机械搅拌是污水处理过程中使气体、液体或固体颗粒分散于液体中的常用方法。在水处理中，搅拌槽可以是金属容器，也可以是钢筋混凝土等建造的构筑物。

分类 按照搅拌目的可分为溶药搅拌机、混合搅拌机、絮凝搅拌机、澄清搅拌机、消化池搅拌机、水下搅拌机等。

结构型式 一般由工作部分、支承部分和驱动部分组成。工作部分由搅拌器（包括稳定器）、搅拌轴（包括联轴器）和搅拌附件（挡板、导流筒等）组成；支承部分包括机座、轴承装置等；驱动部分包括电动机、减速器等（见下图）。常用的搅拌器类型有桨式、涡轮式、框式和推进式。其中，溶药搅拌设备根据溶解后药剂黏度确定，其中，聚丙烯酰胺溶解多采用涡轮式搅拌器，而黏度较小的溶液可采用桨式或推进式，溶药罐内设挡板，以消除液体的整体打漩；混合搅拌机多采用推进式或桨式搅拌器；絮凝搅拌机多采用转速可调的直桨叶、斜桨叶、网桨叶框式搅拌器；澄清池搅拌机多采用后向弯曲式、后向倾斜式、辐射式直叶片涡轮式搅拌器；水下搅拌机、消化池搅拌机多采用推进式搅拌器。（程荣）

ji-paishui guandao gongcheng

给排水管道工程（water supply and drainage pipeline engineering） 输送和分配工业给水、生活饮用水、再生水及收集、输送和排放工业废水、生活污水和雨水的管（渠）道系统工程。给排水管道工程是给排水系统不可分割的一部分，对整个给排水系统起着重要作用，它包括管（渠）道系统本身及管（渠）道系统上的各种构筑物工程，如泵站、蓄水池、管桥、闸门井、污水检查井、雨水口等。

给水管道系统 又称上水道系统，是满足人们生活饮用和生产等各种用水需要的供水管道系统。其作用是将给水厂处理合格的水送到用水户，并满足用水户在水量、水质、水压方面的用水要求，同时担负起提供消防用水的任务。给水管道系统一般由输水管、配水管、加压泵站和调节构筑物等组成。输水管是从水厂至配水管网的管道，其主要作用是输送水，沿线一般不接用户管。配水管是将输水管送来的水分配到各用水户的管道。常用的管材有钢管、铸铁管、钢筋混凝土管、塑料管（PE、PPR、PVC-U 等）。给水管道系统中的泵站主要指二级泵站，其作用是将所需要的水量提升到规定的高度。给水管道系统中的调节构筑物一般指高地水池、水塔等，用以贮存和调节水量和保证水压。

排水管道系统 又称下水道系统。排水管道系统的功能是将收集到的污水和雨水运送到污水处理厂、污水利用场地（如农田、草地、林地等），或直接排入受纳水体，一般由收集设备、排水管道、泵站和出水口等组成。收集设备是排水管道系统的起端设备，其作用是将生活污水、工业废水或雨水汇集并送至室外排水管道中。室外排水管道由街坊排水管道和街道排水管道两部分组成。街坊排水管道的作用是将室内排出的污水和街坊内的雨水转送到街道排水管道系统中去。街道排水管道则用来将街坊内排水管道排出的污水和雨水输送到污水处理厂或排放地点。街道排水管道系统包括支管、干管、主干管及附属构筑物等。污水和降水一般以重力流排出比较经济合理，不设或少设提升泵站，但是受地形、地势等条件的约束排水发生困难时，需要设置泵站帮助排水。泵站按其设置的位置又可分为中途泵站和终点泵站。出水口和事故排出口是排水管道系统的末端，污水和雨水经此口排入水体。

再生水管道系统 又称中水管道系统，是将再生处理达到回用水质要求后的再生水输送到回用点的管道系统。按照系统的规模可分为建筑再生水管道系统和区域性循环再生水管道系统。再生水管道系统与给水管道系统应分别独立设置。由于再生水并未达到自来水的标准，所以再生水管道上不得装设取水龙头。当装有取水接口时，必须采取严格的误饮、误用防护措施。再生水供水管道宜采用塑料给水管、钢塑复合管或其他具有可靠防腐性能的给水管材，不得采用非镀锌钢管。（李军 彭森）

jianxing feishui

碱性废水（alkaline wastewater） 含一定浓度的苛性钠、碳酸钠、氢氧化钠、氨等碱性物质的废水。

来源及特征 碱性废水主要来自制碱厂、制浆造纸厂、印染厂、皮革厂、炼油厂等。水质差异较大，有的含无机碱，有的含有机碱；含碱质量分数差异很大，从小于1%到大于5%不等。

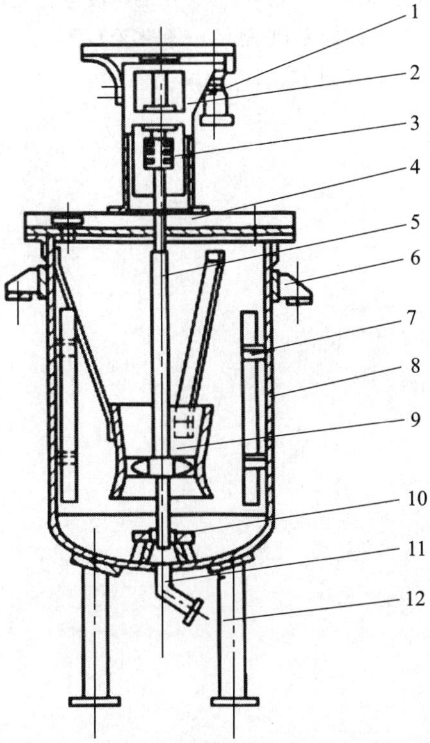

1—电动机；2—减速器；3—夹壳联轴器；4—支架；5—搅拌轴；6—支座；
7—挡板；8—搅拌罐；9—导流筒；10—底轴承；11—放料阀；12—支脚

机械搅拌设备

危害 碱性废水具有较强的腐蚀性，腐蚀管渠及构筑物。直接排入水体，会改变水体pH，干扰水体自净，并影响水生生物的生长和渔业生产；排入农田，会改变土壤的性质，使土壤盐碱化，危害农作物。

处理方法 低浓度的碱性废水，如碱洗槽的漂洗水，应进行中和处理；高浓度的碱性废水，应优先考虑回收利用。（李军）

jiaohua feishui

焦化废水 （coking wastewater） 煤炼焦、煤气净化、化工产品回收和化工产品精制过程中产生的废水。其成分随着煤的组成和性质、炭化温度及煤气净化的工艺不同而变化，组成复杂、有害物浓度高、毒性大且难以处理。

来源与特性 包括高浓度和低浓度两类废水。高浓度废水有蒸氨废水及煤气净化、化工产品回收和化工产品精制等过程中产生的废水。低浓度废水有生产装置轴封冷却排水、生产装置区冲洗地坪排水和生产装置区内的初期雨水。焦化废水排放量大，水质成分复杂。焦化废水中含有多种无机和有机化合物，其中，无机化合物主要有铵盐、硫氰化物、硫化物、氰化物等，有机化合物主要有酚类、单环及多环的芳香族化合物，以及含氮、硫、氧的杂环化合物等。

源头减量 采用污水闷渣、干熄焦、煤调湿等清洁焦化技术可减少焦化过程中耗水量、废水及污染物产生量。

处理方法 应采取分类收集、分质处理的原则，宜采用“预处理+生物处理+后处理+深度净化处理”的联合处理工艺。焦化废水预处理包括高浓度焦化废水的水量调节、除油、脱酚、蒸氨和焦油氨水澄清槽处理等，生物处理应包括“缺氧反硝化/好氧硝化”的基础脱氮工艺，后处理工艺包括絮凝沉淀和过滤，常用的深度净化处理包括膜分离技术和污水高级氧化处理等。（宋玉栋）

K

keli wuni

颗粒污泥 (granular sludge) 微生物通过自凝聚作用形成的颗粒状生物聚集体。

颗粒污泥是微生物群体为适应自身生长环境而自然聚集形成的，由众多微生物被胞外多聚物连接和包裹而成。颗粒污泥中的多种微生物在生存竞争过程中自发形成一种代谢互补的营养关系，能够实现复杂污染物的降解。按照微生物生长需氧与否分为厌氧颗粒污泥和好氧颗粒污泥。

颗粒污泥具有以下三方面的特点：

①颗粒污泥的堆积密度远高于絮状污泥，应用颗粒污泥的反应器可达到很高的容积负荷和微生物浓度。

②颗粒污泥沉降性能好，自然沉降速度远高于絮状污泥。

③颗粒污泥内部存在很大的基质浓度梯度或溶解氧浓度梯度，为微生物提供了更多样的微环境，可更好地发挥种群协同代谢作用，强化对污染物的降解能力。 （李军　王文东）

kuaisu shenlü xitong

快速渗滤系统 (rapid infiltration system) 将污水有控制地投配到具有良好渗滤性能的土地表面，在过滤、沉淀、氧化、还原以及生物氧化、硝化、反硝化等一系列物理、化学以及生物作用下净化污水的一种污水土地处理系统。

原理 其作用机理类似于间歇运行的“生物砂滤池”。灌水与休灌反复循环进行，使表层土壤处于淹水或干化，即厌氧和好氧交替运行状态。在淹水期，污水中污染物被土壤层吸附和截留；在干化期，表层土壤恢复好氧状态，依靠土壤微生物对被土壤截留的溶解性和悬浮性污染物进行分解，使污水得以净化（见下图）。

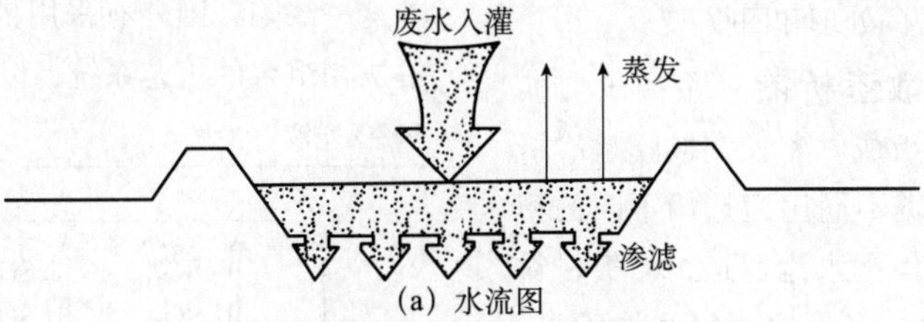

(a) 水流图

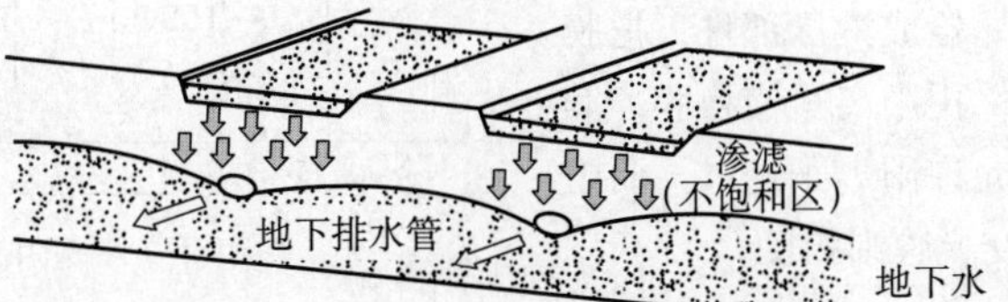

(b) 地下排水管集水

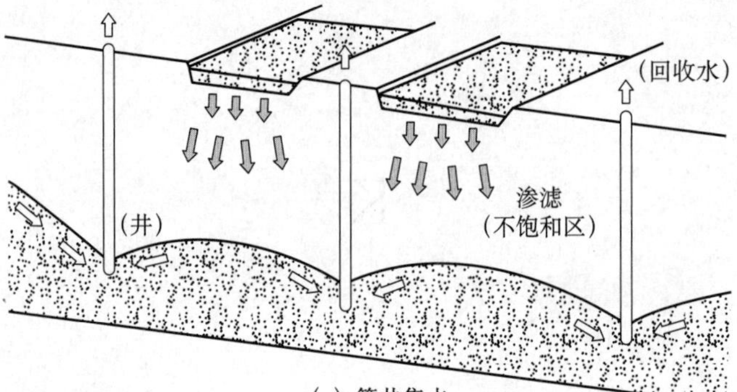

(c) 管井集水

快速渗滤系统

优点 对氨氮、有机物和悬浮物等污染物质具有很高的去除率；投资省，运行成本低，管理方便，可常年运行；处理出水可回用或回灌以补充地下水；水力负荷远高于地表漫流和慢速渗滤系统，占地面积相对较小。

缺点 对水文地质条件的要求较其他土地处理工艺更为严格；对总氮的去除率不高，处理出水中的硝态氮可能污染地下水。

（李军 卢少勇）

kuosan shenxi

扩散渗析 (diffusion dialysis) 利用离子交换膜将浓度不同的进料液和接收液隔开，溶质从浓度高的一侧透过膜扩散到浓度低的一侧的一种膜分离技术。浓度差是扩散渗析的推动力，所以也称为浓差渗析或自然渗析。主要用于有机和无机电解质的分离和纯化。在污水处理方面目前主要用于酸、碱废液的处理和回收。

离子交换膜扩散渗析器 由离子交换膜、隔板和夹紧装置组成。离子交换膜是渗析器的关键部件，可根据不同用途选用不同的型号。隔板是膜的支撑体和水流通道，隔板材料有聚氯乙烯、聚乙烯、聚丙烯塑料和橡胶等。夹紧装置常采用铁板、螺栓或液压部件，把膜和隔板组成一个整体。采用阳离子交换膜，其固定基团带负电荷，只允许阳离子透过，而阻挡阴离子；采用阴离子交换膜则相反。

原理 虽然阳离子交换膜有阻止阴离子通过的选择性，但是氢氧根离子（OH^-）却能通过；而氢离子（H^+）同样也能通过阴离子交换膜。酸根离子和 H^+ 分别通过阴离子交换膜后结合为酸；金属离子和 OH^- 分别通过阳离子交换膜后结合为碱。利用离子交换膜的这种选择透过作用，可以分离有机胶质、无机电解质，回收酸和碱。采用阴离子交换膜扩散渗析器分离硫酸和硫酸亚铁的原理见下图。原液和水逆向通入膜的两侧，由于浓度差和膜的选择透过作用，原液中的硫酸进入膜一侧的隔室，而硫酸亚铁仍留在原液隔室内，渗析的结果是膜的一侧隔室内为主要含有硫酸的扩散液，另一侧隔室内则为主要含有硫酸亚铁的残液，这样就达到了从硫酸和硫酸亚铁的混合液中回收硫酸的目的。硫酸的回收率可达 70% 以上，在回收的硫酸中还含有 10% 左右的硫酸亚铁。由此可见，扩散渗析不能达到完全的分离回收。为弥补这一缺陷，国外有采用扩散渗析法与隔膜电解法相组合的工艺系统，以回收硫酸和铁。

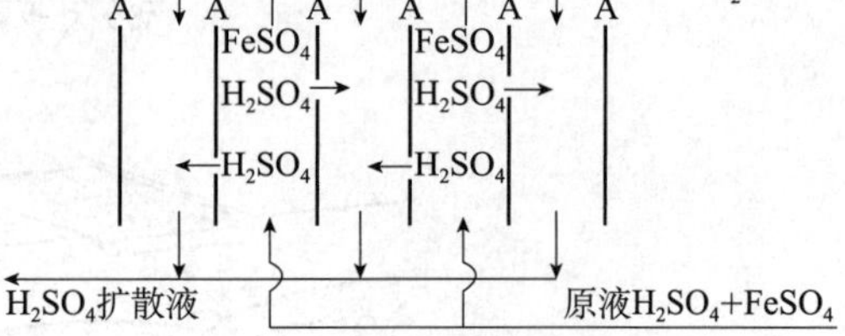

注：A 是阴离子交换膜。

硫酸和硫酸亚铁的扩散渗析分离原理图

应用 扩散渗析具有设备简单、投资少、基本不耗电等优点，可应用于：①从冶金工业的金属处理废液中回收硫酸（H_2SO_4）或盐酸（HCl）；②从浓硫酸法木材糖化液中回收硫酸；③从黏胶纤维工业的碎木浆料处理液中回收氢氧化钠（NaOH）；④从离子交换树脂装置的再生废液中回收酸、碱等。（王建兵）

L

lan wu shebei

拦污设备 （drain grating device） 能有效拦截污水中较粗大的悬浮物和漂浮物，从而保证后续处理设施正常运行的设备，常用作污水处理工艺中的预处理设备。污水处理中常用的拦污设备包括格栅拦污机、除毛机和水力筛网等。

格栅拦污机 用于拦截污水中较粗大悬浮物和漂浮物的机械清拦格栅。大型取水构筑物进水口、污水及雨水提升泵站、污水处理厂等的格栅处均应设格栅拦污机，以清除粗大的漂浮物，如草木、垃圾和纤维状物质等，从而达到保护水泵叶轮及减轻后续工序的处理负荷的目的。因此，使用格栅拦污机对于实现格栅机械清污，减轻劳动强度和改善工作条件是很必要的。

格栅拦污机有前清式、后清式、自清式三类，见下表。

前清式格栅拦污机 又称前置式格栅拦污机，其除污齿耙设在格栅前（迎水面）清除栅渣，市场上该种型式居多，如三索式（见图1）、高链式等。

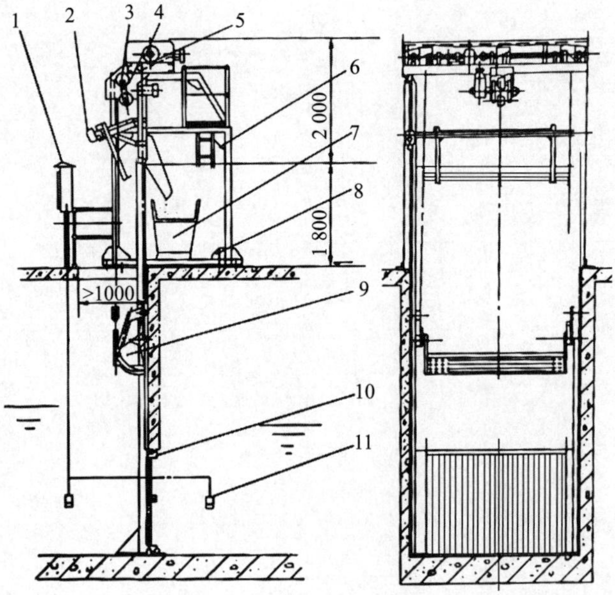

1—电控箱；2—推渣机构；3—齿耙张合装置；4—松绳机构；5—驱动机构；6—机架与平台；7—污物盛器；8—导轨；9—耙斗；10—平面格栅；11—栅前后液位差计

图1 钢丝绳牵引三索式垂直安装格栅拦污机

后清式格栅拦污机 又称后置式格栅拦污机，其除污耙齿设在格栅后面，耙齿向格栅前伸出清除栅渣，如背耙式、阶梯式等。

自清式格栅拦污机 无除污齿耙，格栅的栅面携截留的栅渣一起上行，至卸料段时，栅片之间相互差动和变位，自行将污物卸除；同时辅以橡胶刷或压力清水冲洗，干净的栅面回转至底部，自下不断上升，替换已截污的栅面，周而复始，如回转式固液分离机等（见图2）。

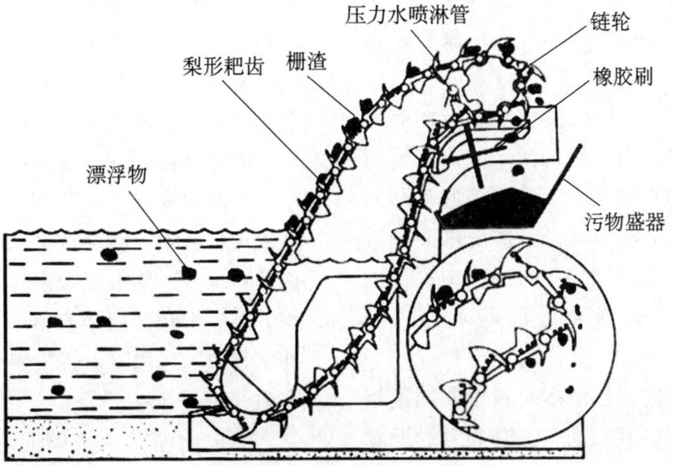

图2 自清式格栅拦污机运行示意

格栅除污机型式和分类

<table>
<tr><th>型式</th><th>传动方式</th><th>牵引部件工况</th><th>格栅形状</th><th colspan="2">除污机安装形式</th><th>代表性格栅</th></tr>
<tr><td rowspan="11">前清式
（前置式）</td><td>液压</td><td>旋臂式</td><td rowspan="3">弧形</td><td colspan="2" rowspan="3">固定式</td><td>液压传动旋臂式弧形格栅除污机</td></tr>
<tr><td rowspan="3">臂式</td><td>摆臂式</td><td>摆臂式弧形格栅除污机</td></tr>
<tr><td>回转臂</td><td>回转臂式弧形格栅除污机</td></tr>
<tr><td>伸缩臂</td><td rowspan="10">平面格栅</td><td rowspan="3">移动式</td><td rowspan="2">台车式</td><td>移动式伸缩臂格栅除污机</td></tr>
<tr><td rowspan="4">钢丝绳</td><td rowspan="3">三索式</td><td>钢丝绳牵引移动式格栅除污机</td></tr>
<tr><td>悬挂式</td><td>葫芦抓斗式格栅除污机</td></tr>
<tr><td colspan="2" rowspan="8">固定式</td><td>三索式格栅除污机</td></tr>
<tr><td>二索式</td><td>滑块式格栅除污机</td></tr>
<tr><td rowspan="5">链式</td><td rowspan="2">干式</td><td>高链式格栅除污机</td></tr>
<tr><td>爬式格栅除污机</td></tr>
<tr><td rowspan="4">湿式</td><td>回转式多耙格栅除污机</td></tr>
<tr><td>后清式
（后置式）</td><td>背耙式格栅除污机</td></tr>
<tr><td rowspan="2">自清式
（栅片移行式）</td><td>回转式固液分离机</td></tr>
<tr><td>曲柄式</td><td>阶梯形</td><td>阶梯式格栅除污机</td></tr>
</table>

除毛机 是通过机械驱动的筛网过滤去除水中纤维类杂物的设备。纺织、印染、皮革加工和屠宰场等的工业污水中夹带有大量长4～200mm的纤维类杂物，普通的格栅、滤网不易截留，进入排水系统易堵塞格栅等设备的过水孔隙，甚至会损坏水泵叶轮。此外，短纤维进

入后续污水处理构筑物后亦将增加处理负担。用除毛机可以去除羊毛、化学纤维等杂物。除毛机占地面积小，不加药剂，运行费用低，操作简单。为防止滤网堵塞，含有油污的污水进入除毛机前需先进行除油。常用的除毛机有圆筒型除毛机和链板框式除毛机，圆筒型除毛机的进水深度一般不超过 1.5m，进水深度超过 1.5m 时，宜采用链板框式除毛机。

圆筒型除毛机 采用机械驱动旋转的筒形筛网滤除纤维，当含有纤维的污水流入筒形筛网后，纤维被截留在筛网上，随着筒形筛网的旋转，纤维被带至筛网上部，经冲洗水冲洗后落下，掉在安装于筒形筛网中心的小型皮带运输机的平皮带上，输送到外部落入小车或地上。

链板框式除毛机 是由多块板框滤网连接成环形链条，并在机械驱动下循环转动、滤除纤维的设备。通常适用于污水管道较深、污水量较大的场合。含有纤维的污水从污水管道进入除毛机室，流经回转着的框形滤网，截留下来的纤维被带到上部，用0.1～0.2MPa 的压力水将纤维清除下来并排出。

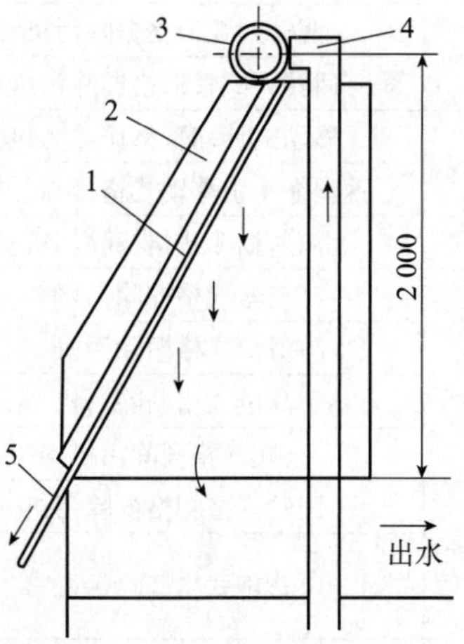

1—筛网；2—筛网架；3—布水管；4—进水管；5—截留污物

图3 固定平面式水力筛网

水力旋转筛网 筛体呈锥柱形，锥面为滤网，中心轴水平安装，锥面则呈倾斜状态，污水从小端进入，在水流从小端到大端的流动过程中，污染物被筛网截留，水则从滤网的细孔

水力筛网 污水自上而下沿滤网流动并在流动过程中穿过滤网完成过滤且无须用机械驱动的筛网装置。水力筛网适用于从低浓度悬浮液中去除固体杂质，一般用于处理水量不太大的情况，常用于印染废水、禽类加工废水、羽绒加工废水等工业废水处理，也可用于城市生活污水处理，具有简单、高效、维护方便等优点。常用的水力筛网包括固定平面式、固定曲面式、水力旋转式等。

固定平面式水力筛网 采用滤网为平面板框式，倾斜安装，上口宽、下口窄，两侧设有挡水用板框架，污水从进水管进入位于筛网上部的布水管，使水流缓慢并沿筛网宽度方向均匀分布。水经筛网竖直落下，水中杂物在水力冲刷和重力作用下沿筛网斜面落入污物箱或小车内（见图3）。

固定曲面式水力筛网 采用滤网为曲面式，倾斜安装，两侧设有挡水板，污水从进水管进入位于设备上部的分配管，使水流缓慢并沿筛网宽度方向均匀分布。水经筛网竖直落下，水中杂物在水力冲刷和重力作用下沿筛网斜面落入污物箱或小车内（见图4）。

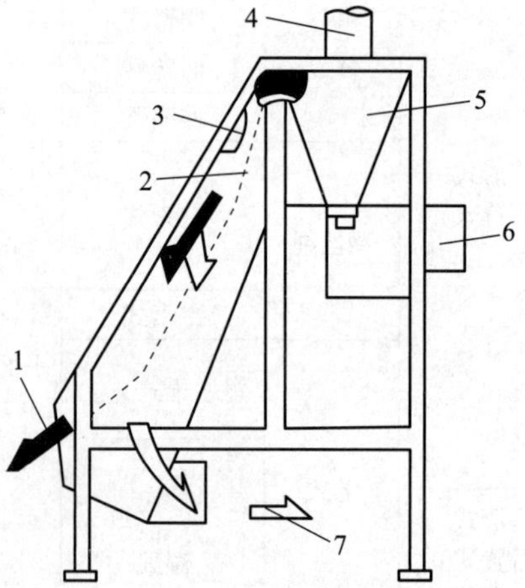

1—去除或回收固体；2—不锈钢筛网；3—导流板；4—进水管；5—分配箱；6—进口；7—出水

图4 固定曲面式水力筛网

中流入集水装置。小端设有导流叶片，利用水流的冲击力和重力作用使筛网旋转运动。水力旋转筛网已广泛应用于印染废水、羽绒废水中纤维、羽毛等的分离处理（见图5）。

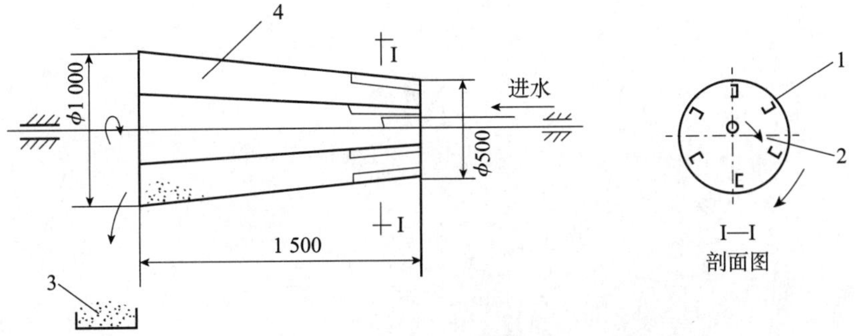

1—水斗；2—进水方向；3—污物收集器；4—尼龙筛网

图5 水力旋转筛网

（程荣）

lüse wuding

绿色屋顶 （green roof） 又称屋顶绿化或种植屋面。从广义层面理解，在构筑物、建筑物、立交桥等的屋顶、阳台、天台或者公园里的人造假山山体上所种植的花卉树木等，均算绿色屋顶。

分类 分为简单式和花园式，基质深度根据植物需求及屋顶荷载确定，简单式绿色屋顶的基质深度一般不大于150mm，花园式绿色屋顶在种植乔木时基质深度可超过600mm。

构成 通常由植被层、基质层、过滤层、排水层、保护层和防水层组成（见下图）。

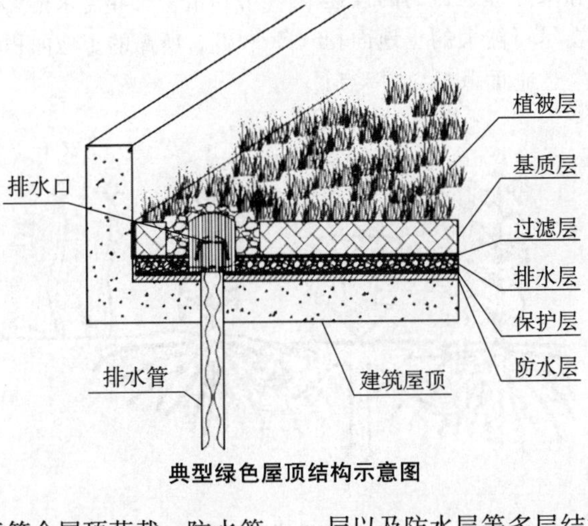

典型绿色屋顶结构示意图

适用范围 适用于符合屋顶荷载、防水等条件的平屋顶建筑和坡度≤15°的坡屋顶建筑。

净化机理 绿色屋顶表面种植绿色植被，用以吸收雨洪期间多余的雨水径流，通过植物根系净化过滤，将雨水收集到雨水桶进行存储回用；绿色屋顶底层有过滤层、排水层、保护层以及防水层等多层结构保护，多样植物搭配的植被层可吸收建筑热量，缓解城市热岛效应。

工艺特点 绿色屋顶可有效减少屋面径流总量和径流污染负荷，具有节能减排的作用，但对屋顶荷载、防水、坡度、空间条件等有严格要求。

（王灿）

M

mansu shenlü xitong

慢速渗滤系统 (slow rate infiltration system) 将污水投配到种有作物的土地表面，污水缓慢地在土地表面流动并向土壤中渗滤，一部分污水直接为作物所吸收，另一部分则渗入土壤中，从而使污水得到净化的一种土地处理系统(见下图)。

分类 可分为两种基本类型：①以灌溉为目的的处理系统，例如，在中国缺水的北方地区，以兼用水、肥资源和水处理为目的的慢速渗滤系统，将污水灌溉在尽可能大的土地面积上，具有水力负荷低、土地面积大的特点；②以污水处理为目的的处理系统，将污水投配到尽可能小的土地面积上，以降低建设投资，具有水力负荷较以灌溉为目的的系统高、土地面积相对较小的特点。

优点 适用于处理村镇生活污水和季节性排放的有机工业废水；通过收割系统种植的经济作物和处理出水的回用，可取得一定的经济收入；水质净化效果好。

缺点 由于表面种植植物，处理效果受季节和植物营养需求的影响较大；水力负荷整体较低，所需的土地面积较大。（李军　卢少勇）

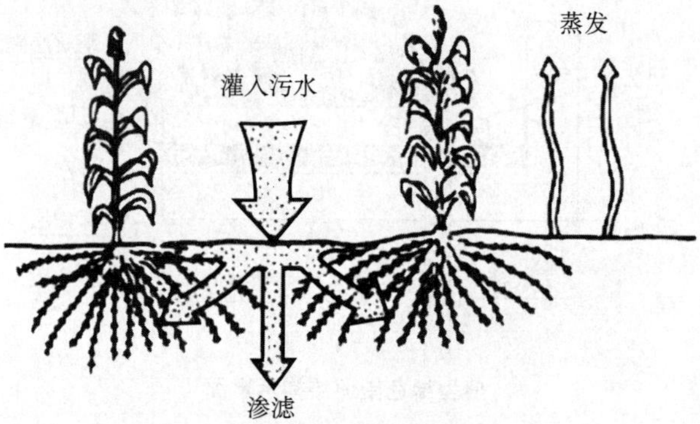

慢速渗滤系统

mianyuan

面源 (non-point source) 又称非点污染源，指点污染源以外的外部污染源。面源没有固定的集中发生源，污染物的迁移转化在时间和空间上有不确定性和不连续性。面源污染物的性质和污染负荷受气候、地形、地貌、土壤、植被以及人为活动等因素的综合影响。面源污染是引起湖库富营养化的重要因素。

分类 分为农牧地区地表径流（包括农村村落污染）、城镇地表径流、林区地表径流、大气降尘及降水等。

农牧地区地表径流 主要包括村镇废水、固体废物渗滤液及农田地表径流。村镇废水包括农村生活污水、养殖废水等，主要污染物包括有机物、氮、磷和病原生物等。农牧地区固体废物渗滤液来自农村生活垃圾、农作物秸秆、畜禽粪便等，主要污染物包括有机物、氮、磷和病原生物等。农田地表径流来自水田退水以及农田雨季排水等，主要污染物是氮、磷、泥沙和农药。

城镇地表径流 指城镇城区内降水或融雪过程中产生的地表径流。污染物进入城镇地表径流有以下三种方式：①雨水冲洗残留在城区地面上的有毒重金属粉尘、灰尘、垃圾、废渣等；②雨、雪淋洗城市污浊空气；③合流制下水道溢流污水。城镇地表径流是一个重要的环境污染源，随着城镇人口的集中，工业、交通运输业和饮食业的增加，城镇地表径流污染水体的问题也日益严重。主要污染物包括泥沙、悬浮物、有机物、氮、磷等。

林区地表径流 指林区降雨或融雪过程中产生的地表径流。主要污染物包括泥沙、悬浮物、有机物、氮、磷等。污染物含量与林区植被覆盖程度、土壤特性、坡度、降雨强度等有关。

大气降尘 指自然降落于地面的空气颗粒物。大气中颗粒物的来源分为自然源和人为源。自然源中一次颗粒物的来源主要有土壤颗粒物和地球表面的沉积物、火山喷发形成的火山粉尘、由各种火灾产生的烟尘颗粒、海洋中波浪破碎等产生的大气气溶胶、陨石进入地球大气层分解形成的宇宙粉尘、生物界的花粉和孢子等。自然源中二次颗粒物的来源主要有森林中放出的碳氢化合物经光化反应后产生的微小颗粒等。人为源中一次颗粒物主要包括工业过程（如矿山和露天采石场开采等）产生的工业粉尘、人为燃烧过程产生的烟尘等。人为源中二次颗粒物主要包括人类活动排放气体经光化反应后产生的微小颗粒等。降尘中可能含有矿物粉尘、重金属及吸附的多环芳烃等有机物。

降水 指大气中的水汽凝结后以液态水或固态水降落到地面的现象。降水过程中，大气中的颗粒物、二氧化硫、氮氧化物等污染物会被携带降落到地面和水体，从而对水体造成污染，如部分地区的酸雨造成湖泊酸化问题。

控制方法 一是对村镇废水进行收集和处理，对农村固体废物进行妥善收集、储存和处置；二是加强湖库流域的农田管理，合理施肥、施药，减少肥料和农药流失；三是治理水土流失，并对农田地表径流、城镇地表径流、林区地表径流进行收集和处理；四是改善大气环境质量，降低颗粒物、氮氧化物、二氧化硫等污染物含量。

农田面源污染控制 一是加强农田管理，合理规划农业用地，推广根据土壤肥力检测结果合理施用化肥的技术，适当增加有机肥施用比例，提倡施用缓释或控释肥料，提高肥料利用率，优化水肥结构，施行节水灌溉，以减少面源营养的流失，推广病虫害综合防治、无公害生产等技术，减少农药使用和流失；二是因地制宜地采取农田基本建设及坡耕地改造、等高种植等水土保持技术，或将田间渠道、坑、塘等改造成土地处理系统，进行农田污染控制。

地表径流污染拦截 一是生物治理与工程治理相结合，利用土石工程、绿化等措施，加快治理水土流失；二是采用前置库、碎石床等工程技术，利用天然或人工库（塘）拦截暴雨径流，通过物理、化学以及生物过程使径流中污染物得到有效削减。

（宋玉栋）

mofenli jishu

膜分离技术（membrane separation）

利用隔膜使溶剂（通常是水）同溶质或微粒分离的技术。膜分离技术广泛地用于海水和苦咸水淡化、废水深度处理、废液和废水中有用物质的浓缩回收，并用于制取高纯水等方面。

沿革 膜分离是在20世纪初出现，20世纪60年代后迅速崛起的一门分离新技术。膜分离技术由于兼有分离、浓缩、纯化和精制的功能，又有高效、节能、环保、分子级过滤等特征，过滤过程简单，易于控制。目前已广泛应用于食品、医药、生物、环保、化工、冶金、能源、石油、水处理、电子、仿生等领域。

膜的类别和结构 膜分离的效能，取决于膜本身的属性。膜分为液膜和固体膜。固体膜又分为：①无机多孔膜，由无机质的多孔材料构成。②合成膜，通常采用醋酸纤维素、芳香族聚酰胺、聚砜、聚乙烯、聚丙烯等高分子材料制成。合成膜按照断面结构又分为对称膜和非对称膜。横断面形态结构均一的膜为对称膜，也称均质膜；横断面呈不同层次结构的膜为非对称膜。非对称膜按照合成方法分为复合膜和转相膜。复合膜的膜体可分为表皮层和支撑层，表皮层质地致密，厚度很小（0.1～0.2μm），但它决定了膜的选择性和渗透性能；支撑层具有多孔结构，它提供必要的机械强度。膜的结构可通过调节铸膜液组成和凝胶形成条件予以控制。转相膜是利用相转移法（相转化、相分离）合成的膜。

工艺原理 基于混合物中不同组分在分子大小、形状、结构或物理、化学性质方面的差异，以跨膜压力差、浓度差、温度差、蒸气压差、电势差或渗透压差等为驱动力，使混合物中一种或多种组分选择性透过膜材料而实现分离。主要分为三种分离机理，包括：①筛分机理，即比膜孔径大或与膜孔径相当的微粒被截留。②荷电机理，即与膜表面电荷相同的离子被截留。③溶解-扩散机理，即组分中溶解-扩散速率慢的组分被截留。

膜性能主要指标包括膜通量和选择透过性。在单位时间内，单位膜面积可透过物质传质的量称为膜通量，用来表征膜分离速度。

技术应用 包括微滤、超滤、纳滤、反渗透、电渗析和扩散渗析。

微滤 主要应用领域涉及医药工业、食品工业（明胶、葡萄酒、白酒、果汁、牛奶等）、高纯水制取、城市污水处理、工业废水处理、饮用水生产、生物技术和生物发酵等。见微滤。

超滤 主要应用领域涉及食品加工、饮料工业、医药工业、生物制剂、中药制剂、临床医学、印染废水和食品工业废水处理、资源回收等。见超滤。

纳滤 主要应用领域涉及食品工业、植物深加工、饮料工业、农产品深加工、生物医药、生物发酵、精细化工、环保工业等。见纳滤。

反渗透 主要应用于水处理和热敏物质的浓缩。主要应用领域涉及食品加工，植物（农产品）深加工，生物发酵行业，制备纯水、超纯水，海水、苦咸水淡化，电力、电子、半导体工业用水，制药行业工艺用水，化工工业的工艺用水、锅炉用水、洗涤用水及冷却用水。见反渗透。

电渗析 主要应用于海水和苦咸水除盐、化工分离和浓缩、制取去离子水、制碱和废水处理等领域。见电渗析。

扩散渗析 主要用于从废水、废液中回收酸碱等。见扩散渗析。

技术特点 与传统分离技术相比，膜分离技术的优点在于工艺简单，在常温下操作，能耗低，特别适宜于热敏物质的分离、浓缩和提纯。 （李军　朱洪涛）

mo shengwu fanyingqi

膜生物反应器 （membrane bioreactor, MBR） 利用微滤或超滤实现泥水分离的活性污泥法污水处理工艺。该工艺以微滤或超滤膜组件替代传统活性污泥法工艺中的二沉池，可实现高活性污泥浓度、较高负荷和长污泥龄，工艺占地面积小，剩余污泥产生量低。

分类 按膜组件和生物反应器的相对位置，可以分为分置式膜生物反应器和一体式膜生物反应器。按膜组件的结构形式，可以分为平板膜生物反应器、中空纤维膜生物反应器和管式膜生物反应器。按使用的膜材料，可以分为有机膜生物反应器和无机膜生物反应器。有机膜材料为各种有机高聚物，包括 PVDF 膜、PP 膜、PVC 膜、PS 膜等；无机膜材料包括各种陶瓷膜和金属膜。

工艺优点 包括以下六方面。

①固液分离效率高，分离效果远优于传统沉淀池，不受污泥膨胀问题的影响。出水水质好，出水悬浮物和浊度接近于零，部分情况下可直接回用，实现了污水资源化。

②水力停留时间和污泥停留时间可分别控制，运行控制更加灵活稳定。

③可在高容积负荷、低污泥负荷、长污泥龄条件下运行，剩余污泥产量低。理论上污泥龄可无限长，实现零污泥排放。

④长污泥龄可促进世代时间较长细菌（如硝化细菌）的增殖，系统硝化效率高，也可提高难降解有机物的降解效率。

⑤膜组件比传统污水处理工艺的沉淀池更紧凑，加上高容积负荷减小了生物池的体积，故 MBR 工艺可大幅减少占地面积。

⑥易于实现可编程逻辑（PLC）控制，操作管理方便。

工艺缺点 包括以下两方面。

①运行过程中污泥颗粒、溶解性有机物和无机物在膜表面或膜孔内部的沉积形成膜污染，导致过滤阻力增加，膜通量下降，需定期反冲洗，不利于工艺的稳定运行。

②膜材料的更换增加额外的运行费用。

（朱洪涛）

N

nalü

纳滤 (nanofiltration) 以压力为驱动力，用于脱除多价离子、部分一价离子和分子量大于200的有机物的膜分离过程，是一种介于反渗透和超滤之间的压力驱动膜分离过程。对离子的截留机理为离子与膜之间的道南(Donnan)效应或电荷效应；对中性不带电荷的物质的截留机理为纳米级微孔的筛分机理。

纳滤膜 用于脱除多价离子、部分一价离子的盐类和分子量大于200的有机物的半透膜。分离性能介于超滤膜和反渗透膜之间，膜孔径一般在1 nm左右。根据具体纳滤膜材料性能，纳滤膜一般允许溶剂分子（水）或某些低分子量溶质或低价离子透过。操作压为0.5～2 MPa。

特点 包括以下四方面。

①在常温无相变的温和条件下可实现对温度、pH等敏感的生物体系的浓缩或分离纯化。

②适于截留分子量大于200的有机物分子。

③对一价离子截留率低，但对二价及以上离子截留率较高。

④操作压较反渗透膜低，超低压纳滤膜操作压仅为0.5 MPa。

应用 地下水或废水深度处理除硬度；地表水除有机物、色度；油水分离；乙二醇回收；硫酸铜回收；有机液体、无机液体分离、浓缩；染料提纯、浓缩、脱盐；天然药物分离、浓缩；发酵液浓缩等。 （朱洪涛）

neixunhuan fanyingqi

内循环反应器 (internal circulation reactor) 简称IC反应器，是包含上下串联叠加的两个厌氧反应室且气液固混合液依靠沼气提升力实现内部循环的厌氧反应器。

沿革 第一座IC反应器于1989年在荷兰建造。IC反应器解决了为避免产气负荷率过高造成污泥流失而对UASB等反应器处理负荷设定的限制问题。

构造 IC反应器高度可达16～25 m，高径比可达4～8。主要由进水混合区、第一反应室、第二反应室、沼气提升管、回流管、气液分离器和沉淀区等部分组成（见下图）。

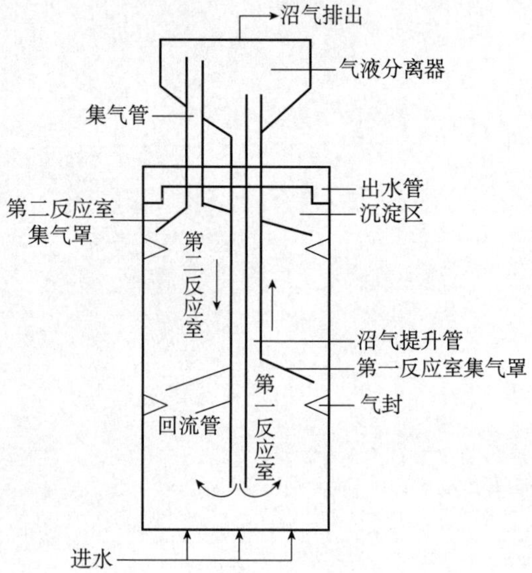

IC反应器构造示意图

工作原理 废水由反应器底部进入第一反应室，与该室内的厌氧颗粒污泥混合，废水中所含的大部分有机物被转化为沼气；所产生的沼气被第一反应室的集气罩收集，沼气沿提升管上升，作为动力把第一反应室的气液固混合液提升至设在反应器顶部的气液分离器；被分离出的沼气由气液分离器顶部的沼气排出管排走，泥水混合物沿回流管回流至第一反应室底部，并与底部的颗粒污泥和进水充分混合，实现第一反应室混合液的内部循环。处理高浓度废水时循环流量可达进水流量的10~20倍，使第一反应室内不仅有很高的生物量和较长的污泥停留时间，而且有很大的升流速度，使该反应室的污泥和料液基本处于完全混合状态，从而大大提高第一反应室的去除能力。经第一反应室处理过的废水自动进入第二反应室。水中剩余的有机物可被第二反应室内的颗粒污泥进一步降解。经过两级处理的废水在混合液沉淀区进行固液分离，清液由出水管排出，沉淀的颗粒污泥自动返回第二反应室，完成全部处理过程。

特点 包括以下三方面。

①容积负荷率高，占地面积小。处理同等COD总量的废水，其容积较普通UASB反应器大幅减小；水力停留时间短，基建投资省；高径比大，占地面积较小。

②抗冲击负荷能力强。IC反应器内循环液与进水在第一反应室充分混合，使原废水中的高浓度有机物得到充分稀释，并充分利用内循环液的碱度，防止局部酸化，提高了反应器的抗冲击负荷能力。IC反应器相当于两级UASB，比一般的单级处理抗冲击负荷能力更强，出水水质更稳定。

③循环能耗低。IC反应器以自身产生的沼气作为提升动力实现混合液的内循环，不必另设水泵强制循环，可节省能耗。

（宋玉栋　王文东）

niangzao gongye feishui

酿造工业废水 （brewing industry wastewater）酿造工业排放的生产废水，以及固体、半固体废物和废液等综合利用时产生的废渣水。

酿造工业 食品工业中从事啤酒、白酒、黄酒、葡萄酒等酒类和醋、酱、酱油等调味品制造的工业行业。

来源与特性 按照来源可分为啤酒废水、白酒废水、黄酒废水、葡萄酒废水、酒精废水、酱油废水等。由于工艺废水来自微生物发酵过程，废水中含有大量培养基成分、发酵副产物及菌丝体，通常具有高浓度悬浮物和高浓度有机物等特点。原料浸泡废水、容器管路洗涤废水和冷凝水等中的污染物浓度相对较低。

啤酒废水 包括麦糟滤液、废酵母滤液、容器管路一次洗涤废水等高浓度工艺废水，浸麦废水、容器管路一次洗涤废水之外的洗涤废水和冷却废水等中低浓度工艺废水。

白酒废水 包括锅底水、黄水和一次洗锅水等高浓度工艺废水，原料浸泡废水、容器管路洗涤废水和冷凝水等中低浓度工艺废水。

黄酒废水 包括米浆水（包括浸米水）、一次冲米水、酒糟滤液、洗糟坛水等高浓度工艺废水，洗滤布水、过滤水、淘米水、杀菌水、容器管路洗涤废水等中低浓度工艺废水。

葡萄酒废水 包括糟渣滤液、蒸馏残液、一次洗罐水等高浓度工艺废水和容器管路洗涤废水等中低浓度工艺废水。

酒精废水 包括废醪液、酒精糟滤液、一次洗罐水等高浓度工艺废水，原料浸泡水、酒精糟蒸馏水、酒精蒸馏冷凝水、干酒糟及其可溶物的蒸发冷凝水、容器管路洗涤废水等中低浓度工艺废水。

酱油废水 包括发酵滤液、一次洗罐水等高浓度工艺废水，原料浸泡水、洗罐水和包装容器管路洗涤废水等中低浓度工艺废水。

源头减量 对冷却水和冲洗水等低浓度工艺废水进行循环利用和工艺套用；冲洗罐、釜、槽、坛、瓶等设备、容器和管路时，采用“少量、多次”的冲洗方法或逆流漂洗方法。

治理方法 总体上采取“资源回收—厌

氧生物处理—生物脱氮除磷处理—深度处理”的综合治理路线。

资源回收 各类酒糟、葡萄酒渣和白酒锅底水采用蒸馏工艺回收酒精；半固体糟渣、酒糟渣水通过离心、压榨、过滤等方式进行固液分离，悬浮物浓度较高的废水采用“混凝＋沉淀/气浮”工艺进行固液分离；固形物制成饲料或肥料，分离废水进行一级厌氧消化处理；液态发酵产生的废醪液可直接进行一级厌氧消化处理，或经“蒸发浓缩＋干燥/焚烧”处理后，制作有机肥或无机肥。

一级厌氧发酵生物处理 高浓度工艺废水，半固体糟渣及酒糟渣水的固液分离液，各类酒糟、葡萄酒渣和白酒锅底水的蒸馏冷凝水，因有机物浓度较高，先进行一级厌氧发酵生物处理，再与中低浓度污水混合进行综合污水处理。一级厌氧发酵生物处理优先采用完全混合式厌氧发酵反应器，也可经“混凝＋沉淀/气浮”去除悬浮物后再采用其他厌氧生物处理技术。

二级厌氧消化生物处理 酿造综合废水经中和、匀质、拦污、混凝、气浮/沉淀等前处理后，采用升流式厌氧污泥床或水解酸化工艺进行二级厌氧消化生物处理。

生物脱氮除磷处理 可根据进水水质选择缺氧－好氧法、厌氧－缺氧－好氧活性污泥法、序批式活性污泥法、氧化沟法、膜生物反应器等活性污泥法污水处理技术，或接触氧化法、曝气生物滤池和好氧流化床法等生物膜法污水处理技术。

深度处理 根据污水排放和回用标准选择混凝沉淀、混凝气浮、吸附、高级氧化、膜分离技术等工艺中的一种或几种工艺组合。

（宋玉栋）

P

Phoredox gongyi

Phoredox 工艺 (Phoredox process) 又称改良型 Bardenpho 工艺，是由第一级厌氧池和两级缺氧 - 好氧池串联，第一级好氧池硝化液回流至第一级缺氧池，二次沉淀池污泥均回流至厌氧池的*活性污泥法*工艺。相当于在 Bardenpho 工艺前增设 1 个厌氧段，从二次沉淀池回流来的污泥在厌氧池中与污水混合，第一级好氧池中硝化液回流仅进入缺氧区；较原 Bardenpho 工艺中第一级厌氧池的厌氧状态更加理想。

工艺流程 包括以下两方面：①污水、来自二次沉淀池的回流污泥均进入厌氧池进行反应。该单元的主要功能是污泥释放磷。②经厌氧池处理后的混合液进入两级缺氧 - 好氧池，两级缺氧 - 好氧可实现脱氮、有机物去除和磷的吸收（见下图）。

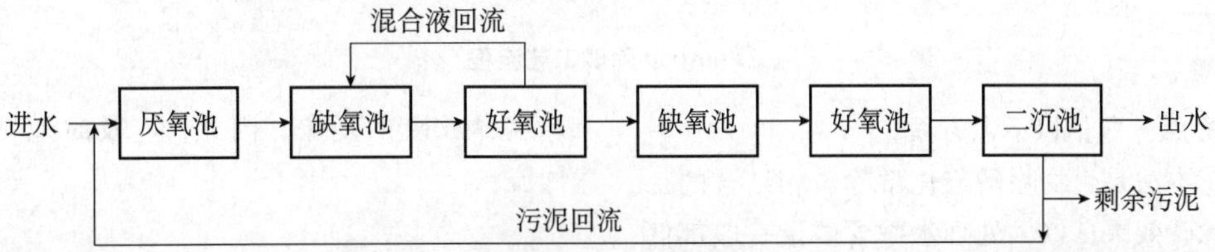

Phoredox 工艺流程图

工艺特点 包括以下两方面。

优点 Phoredox 工艺较 Bardenpho 工艺在缺氧池前增设了一个厌氧池以保证磷的释放，从而保证在好氧条件下有更强的磷吸收能力，提高了除磷的效率。

缺点 工艺复杂，反应器多，运行烦琐，成本高。

（李军）

Phostrip gongyi

Phostrip 工艺 (Phostrip process) 在传统活性污泥法的污泥回流管线上增设一个回流污泥厌氧释磷及侧线石灰沉淀除磷单元的污水除磷工艺。与厌氧 - 好氧工艺一样，其污水除磷机理同样是利用聚磷菌对磷的过量摄取作用而完成的。该工艺是生物除磷与化学除磷相结合的工艺。

工艺 分为以下五个步骤（见下图）。

①含磷污水进入曝气池，同步进入曝气池的还有由除磷池回流的已释放磷但含有聚磷菌的污泥。曝气池的功能是：使聚磷菌过量地摄取磷，去除有机物，还可能出现硝化作用。

②从曝气池流出的混合液（污泥含磷，污水已经除磷）进入沉淀池 I，在这里进行泥水分离，含磷污泥沉淀，已除磷的上清液作为处理水而排放。

③含磷污泥进入除磷池，除磷池应保持厌

氧状态，即溶解氧和硝酸盐氮浓度接近零，含磷污泥在这里释放磷。投加冲洗水，使磷充分释放，已释放磷的污泥沉于池底，并回流曝气池，再次用于吸收污水中的磷。含磷上清液从上部流出，进入混合池。

④含磷上清液进入混合池，同步向混合池投加石灰乳，经混合后进入搅拌反应池，使磷与石灰反应，形成磷酸钙［$Ca_3(PO_4)_2$］固体物质。

⑤经过混凝反应形成的磷酸钙固体物质在沉淀池与上清液分离。已除磷的上清液回流曝气池，而含有大量 $Ca_3(PO_4)_2$ 的污泥排出，这种含有高浓度磷酸根的污泥适于充作肥料。

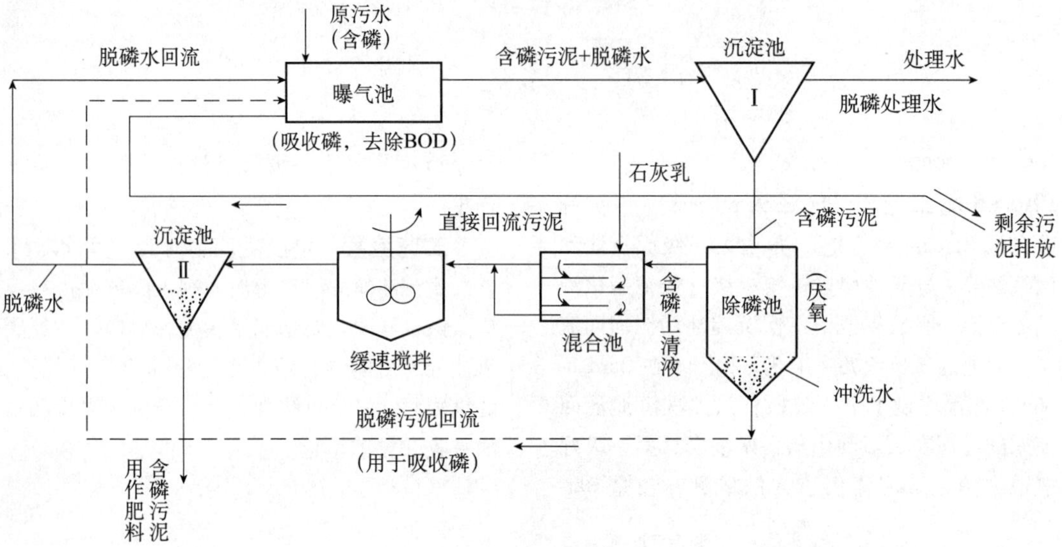

Phostrip 除磷工艺流程

特点 包括以下七方面。

①本法是生物除磷与化学除磷相结合的工艺，除磷效果良好，处理水中含磷量一般都低于1mg/L。

②本法产生的污泥中，含磷率为2.1%～7.1%，处于较高水平。

③石灰用量一般应为21～31.8 mg $Ca(OH)_2/m^3$污水，处于较低水平。

④SVI值<100，污泥易于沉淀、浓缩、脱水，污泥肥分高，丝状菌难以增殖，污泥不膨胀。

⑤可以根据污水水质灵活地调节回流污泥与混凝污泥量的比例。

⑥本工艺流程复杂，运行管理也比较复杂，需投加石灰乳，运行费用和建设费用较高。

⑦二次沉淀池底部可能形成缺氧状态，而产生释放磷的现象，因此，应及时地排泥和回流。 （李军）

paini shebei

排泥设备 （sludge scraper） 水处理中配合沉淀使用的，用于排出水处理构筑物内沉淀污泥的设备。

排泥设备主要用于水处理中的初沉池、二沉池、浓缩池、澄清池、气浮池、隔油池、沉砂池等。排泥设备的形式随工艺条件与池型结构而有所不同，目前常用的排泥设备可分为平流式（矩形）排泥机和辐流式（圆形）排泥机两大类（见表1）。其中，吸泥机和刮泥机是排泥设备中最主要的两种设备。此外还有刮油机、刮油刮渣机、除砂机和浓缩机等。

表 1　常用刮泥机、吸泥机类型

分类	类型			
平流式	行车式	吸泥机	泵吸式	单管扫描式
				多管并列式
			虹吸式	—
			虹吸泵吸式	
		刮泥机	翻板式	
			提板式	
	链板式	单列链条牵引式刮泥机		
		双列链条牵引式刮泥机		
	螺旋输送式	水平式螺旋输送刮泥机		
		倾斜式螺旋输送刮泥机		
	往复式刮泥机	—		
辐流式	中心传动式	垂架式	刮泥机	双刮臂式
				四刮臂式
			吸泥机	水位差自吸式
				虹吸式
				空气提升式
		悬挂式		
	周边传动式	刮泥机		
		吸泥机		

刮泥机　是利用机械传动的刮板刮除和收集底泥的排泥设备。用于平流式沉淀池的常见类型有行车式提板刮泥机、链条牵引式刮泥机等。用于辐流式沉淀池的刮泥机有中心传动和周边传动两种形式。中心传动式刮泥机又分为垂架式和悬挂式两种。

行车式提板刮泥机　由行车桁架、驱动机构、撇渣板与刮板升降机构、程序控制及限位装置等部分组成（见图 1）。刮泥机行车一般采用桁架结构，小跨度的可用梁式结构。驱动机构采用两端出轴的长轴集中传动形式或双边分别驱动的形式，可视行车跨距而定。撇渣板与刮板的升降机构有两种布置形式：刮板与撇渣板同向工作及升降，刮板与撇渣板逆向工作与升降。刮泥机的行驶与刮板升降采用两套独立的驱动机构，通过电气控制能互相转换、交替动作。

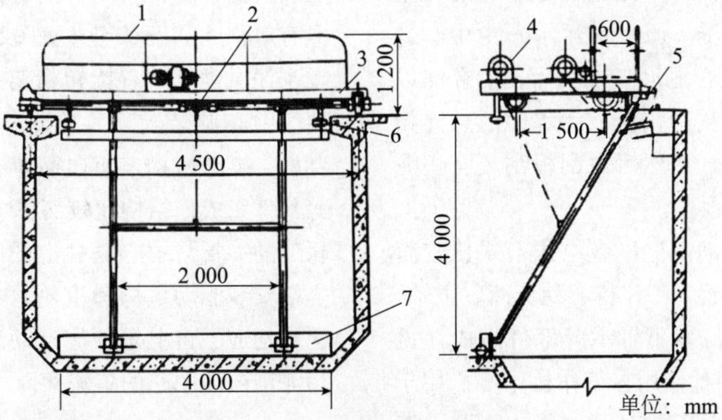

1—栏杆；2—驱动机构；3—行车桁架；4—卷扬提板机构；5—行程开关；6—导向靠轮；7—刮板

图 1　行车式提板刮泥机

链条牵引式刮泥机 适用于污水处理厂沉砂池、初沉池、二沉池、隔油池等矩形池排砂、排泥；对于有浮渣的沉淀池，可在底部刮泥的同时在池面撇渣。主要由驱动装置、传动链与链轮、牵引链与链轮、刮板、导向轮、张紧装置、链轮轴和导轨等组成（见图2）。在传动链轮的主动链轮上装有安全销，进行过载保护。链条牵引式刮泥机的特点包括：①刮板块数多，刮泥能力强，刮板的移动速度慢，对污水扰动小，有利于泥砂沉淀。②刮板在池中做连续的直线运动，不必往返换向，因而不需要行程开关。驱动装置设在池顶的平台上，配电及维修都很简便。③不需要另加机构，可同时兼作撇渣机。

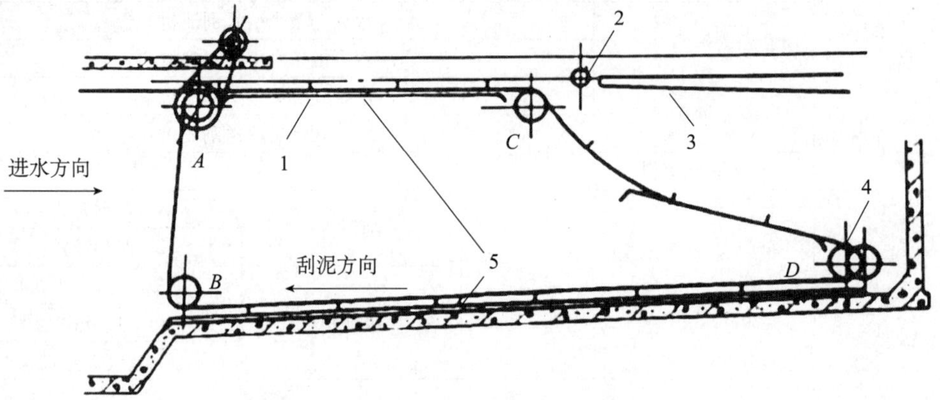

1—刮板；2—集渣管；3—溢流堰；4—张紧装置；5—导轨

A、*B*、*C*、*D* 为链轮轴

图2 链条牵引式刮泥机

垂架式中心传动刮泥机 又称支柱式中心传动刮泥机，主要由驱动装置、中心支座、中心竖架、工作桥、刮臂、刮板及撇渣板等部件组成（见图3）。在沉淀池的中心位置上设有兼作进水管道的立柱，柱管的下口与池底进水管衔接，上口封闭、作为中心支座的平台，管壁四周开孔出水。柱管大多为钢筋混凝土结构，也有采用铜管制成的。刮泥机的重量和旋转扭矩均由中心柱管承受。原水（污水）由中心进水柱管流出，经中心配水筒布水后，沿径向以逐渐减小的流速向周边出流，污水中的悬浮物被分离而沉降于池底，然后由刮板刮集至集泥槽内，通过排泥管排出。

悬挂式中心传动刮泥机 结构形式比较简单，主要由传动装置、工作桥、稳流筒、主轴、拉杆、刮臂、刮板、水下轴承等部件组成（见图4），其整机载荷都作用在工作桥中心。用于池径较小的辐流式沉淀池。污水经中心配水筒布水后流向周边溢水槽，随着流速的降低，污水中的悬浮物被分离而沉降于池底，由刮板将沉淀的污泥刮集到中心集泥槽后，靠静水压力将其从污泥管中排出。

周边传动刮泥机 按旋转桁架结构可分为半跨式和全跨式两种。全跨式周边传动刮泥机具有横跨池径的工作桥，桥架的两端各有一套驱动机构，旋转桁架为对称的双臂式桁架，并具有对称的刮板布置（见图5）。半跨式周边传动刮泥机常见的有旋转桁架式或可动臂式，主要由中心旋转支座、旋转桁架（或可动臂）、刮板、撇渣机构、集电装置、驱动装置及轨道等部件组成，结构比较简单（见图6）。半跨式桥架的一端与中心立柱上的旋转支座相接，另一端安装驱动机构和滚轮，通过传动使滚轮在池周走道平台上做圆周运动，同时池内刮板将污泥刮向池中心的集泥槽内。

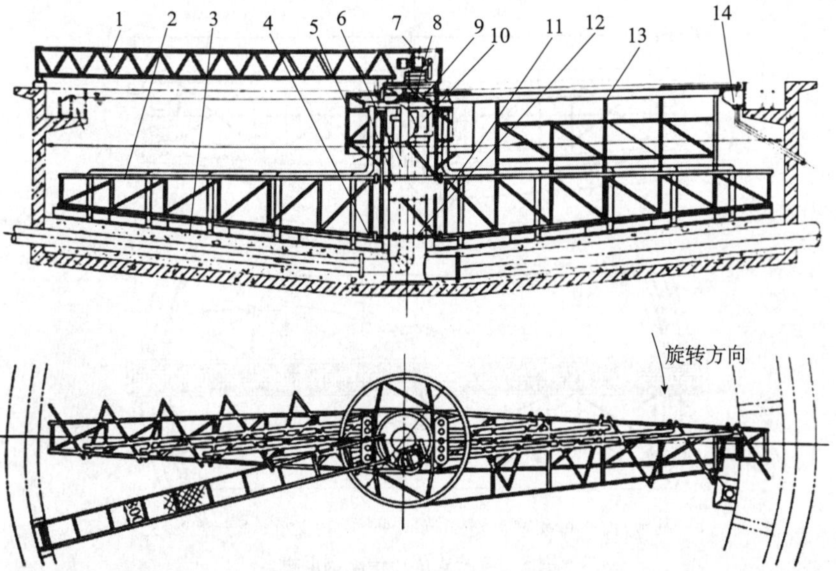

1—工作桥；2—刮臂；3—刮板；4—刮板；5—导流筒；6—中心进水管；7—摆线针轮减速机；8—蜗轮蜗杆减速器；9—滚动轴承式旋转支承；10—扩散筒；11—中心竖架；12—水下轴承；13—撇渣板；14—排渣斗

图 3　垂架式中心传动刮泥机

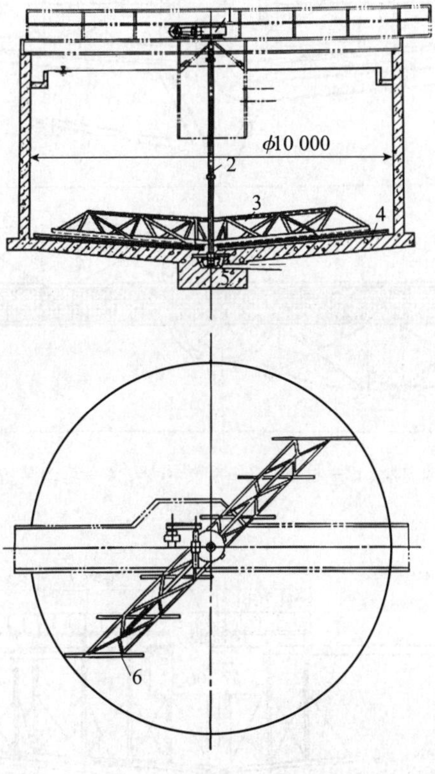

单位：mm

1—驱动机构；2—传动立轴；3—刮臂；4—刮板；5—水下轴承；6—集泥槽刮板

图 4　悬挂式中心传动刮泥机

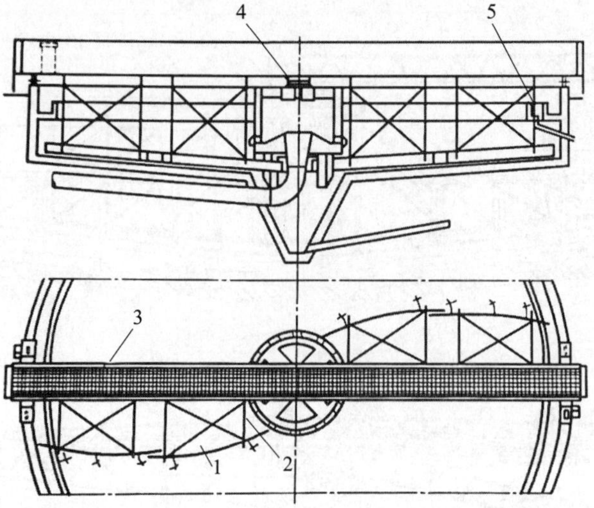

1—刮板；2—可动臂；3—桥架；4—旋转支承；5—撇渣装置

图 5　全跨式周边传动刮泥机

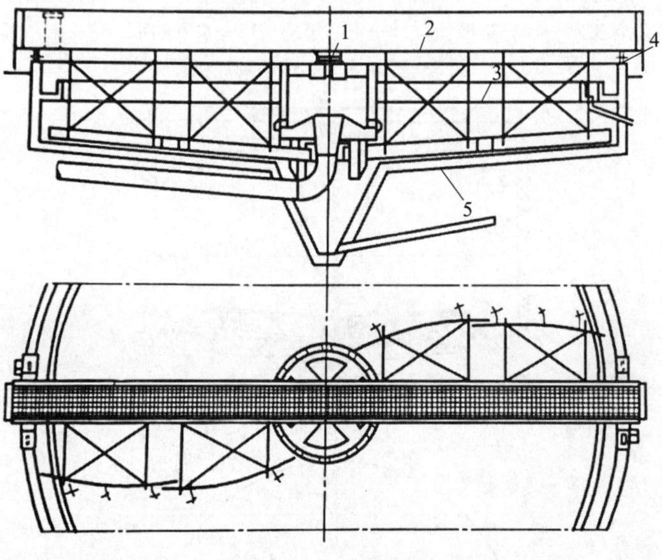

1—中心旋转支座；2—栏杆；3—旋转桁架；4—驱动装置；5—刮板

（a）旋转桁架式

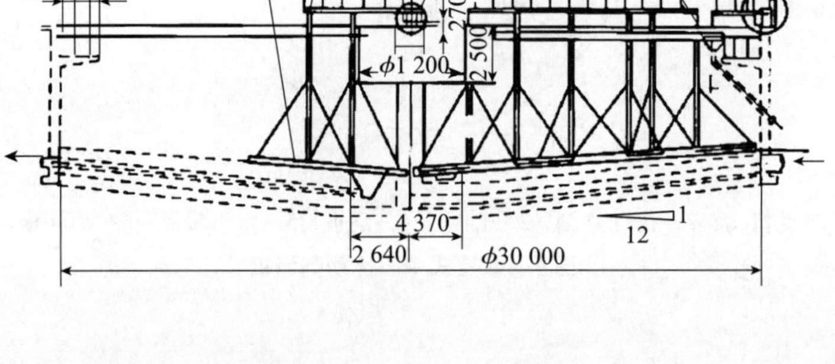

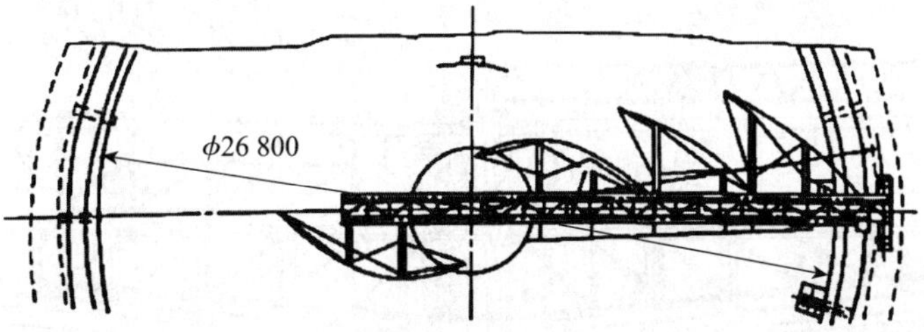

单位：mm

1—刮板；2—可动臂；3—桥架；4—旋转支座；5—撇渣装置

（b）可动臂式

图 6　半跨式周边传动刮泥机

吸泥机　机械传动的吸泥管利用压力差收集底泥的排泥设备。

平流式沉淀池中的常用吸泥机　主要为行车式吸泥机。行车式吸泥机按吸泥的形式有泵吸式、虹吸式和虹吸泵吸式等方式，其主要组成部分见表 2。

表 2　行车式吸泥机主要组成部分

名称	虹吸式	泵吸式、虹吸泵吸式
总体构成	1. 行车钢结构	1. 行车钢结构
	2. 驱动结构（包括车轮、钢轨及端头立柱）	2. 驱动结构（包括车轮、钢轨及端头立柱）
	3. 虹吸吸泥系统	3. 泵吸吸泥系统
	4. 配电及行程控制装置	4. 配电及行程控制装置

辐流式沉淀池中的常用吸泥机　主要有垂架式中心传动吸泥机、垂架式中心传动单（双）管吸泥机、周边传动吸泥机等。

垂架式中心传动吸泥机　主要由工作桥、驱动装置、中心支座、传动竖架、刮臂、集泥板、吸泥管、中心高架集泥槽及撇渣装置等组成，结构形式基本上与垂架式中心传动刮泥机相似（见图 7）。沿两侧刮臂对称排列吸泥管道，每根吸泥管自成系统，互不干扰，从吸口起直接通入高架集泥槽。通过刮臂的旋转，由集泥板把污泥引导到吸泥管口，利用水位差自吸的方式，边转边吸。吸入的污泥汇集于高架集泥槽后，再经排泥总管排出池外。水面上的浮渣则由撇渣板撇入池边的排渣斗。

垂架式中心传动单（双）管吸泥机　适用于辐流式二次沉淀池的排泥和撇渣。与多管式吸泥机相比，此种机型的吸泥管结构更为紧凑，污泥在管内流动时水头损失小，排泥效果良好，运行稳定。并且由于采用周边出水的方式，进水均匀缓慢，污泥更易于沉淀。包括以下几个主要部件：工作桥、驱动装置、中心柱、中心垂架、桁架、吸泥管、中心泥罐、刮渣装置以及进出水附件等。

当沉淀池内径不大于 42 m 时，一般采用单根吸泥管（见图 8），吸泥管与桁架分列于中心垂架两侧，通过驱动装置带动中心垂架的旋转而运转。利用沉淀池内外水位差自吸或采用安装于池外排泥管上的污泥泵抽吸的方式，将池底污泥由变径圆孔经吸泥管引导至中心泥罐并由排泥总管排出池外。当沉淀池内径大于 42 m 时，一般采用对称的两根吸泥管（见图 9）。

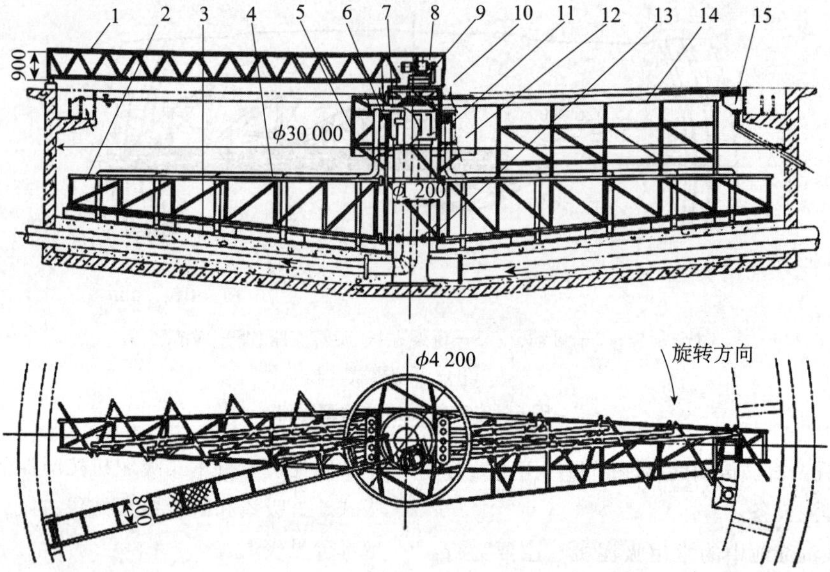

单位：mm

1—工作桥；2—刮臂；3—刮板；4—吸泥管；5—导流筒；6—中心进水柱管；
7—中心集泥槽；8—摆线减速机；9—蜗轮减速器；10—旋转支承；11—扩散筒；
12—传动竖架；13—水下轴承；14—撇渣板；15—排渣斗

图7　垂架式中心传动吸泥机

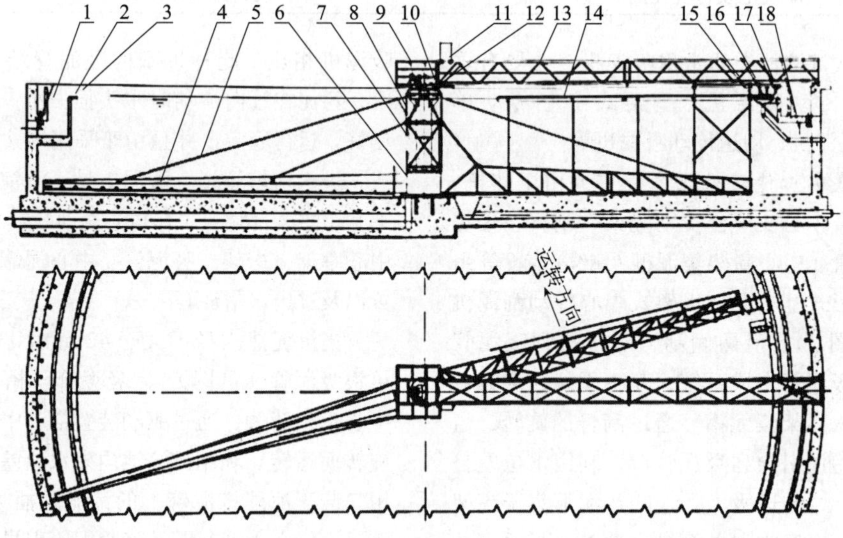

1—布水孔管；2—出水堰板；3—浮渣挡板；4—吸泥管；5—中心泥罐；6—中心柱；7—中心垂架；
8—驱动装置；9—检修平台及护栏；10—电控柜；11—回转支承；12—工作桥；13—桁架；
14—刮渣板；15—排渣斗；16—刮渣耙；17—冲洗水阀；18—挡水裙板

图8　垂架式中心传动单管吸泥机

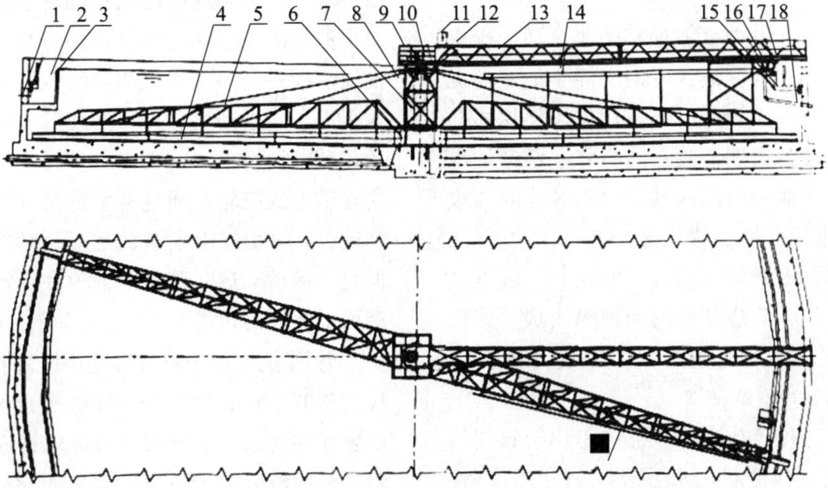

1—布水孔管；2—出水堰板；3—浮渣挡板；4—吸泥管；5—桁架；6—中心泥罐；7—中心柱；8—中心垂架；9—驱动装置；10—检修平台及护栏；11—电控柜；12—回转支承；13—工作桥；14—刮渣板；15—排渣斗；16—刮渣耙；17—冲洗水阀；18—挡水裙板

图9 垂架式中心传动双管吸泥机

周边传动吸泥机 传动机构为摆线针轮减速机和开式链条二级减速机。行走车轮采用铁芯橡胶轮沿池顶走道做圆周运动，池底污泥经刮板刮集后由吸泥管吸出，通过排泥槽及排泥缸排出池外。该吸泥机为中心配水、中心排泥型虹吸式排泥，液面设有浮渣刮集装置，池壁四周设有溢流装置和浮渣排出装置。其点源及压缩空气均从池底中心输入。周边传动吸泥机可克服活性污泥相对密度小、含水率高、难以刮集的困难，采用水位差自吸式排泥，可任意调节吸气量，分全跨式和半跨式两种。

刮油机 又称刮沫机，是污水处理中刮集表面浮油、浮渣的设备。常见的有GM型刮沫机、SD型刮沫机、链条式刮沫机等。

GM型刮沫机 是为平流气浮池设计的专用配套设备，用于将池中表面气泡浮渣等杂物刮至下游（池端），以便集中处理，也可用于刮集平流沉淀池表面浮油、浮渣等。GM型刮沫机由行走部分、刮沫耙、升降机构、操纵机构、安全机构等组成。刮沫耙的升降是由电动机、减速机和行程开关组成的电动推杆机构带动，升降位置可在允许范围内调整。

SD型刮沫机 是气浮池工艺中重要设备之一，在造纸废水处理中应用尤为广泛，也可用于刮集表面浮油。与GM型刮沫机采用电动推杆机构带动刮沫耙的升降不同，刮板翻转动作由撞块完成，控制形式可根据用户要求确定。

链条式刮沫机 适用于油脂厂、石油化工厂等的污水处理。该设备配有清扫器，把聚集的泡沫刮除后集于一端，然后由泡沫清扫器清扫出池或做其他处理。链条式刮沫机由电动机、行星摆线针轮减速器及链条传动机构组成。经链条传动后，将动力传给池内主动轴上的链轮，通过牵引链带动其他从动轴转动，在牵引链上安装的刮板也随之一起运动，且行程有自动导向系统，以达到刮沫的目的。为避免腐蚀，该刮沫机特殊部分采用聚四氟乙烯材料，安装完毕，整体传动灵活，无卡阻现象，链条在轨道上运行平稳。

刮油刮渣机 是污水处理中能同时收集池底泥渣和液面浮油的设备，常用于沉淀池、隔油池等。常见的刮油刮渣机有行车提耙式、链板式等。

GYZ型行车提耙式刮油刮渣机 适用于水处理中的平流式沉淀池，可将沉淀于池底的泥渣刮集到池子进水端的沉渣坑内，以便用抓斗或其他清渣设备定期清除；同时将水面浮油等漂浮物刮集到池子的出水端，以供其他除油设施（如集油管、集油槽、撇油带等）进行除油。由车体、提落耙电动机、电控柜、输电装置、行走机构、刮渣耙、刮油耙等组成。该机刮渣能力强，特别适用于相对密度大的沉淀物，如氧化铁皮、矿渣等。

隔油池链板式刮油刮渣机 是用于石化污水处理厂及其他油脂污水处理厂的专用设备。其利用刮板的移动，将隔油池底的油泥及池内液面上的浮油，分别刮送、集中到端部，然后由一端通集油管或两端通集油管收集浮油并引导出池，由排泥阀把池底部污泥排出池外。隔油池链板式刮油刮渣机驱动装置装在隔油池顶盖板上，由电动机、行星摆线针轮减速器及链条传动机构组成。动力由链条传动给隔油池内主动轴上的链轮，通过牵引链带动其他从动轴转动，在牵引链上安装的刮板也随之一起做环向封闭运动，达到刮送隔油池底部油泥和去除液面上浮油的目的。

除砂机 用于将沉砂池中沉降在池底、粒径大于0.2 mm的砂子、煤渣等密度较大的无机颗粒和废水的混合液提升并输送至砂水分离器进行固液分离的设备。常见的除砂机分类及特点见表5。

表5 除砂机分类及特点

设备类型		适用条件	性能特点
行车式泵吸砂机		适用于曝气沉砂池	采用无堵塞潜污泵吸砂，安全可靠，采用同步传动，运移平稳；结构简单，易操作，维护方便
刮砂机	链式	适用于平流式沉砂池	单向直线运动，无须设行程开关；电控系统简单，减少电气设备的故障；排出的砂含水率低，无须再进行砂水分离
	提板式	适用于平流式沉砂池的排砂和提升	刮砂次数可由沉砂量确定，传动部件可脱离水面，检修方便
多尔沉砂池除砂机		适用于多尔沉砂池的砂水分离	分离出的砂粒比较纯净，有机物含量仅10%左右，含水率也较低；传动件在水上，便于检修
旋流沉砂池	钟式沉砂池除砂机	适用于钟式沉砂池	主要依靠重力原理除砂，有机物在径向叶轮的推力作用下与砂粒分离，可去除直径0.2 mm以上的绝大部分砂
	比氏沉砂池除砂机	适用于比氏沉砂池	主要依靠轴向螺旋桨的涡流原理除砂和分离有机物，具有较高的除砂效率，可保证95%以上的有机物分离效率
螺旋式砂水分离器		可作为各种沉砂池配套设备	用于分离含砂废水中的砂及其他各种密度较大的颗粒状固体物质

行车式泵吸砂机 主要由行走装置、主梁、吸砂系统等组成（见图10）。吸砂机沿沉砂池壁顶部钢轨往复行走，吸砂系统将池底的砂水混合物吸出，排入砂水分离器进行砂水分离。

链式刮砂机 主要由链条、刮板、传动装置、排砂筒、电控柜、框架及导轨等组成。该机利用旋转链条上的刮板，将沉砂池底的砂刮出池外。

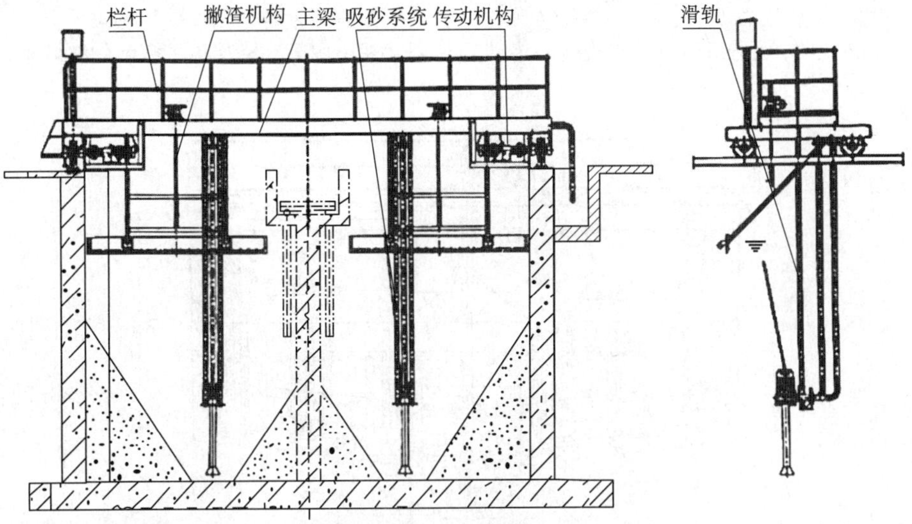

图10 行车式泵吸砂机

提板式刮砂机 主要由桁架、驱动装置、轨道、刮板、撇渣板、电控柜、刮板卷扬机构等组成。驱动装置经减速机构带动桁架和刮板前进，将池底沉砂刮至集砂坑内；当运行到终点位置时，驱动机构停止运行，刮板卷扬机构运转，将刮板抬离水面，然后设备自动返回至起点位置，此时刮板自动下落，完成一个刮砂循环过程。

多尔沉砂池除砂机 主要由刮砂机和耙式步进输砂机两部分组成。刮砂机由工作桥、主梁、传动轴、刮臂与刮板等组成；耙式步进输砂机由传动装置、连杆、刮板等组成。污水从沉砂池一侧以平流方式进入池内，砂砾在重力作用下沉于池底，被刮砂机上的弧形刮板依次推移至池边的贮砂斗中，并落入集砂槽内，再经耙式步进输砂机逐渐刮至池外。刮出的砂无须再进行砂水分离即可运走。

钟式沉砂池除砂机 主要由减速电机、减速箱、叶片驱动杆、转盘叶片、空气提升和空气冲洗系统、吸砂管及平台钢梁等组成。钟式沉砂池采用重力原理，分选区水流分为两个环流：内环在叶轮推动下向上流动，外环则基本保持静止。吸砂机向上倾斜的叶轮旋转时，产生离心力，使水中砂粒沿池周及斜坡沉于池底的砂斗中，同时将砂粒上黏附的有机物撞击下来并使其沉于池底。砂斗中的砂粒通过高压气或螺旋砂水分离器分离。

比氏沉砂池除砂机 主要由轴向螺旋桨搅拌器及驱动装置、砂泵、真空启动装置、涡流砂粒浓缩器、螺旋砂水分离输送机、电控系统等组成。该除砂机采用涡流原理，含砂废水在经过平直进水渠道后，水的紊流程度减到最低；进水渠末端是一个能产生附壁效应的斜坡，可使部分已经沉降于渠道内的砂粒顺坡进入沉砂池。进水口处有一阻流板，使冲出板上的水流下折到分选区的底板上。轴向螺旋桨则将水流导向池心，以相对较快的速度带动水流从池心向上移动，由此形成一个涡形水流。较重的砂粒从靠近池心的环形孔口落入集砂区，较轻的有机物由于螺旋桨的作用与砂粒分离，最终被引向出水渠。

螺旋式砂水分离器 主要由驱动装置、无轴螺旋、锥形容器、支架等组成。含砂废水从锥形容器上端切向进入，在容器中形成涡流，在重力及离心力的作用下，砂粒快速沉淀到容器底部，由旋转的螺旋叶片推至上端的排砂口排出。

浓缩机 在浓缩池中进行污泥浓缩的设备。污泥浓缩机与圆形沉淀池刮泥机基本相似，在刮臂上装有垂直排列的栅条，在刮泥的同时还起着缓速搅拌的作用，以提高浓缩效果。

常见的浓缩机有中心传动浓缩机和周边传动浓缩机，其中中心传动浓缩机又可分为悬挂式和垂架式。悬挂式中心传动浓缩机适用于池径在14 m以下的浓缩池（见图11），垂架式中心传动浓缩机适用于池径大于14 m的浓缩池，周边传动浓缩机适用于池径为16～30 m的浓缩池。

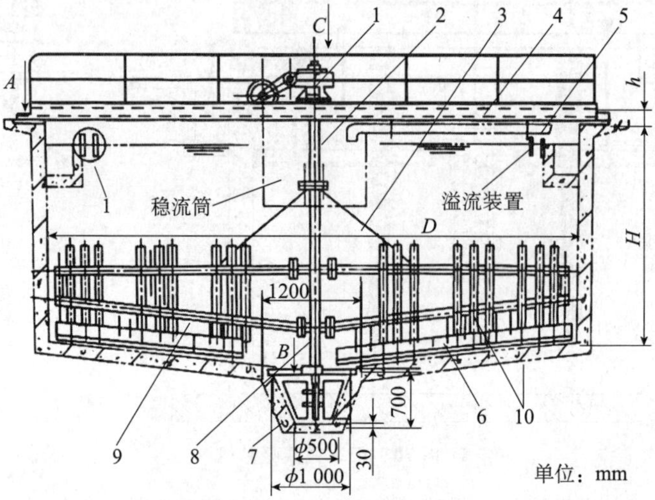

H，*h*—高程。

1—驱动机构；2—传动轴；3—拉杆；4—工作桥；5—进水管；6—刮板组合；7—底轴承；8—底轴承及刮板；9—刮臂；10—浓缩栅条

图11　NZS型中心传动浓缩机（池径14 m以内）外形

另有高效浓缩机通过投加絮凝剂来增加水中悬浮物的沉降速度，加上完善的自控系统，可达到高效浓缩的目的（见图12）。与普通浓缩机相比，高效浓缩机中部增设了混合筒，可使絮凝剂与水中悬浮物充分接触，更易沉降，因而占地面积小，底流浓度高，池体深度大，沉淀层厚，能够起到压缩和过滤作用，可用于处理浓度低、不易沉淀的悬浮液，使其固相流失减少。（程荣）

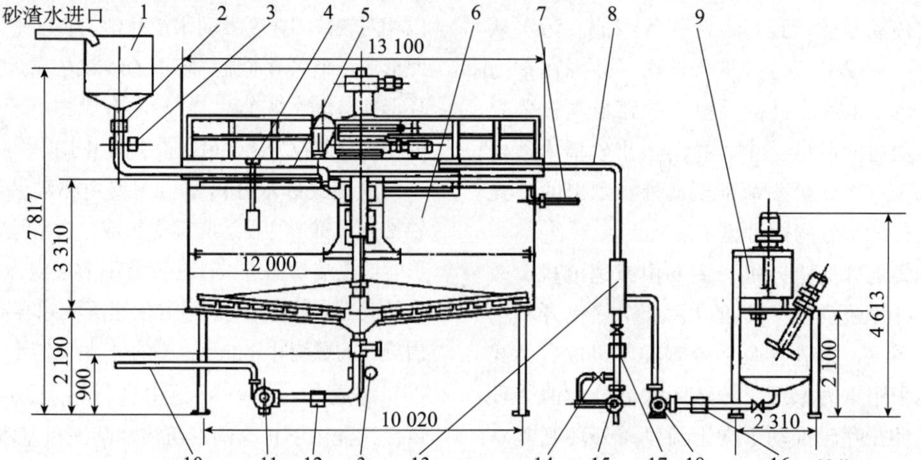

1—排气筒；2—流量计；3—密度计；4—界面计；5—进水管道系统；6—浓缩机；7—溢流水管道系统；8—加药管道系统；9—药剂制备搅拌贮槽；10—排渣管道系统；11—矿砂泵（变频调速）；12—流量计；13—药水混合器；14—补水回路阀门；15—补水泵；16—流量计；17—旋启式止回阀；18—加药泵（变频调速）

图12　NX型高效浓缩机外形

paishui bengzhan

排水泵站 （pumping station） 污水泵站、雨水泵站和合流泵站的总称。当排水管道出口处水体水位较高，污水或雨水不能自流排泄，或者水体最高水位高出排水区域地面时，都应在排水管道出口前设置排水泵站。排水泵站的工作特点是它所抽升的水一般含有大量杂质，且来水流量逐日逐时都在变化。排水泵大多为自灌式工作，泵站往往设计成地下式或半地下式。排水泵站一般由格栅、集水池、机器间、辅助间组成，有时设有变电所，集水池用以调节来水的不均匀性，格栅用以阻拦水中较大的固体杂质。泵站按其设置的位置又可分为中途泵站和终点泵站。

雨水泵站 指分流制排水系统中提升雨水的泵站。雨水泵站的特点是流量大、扬程小，大都采用轴流泵，有时使用混流泵。由于不同规模降雨的设计流量不同，所以应使用2~3台泵来适应流量的变化。平坦而易积水地区的雨水泵房中的水泵配置，其总容量可较设计流量大20%~30%，以便在地区积水时，加快积水的排出。

污水泵站 指分流制排水系统中提升污水的泵站。污水泵站的特点是连续进水；水量较小但变化幅度大；水中污染物含量多，对周围环境的污染影响较大。产生易燃易爆和有毒有害气体的污水泵站必须设计为单独的建筑物，并采取相应的防护措施。污水泵站常采用离心式污水泵。污水泵站应设备用泵：当工作台数不大于4台时，备用泵宜为1台；工作台数不小于5台时，备用泵宜为2台。

合流泵站 指合流制排水系统中提升合流污水的泵站。合流泵站配泵时要顾及雨天流量和晴天流量的巨大变化，可采用不同类型及不同流量的泵组组合以利运转，但泵组的品种宜少些。 （彭森）

paishui gongcheng

排水工程 （wastewater engineering） 收集、输送、处理、再生和处置污水和雨水的工程。排水工程是城镇、工业区和居住区不可缺少的重要设施，是城镇、乡村和工业企业基本建设的重要组成部分，同时也是控制水污染、改善和保护环境、优化水资源利用的重要设施。

主要内容 包括两方面：①收集各种排水并及时地将其输送至适当地点的设施，包括排水管渠及其附属构筑物、排水泵站等；②对排水进行妥善处理、再生和处置的设施，包括污水处理厂、再生水厂等。

作用与意义 包括环境保护、卫生和经济三方面。

环境保护方面 有保护和改善环境、消除污水危害的作用，能促进经济、社会和生态环境的可持续发展。

卫生方面 能阻止水中含有的致病微生物引起传染病以及有毒物质引起中毒，保障人民身体健康。

经济方面 保护水资源，实现污水资源化，缓解经济发展带来的水资源压力和水环境压力。

（赵迎新）

paishui tizhi

排水体制 （sewerage system） 又称排水制度，指在一个区域内收集、输送污水（生活污水、工业废水等）和雨水的方式。

排水体制有合流制和分流制两种基本形式。合流制用同一个管渠系统收集、输送污水和雨水，而分流制用不同管渠系统分别收集、输送污水和雨水。分流制排水系统包括污水管网和雨水管网，即将生活污水和工业废水用一套或一套以上的污水管网收集和输送，而雨水用雨水管网收集和输送。合流制排水系统只有一套排水管网。

为了更好地保护环境，一般新建的排水系统均应考虑采用分流制。只有在附近有水量充沛的河流或近海而发展又受到限制的小城镇地区，或街道较窄、地下设施较多、修建污水和雨水两条管线有困难的地区，以及雨水稀少和雨水、污水要求全部处理的地区，才考虑选用合流制排水系统。在一个城市中，有时是混合排水系统，即既有合流制又有分流制的排水系统。混合排水系统通常是在具有合流制排水系统的城市中，因扩建部分采用了分流制而出现的。在大城市中，因各区域的自然条件以及修建条件有很大差别，可以因地制宜地在各区域选用不同的排水体制，但应注意不同排水体制管网之间的连接问题。

分流制 分流制排水系统根据排出雨水方式的不同，又分为完全分流制和不完全分流制。完全分流制排水系统具有完整的污水排水系统和雨水排水系统。不完全分流制排水系统只有污水排水系统，未建雨水管道系统：雨水沿自然地面、街道边沟、沟渠等原有雨水渠道系统排泄，或者在原有渠道排水能力不足之处修建部分雨水管道，待城市进一步发展或有资金时再修建雨水排水系统，逐步改造成完全分流制排水系统。但在传统分流制排水系统中，在污染物浓度较高的初期，雨水径流未经处理就直接排入水体，对水体也会造成污染。因此，需要配套建设雨水储存和处理设施以达到更好的污染控制效果。

分流制排水系统根据是否将不同类型的污水分流分为污污分流和污污合流。污污分流的管道建设成本可能更高，但便于后续污水的分质处理与资源化。例如，生活黑水和生活灰水的分流，工业企业生活污水、工艺废水和冷却水系统排污水的分流，炼油工艺污水中含油污水、含盐污水和含硫污水的分流等。

合流制 合流制排水系统是将污水和雨水混合在同一个管渠系统内排出的管网系统，包括直接排入水体的旧合流制、截流式合流制和全处理式合流制三种形式。将城市的混合污水不经任何处理，直接就近排入水体的排水方式称为旧合流制或直排式合流制。国内外老城区的合流制排水系统均属此类。由于污水对环境造成的污染越来越严重，必须对污水进行适当处理才能减轻城市对环境造成的污染和破坏，为此产生了截流式合流制。截流式合流制是在旧合流制基础上，修建沿河截流干管，在城市下游建污水处理厂，并在适当位置上设置溢流井的管网系统；这种系统可以保证晴天的污水全部进入污水处理厂处理，雨天一部分污水得到处理。在降雨量较小或对水体水质要求较高的地区，可以采用全处理式合流制，即将污水和雨水全部送到污水处理厂处理后再排放。这种方式对环境水质的影响最小，但截流主干管尺寸很大，污水处理厂容量也增加很多，建设投资也相应增高。 （李军　赵迎新）

paishui xitong

排水系统 （wastewater engineering system） 收集、输送、处理、再生和处置污水和雨水的设施以一定方式组合成的总体。

排水 指排除与处理多余水量的措施，分为天然排水和人工排水。天然排水指土地所具有的某种程度的天然地面排水或地下排水。人工排水指天然排水不足以排除地面上自然或人为来水时所采取的人为措施，用来弥补天然排水能力与需要的排水标准之间的差距。

排水系统分类 按照服务区域类型可分为城镇排水系统、工业区排水系统和农村排水系统等；按照所处的位置，可分为室内排水系统和室外排水系统；按排水来源和类型，可分为城镇污水排水系统、庭院污水排水系统、工业园区排水系统、农田排水系统和雨水排水系统等。

排水系统规划 对需要新建、改建或扩建排水工程的城镇、农村、工业企业和工业区的排水系统进行规划和设计，即排水管道系统和处理系统的规划与设计。排水系统规划应遵循以下原则：①应符合区域规划以及城镇、乡村和工业区的总体规划，并应与服务区域内其他单项工程相协调；②要与邻近区域内污水和污泥的处理与处置相协调；③应处理好污染源头治理与末端集中处理的关系；④要考虑排水经再生后回用的方案；⑤应与服务区域内的给水工程和防洪工程相协调；⑥应考虑近期设计和远期发展可能；⑦改建和扩建时充分利用原有排水工程；⑧贯彻执行国家和地方有关部门制定的现行有关标准、规范或规定。

排水系统组成 包括管道系统和处理系统。

管道系统 又称排水管网，是收集和输送排水的设施，其将雨水、废水收集，并及时运送至处理系统或排放地点。包括排水设备、检查井、管渠、水泵站等工程设施。

处理系统 是处理和利用排水的设施，其将排水管网收集输送的废水或受污染雨水进行妥善处理、合理利用。包括城市及工业企业污水处理厂（站）中的各种处理设施、雨水储存和净化设施等。 （赵迎新）

putong shengwu lüchi

普通生物滤池 （trickling filter） 又称滴滤池，是滤料粒径较大、自然通风供氧且进水 BOD 容积负荷较低［通常不大于0.4 kg/(m^3·d)］的一种生物滤池。

沿革 起源于 1889 年美国马萨诸塞州 Lawrence 试验站，其初次采用砾石进行了试验。20 世纪初，美国建成了世界上第一座生产规模的生物滤池装置，在 20 世纪上半叶其得到大范围推广。

构造 由池体、滤料、布水装置和排水系统组成（见下图）。

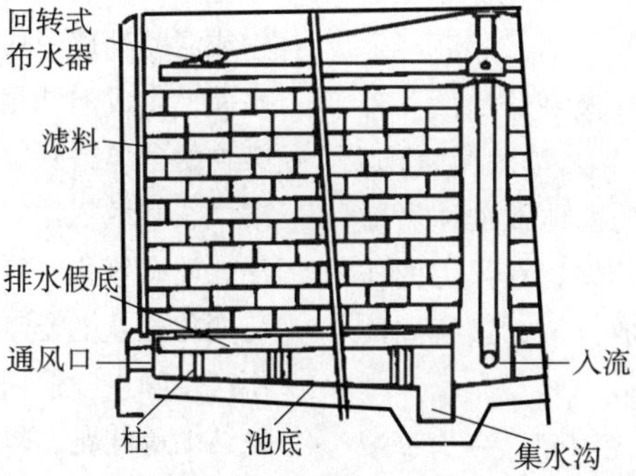

生物滤池剖面结构示意图

池体 普通生物滤池在平面上多呈矩形或圆形。四周围以池壁，池壁起围挡滤料的作用，一般用砖石或混凝土筑造。池壁要能承受滤料的压力，池壁高度一般应高出滤池表面0.5~0.9 m。

滤料 是生物滤池的主体，一般为实心拳状滤料，如碎石、卵石、炉渣和焦炭等，分为工作层和承托层两层填充。总厚度为 1.5 ~ 2.0 m，工作层为 1.3 ~ 1.8 m，粒径一般为 25 ~ 40 mm；承托层厚 0.2 m，粒径为70 ~ 100 mm。

布水装置 作用是向滤料表面均匀地布水，多采用固定式布水系统，由投配池、配水管网和喷嘴三部分组成。

排水系统 设在滤池底部，其作用为排除处理后的污水、保证滤池有良好的通风。排水系统包括渗水装置、集水沟和总排水沟。

特点 优点是处理效果好，对于常规市政污水，BOD_5去除率可达 90% 以上，出水 BOD_5 可控制在 25 mg/L 以下，硝酸盐含量在 10 mg/L 左右，出水水质稳定。缺点是占地面积大，易于堵塞，蚊蝇多，影响环境卫生。

（李军 王文东）

Q

qifuchi

气浮池 (floatation tank) 利用气浮原理进行水处理的构筑物。

原理 气浮是固液分离或液液分离的一种技术。它是通过某种方法产生大量的微气泡，使其与废水中密度接近于水的固体或液体微粒吸附，形成密度小于水的气浮体；在浮力的作用下，气浮体上浮至水面形成浮渣，进行固液或液液分离。

分类 根据气泡产生方式不同，分为电解气浮池、散气气浮池和溶气气浮池。

电解气浮池 采用不溶性阳极和阴极，通以直流电，直接将废水电解。阳极和阴极分别产生氢气和氧气的微细气泡，将废水中的颗粒物或混凝处理形成的絮凝体黏附，使其上浮至水面，生成泡沫层，然后将泡沫刮除，实现污染物的分离去除。电解产生的气泡尺寸远小于溶气法和散气法。除了用于固液分离，电解气浮池还有氧化、脱色和杀菌的作用。对废水负荷变化适应性强，产生的污泥量小，占地少，不产生噪声。但由于电耗及操作运行管理、电极结垢等问题，较难适应处理量大的场合（见图1）。

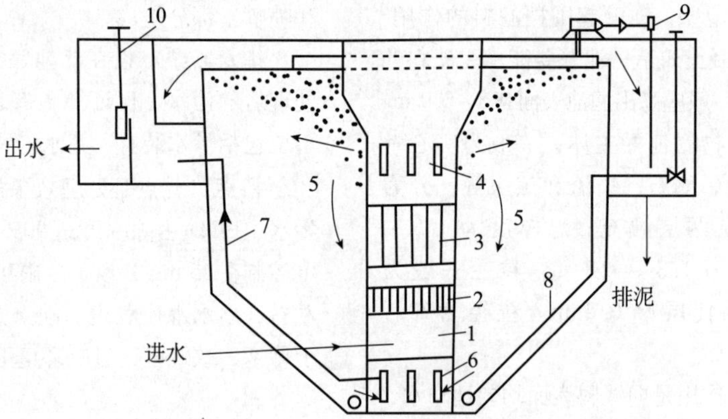

1—入流室；2—整流栅；3—电极组；4—出流孔；5—分离室；6—集水孔；
7—出水管；8—排沉泥管；9—刮渣机；10—水位调节器

图1 电解气浮池

散气气浮池 分为微孔曝气气浮池（见图2）和剪切气泡气浮池（见图3）。微孔曝气气浮池通过陶瓷、塑料等板管使压缩空气形成微气泡并分散于水中而实现气浮。此法简单易行，但所得气泡偏大，直径达1～10 mm，气浮效果不佳。剪切气泡气浮池将空气引至高速旋转叶轮，利用旋转叶轮造成负压以吸入空气，废水则通过叶轮固定盖板上的小孔进入叶轮，在叶轮搅动和导向叶片的共同作用下，空气被粉碎成细小气泡。剪切气泡气浮池宜用于高悬浮物浓度废水处理，设备不易堵塞。

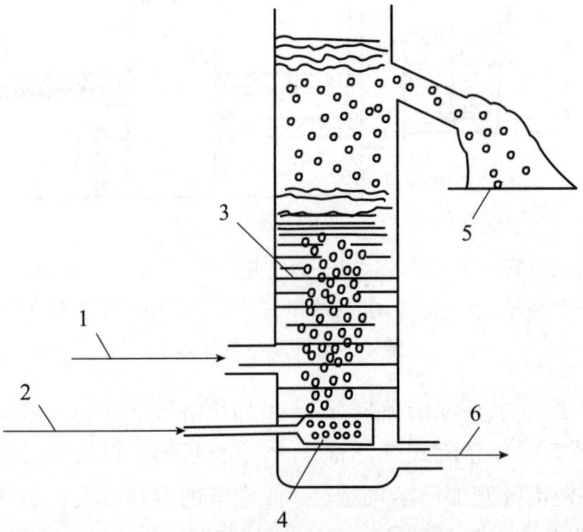

1—入流液；2—空气进入；3—分离柱；4—微孔陶瓷扩散板；5—浮渣；6—出流液

图2　微孔曝气气浮池

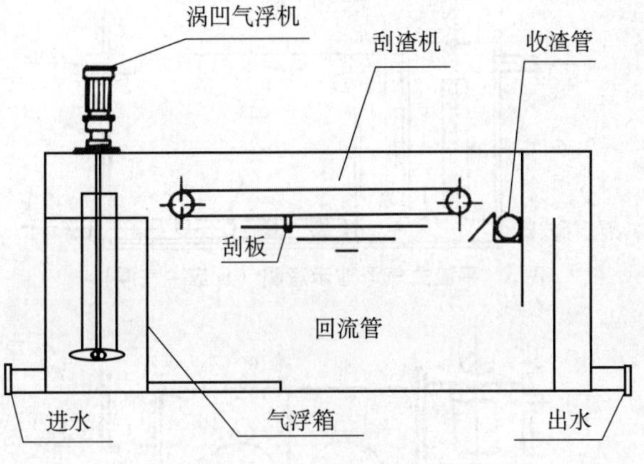

图3　剪切气泡气浮池

溶气气浮池　根据气泡析出时所处压力不同，分为溶气真空气浮池（见图4）和加压溶气气浮池。

溶气真空气浮池　通过将废水在常压下曝气，使其充分溶气，然后在真空条件下，使废水中溶气析出，形成细微气泡，黏附于颗粒杂质上后浮于水面、形成泡沫浮渣而除去。优点是絮体稳定、气浮过程能耗小，缺点是溶气量小、不适于处理含高浓度悬浮物的废水。气浮在负压下运行，刮渣机等设备都要密封在气浮池内，所以气浮池结构复杂，维护运行困难，故应用较少。

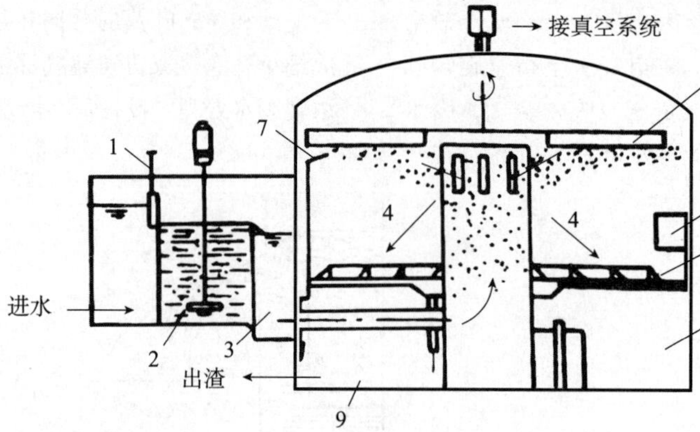

1—入流调节器；2—曝气器；3—消气井；4—分离区；5—环形出水槽；
6—刮渣板；7—集渣槽；8—池底刮泥板；9—出渣室；10—操作室（包括抽真空设备）

图 4　溶气真空气浮池

加压溶气气浮池　根据废水在池内流向又分为平流式气浮池（见图 5）和竖流式气浮池（见图 6）。加压溶气气浮池需配套加压溶气罐，在加压溶气罐内加压条件下使空气溶于水，形成空气过饱和状态的溶气水。然后溶气水进入加压溶气气浮池，经溶气释放器减至常压，使空气析出，以微小气泡释放于水中，实现气浮。空气的溶解度大，微气泡产生数量多，直径小，为 20～100 μm，处理效果好，应用广泛。

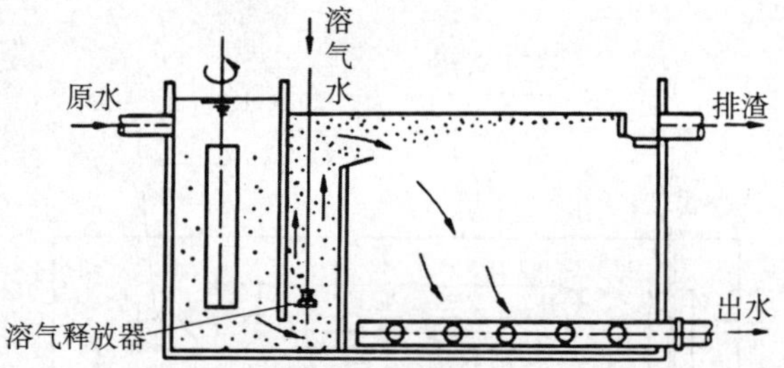

图 5　平流式气浮池示意图（反应－气浮）

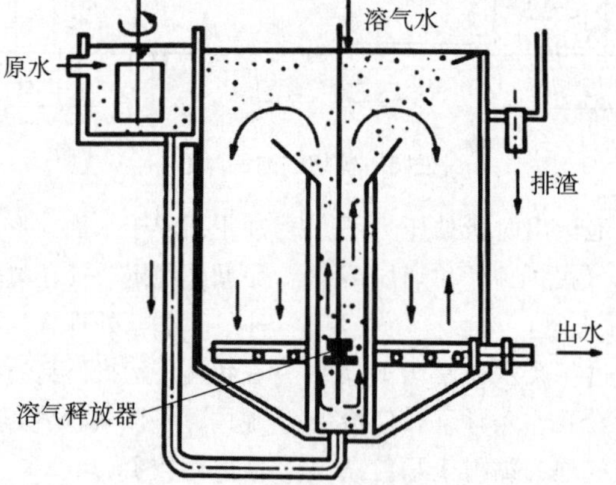

图 6　竖流式气浮池示意图（反应－气浮）

（李军　闫海红）

queyang-haoyang huoxingwunifa tuodan gongyi

缺氧－好氧活性污泥法脱氮工艺（anoxic-oxic activated sludge process for nitrogen removal）又称前置缺氧反硝化生物脱氮工艺、A/O工艺，是通过将缺氧区设置在好氧区之前，污泥和好氧区混合液回流至缺氧区，来去除污水中有机物和氮的活性污泥法工艺。主要变形有分段进水A/O工艺等。缺氧区和好氧区可以是两个独立的构筑物，也可以合建在同一个构筑物内，中间用隔板隔开（见图1和图2）。

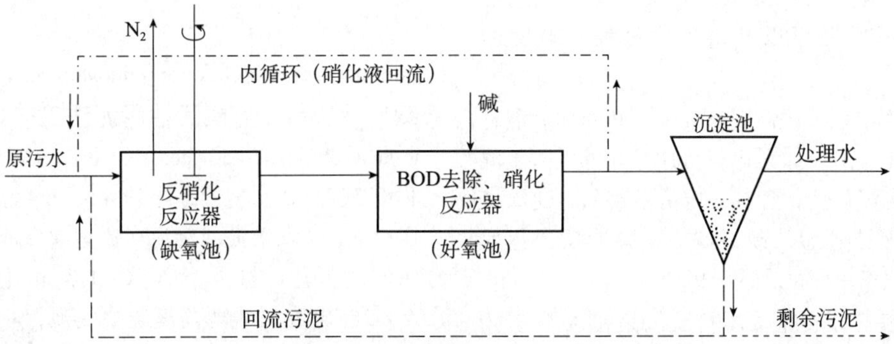

图1 分建式缺氧－好氧活性污泥法脱氮工艺流程

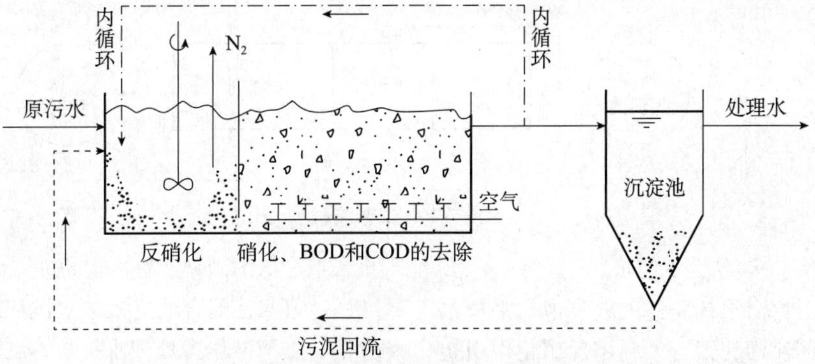

图2 合建式缺氧－好氧活性污泥法脱氮工艺流程

工艺流程 在缺氧－好氧活性污泥法脱氮工艺中，污水先进入缺氧区，再进入好氧区，并且好氧区的混合液（硝化液）与沉淀池的污泥同时回流到缺氧池。污泥和好氧区混合液的回流保证了缺氧区和好氧区中有足够数量的微生物并使缺氧区得到好氧区中硝化产生的硝酸盐。而污水直接进入缺氧区，又为缺氧池反硝化反应提供了充足的有机碳源，使反硝化反应能在缺氧池中得以进行。反硝化反应后的出水又可在好氧池中进行有机物的进一步降解和硝化作用。缺氧－好氧活性污泥法脱氮工艺是一个单级污泥系统，系统中同时存在降解有机物的异养型硝化菌群、反硝化菌群及自养型硝化菌群。混合的微生物群体交替地处于好氧和缺氧的环境中，在不同的污染物组成条件下分别发挥其不同的作用。

优点 包括以下六方面。

①流程简单，省去了中间沉淀池，构筑物少，占地面积小，基建费用及运行费用低。

②以污水中的含碳有机物和内源代谢产物为碳源，节省了外加碳源的费用并可获得较高的碳氮比，保证了反硝化反应的充分进行。

③因好氧池在缺氧池之后，可进一步去除反硝化反应残留的有机物，改善出水水质。

④由于反硝化反应消耗了一部分碳源有机

物（BOD），缺氧池在好氧池之前的工艺组合可以减轻好氧池的有机负荷。

⑤好氧池之前的缺氧池可起到生物选择器的作用，改善活性污泥的沉降性能，以利于控制污泥膨胀。

⑥因缺氧池在好氧池之前，反硝化过程产生的碱度还可以补偿硝化过程对碱度的消耗。

缺点 若要提高脱氮效率，必须加大混合液回流比，因而加大运行费用。此外，回流混合液来自好氧区，含有一定的溶解氧，使缺氧区难以保持理想的缺氧状态，影响反硝化效果，脱氮率一般很难达到90%。

发展 分段进水A/O工艺是在A/O工艺基础上，在生物反应池内交替设置多个缺氧区和好氧区，污水按照一定的比例分别进入各个缺氧区进行反硝化，然后混合液流入好氧区进行有机物氧化和氨氮硝化，再进入缺氧区进行反硝化，最后一级好氧区混合液进入二次沉淀池进行泥水分离。分段进水A/O工艺可在一定程度上解决传统A/O工艺出水总氮偏高问题。

（李军）

queyang-yanyang-haoyang huoxingwunifa gongyi

缺氧－厌氧－好氧活性污泥法工艺 （anoxic-anaerobic-oxic activated sludge process） 简称倒置A^2/O工艺，是缺氧－厌氧－好氧池依次串联，二次沉淀池污泥回流至缺氧池的活性污泥法工艺。与传统A^2/O工艺相比，倒置A^2/O工艺在厌氧池前设置缺氧池，取消了好氧池到缺氧池的混合液内回流，并加大了污泥回流比（见下图）。

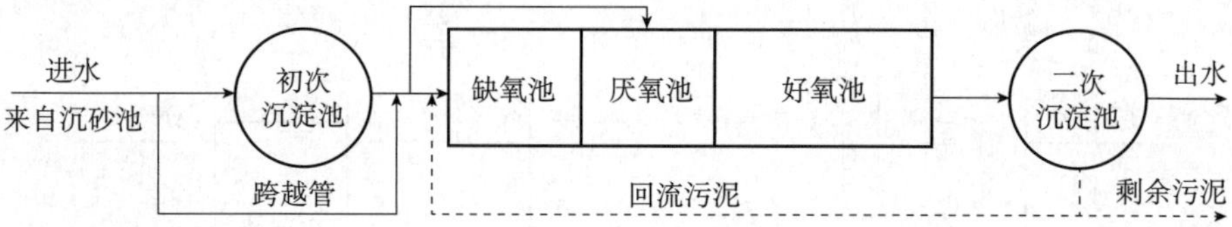

倒置A^2/O工艺流程

工艺过程 包括以下四步。

①一部分原污水首先进入缺氧池与来自二次沉淀池的回流污泥混合，利用反硝化作用实现回流污泥中硝态氮的彻底去除，同时去除部分有机物。

②另一部分原污水进入厌氧池与来自缺氧池的混合液混合，聚磷菌进行磷的释放。

③厌氧池混合液进入好氧池，实现磷的过量摄取、氨的硝化和有机物的进一步去除。

④好氧池混合液进入二次沉淀池进行泥水分离，上清液作为处理水排放，沉淀污泥一部分回流至缺氧池，一部分作为剩余污泥外排。

工艺特点 回流污泥中的硝态氮在缺氧区已消耗殆尽，从而消除了回流污泥中硝态氮对厌氧磷释放的影响。由于缺少混合液回流，总氮去除率受到影响。

（吴昌永）

R

rengong shidi

人工湿地 （artificial wetland） 又称构筑湿地，是用人工筑成水池或沟槽，底面铺设防渗漏隔水层，充填一定深度的基质层，种植水生植物，利用基质、植物、微生物的物理、化学、生物三重协同作用使污水得到净化的污水处理系统。

分类 根据污水在湿地中水面位置和水流方向的不同，可分为表面流人工湿地、水平潜流人工湿地和垂直潜流人工湿地。

表面流人工湿地 又称自由水面人工湿地，指水面位于湿地基质层表面以上，污水从进水端水平流向出水端的人工湿地。通常利用天然沼泽、废弃河道、池塘、沟渠等改造而成。水力负荷一般较低，在达到同等处理效果的条件下，其占地面积要比水平潜流人工湿地大，夏季易滋生蚊蝇，且易受季节影响，但其投资少，运行费用低，维护简单（见图1）。

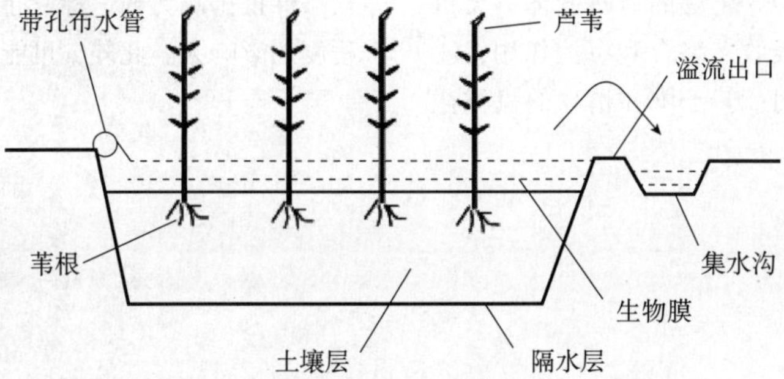

图1 表面流人工湿地

水平潜流人工湿地 指污水在湿地基质层表面以下，从进水端水平流向出水端的人工湿地。污水在根系层中沿水平方向缓慢流动，出口处设集水装置和水位调节装置。由于该系统中好氧生化反应所需氧气主要来自大气复氧，数量不足，因而脱氮效率不高。但对有机物和重金属的去除效果好，受季节影响亦较小（见图2）。

垂直潜流人工湿地 指污水垂直通过池体中基质层的人工湿地。出水收集系统一般设在底部，与水平潜流人工湿地相比，提高了氧气向污水及填料中的转移效率。由于其表层为渗透性良好的砂层，水力负荷一般较高，其对N、P去除效果较好。

原理 通过物理、化学、生物三重协同作用净化污水。其中，物理作用主要是过滤、沉积作用，污水进入湿地，经过填料层及密集的植物茎叶和根系，水中的悬浮物可以被过滤、截留，并沉积在填料中。化学作用主要指化学沉淀、吸附、离子交换和氧化还原反应等，这些

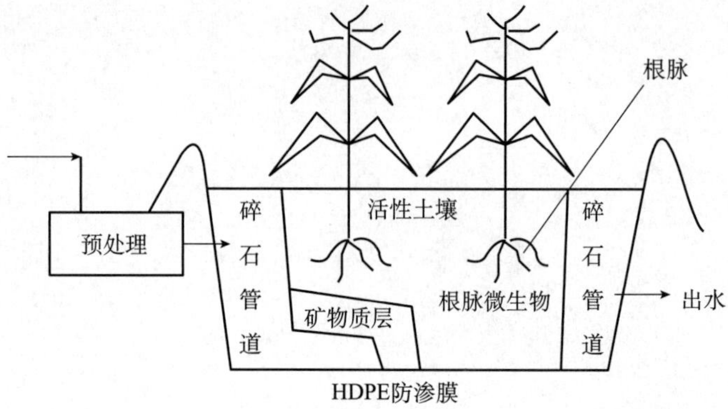

图2　水平潜流人工湿地

化学反应的发生主要取决于所选择的填料类型。生物作用主要指微生物的降解作用和植物的吸收与代谢作用。

基质构成及其净化功能　人工湿地的基质主要由土壤、砂、卵石、人工介质等组成，土壤往往被看成高效的“活过滤器”，它的净化功能主要由下列要素组成：①绿色植物根系的吸收、转化、降解和生物合成作用；②土壤中的细菌、真菌和放线菌等微生物的降解、转化和生物固化作用；③土壤的有机胶体、无机胶体及其复合体的吸收、络合和沉淀作用；④土壤的离子交换作用；⑤土壤和植物的机械截留作用；⑥土壤的气体扩散作用。

特点　优点是投资费用低，建设、运行成本低，处理过程能耗低，污水处理效果稳定可靠，污水处理系统的组合具有多样性和针对性，有良好的景观效应和可持续的经济效益，且运行管理简单。湿地处理系统不设二沉池，处理系统的产泥量较少。其缺点是受气候条件限制较大，设计运行参数不精确，占地面积相对较大，容易产生淤积、饱和现象，对恶劣气候条件抵御能力弱，净化能力受作物生长成熟程度的影响大。此外，可能需要控制蚊蝇滋生。

（李军　卢少勇）

S

sanji huoxingwunifa tuodan gongyi

三级活性污泥法脱氮工艺 (three-stage activated sludge process for nitrogen removal) 通过氨化、硝化、反硝化三级活性污泥系统实现污水脱氮的方法。三级活性污泥法具有各自独立的活性污泥反应池和二次沉淀池，在各自的优化工艺条件下运行。

工艺流程 第一级反应池为一般的二级处理曝气池，其主要功能是降解有机物，使有机氮转化为氨态氮，即完成氨化过程。经过沉淀后，污水进入第二级。第二级反应池为硝化池，实现生物硝化作用，将氨态氮氧化为硝酸盐。经过沉淀后，污水进入第三级。第三级反应池为反硝化池，在缺氧条件下，硝酸盐还原为氮气，实现污水脱氮。既可投加甲醇等作为反硝化碳源，也可引入原污水充作碳源（见下图）。

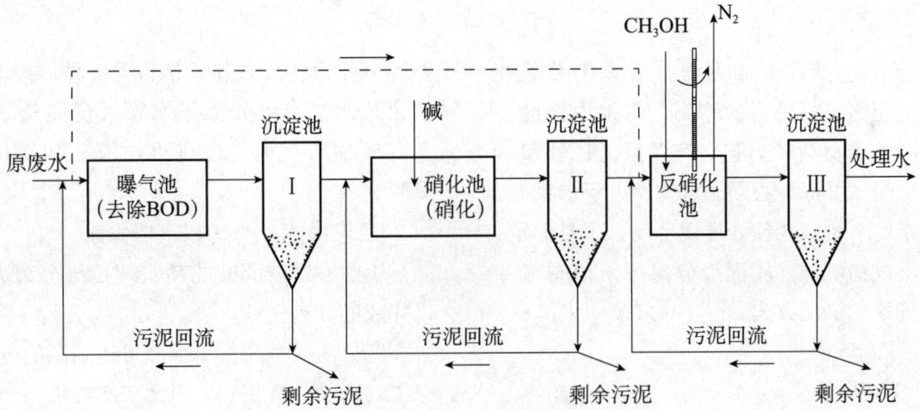

三级活性污泥法脱氮工艺流程

工艺特点 这种系统的优点是有机物降解菌、硝化菌、反硝化菌分别在各处理池内生长增殖，环境条件适宜，反应速率快而且去除较彻底。缺点是处理设备多，造价高，管理不够方便。

发展 除上述三级生物脱氮系统外，在实践中还使用两级生物脱氮系统，即将第一级和第二级合并作为一级，在第一级同时实现有机物降解、含氮化合物氨化和硝化。（李军）

shenjing baoqi huoxingwunifa

深井曝气活性污泥法 (deep well aeration activated sludge process) 一种采用深井曝气池的*活性污泥法*，于20世纪70年代开始在英国实现工业化应用。

结构与原理 深井曝气池由深井和大气

泡脱气池两部分组成，可建成同心圆式、U 管型或中隔墙式等形式（见下图）。深井直径一般为 1～6 m，深度一般采用 50～150 m，其内部设有隔板或内筒，将井体分成升流区和降流区两部分，污水及回流污泥从降流区导入，由升流区排出。在深井中常通过气提作用使深井曝气池混合液循环流动。气提循环是通过升流区和降流区的曝气量控制来形成两个区域混合液的密度差，从而使混合液在其中上升或下降。在深井靠近地面的井颈部分，局部扩大，形成大气泡脱气池，以排除部分气体。活性污泥经受的压力变化较大，有时加压，有时减压，但活性污泥的活性和代谢能力未受影响。深井曝气池内，气液紊流大（雷诺数可达 10^5～10^6），液膜更新更快，气液接触时间更长（3～5 min），溶解氧的饱和浓度随深度的增加而增加，从而促进氧气传递，氧利用率可达 40%～90%，有利于高浓度有机废水的处理。

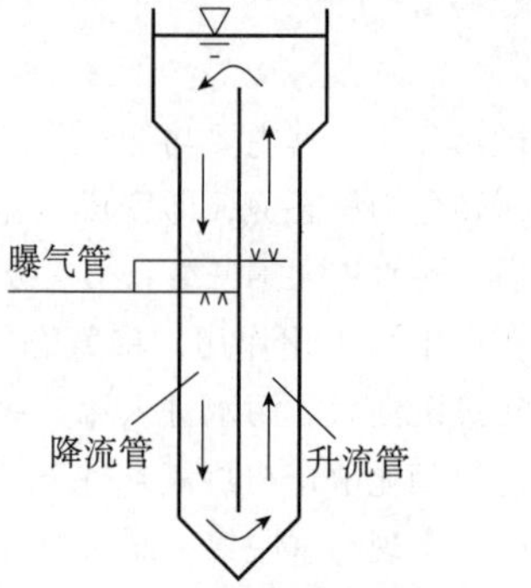

(a) 中隔墙式

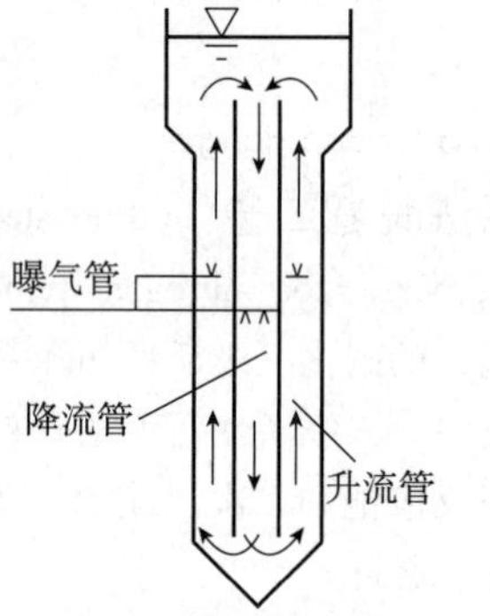

(b) 同心圆式

深井曝气池基本形式

特征 包括以下四方面：①曝气池深度大，充氧能力高，动力效率高，占地少，设备简单，耐冲击负荷能力强，产泥量低，处理不受气候影响。②深井必须采取防腐、反渗措施，防止污染地下水。③预处理视水质、水量而定，一般可不设初沉池。④固液分离可采用脱气－沉淀或气浮－沉淀方式。（席宏波　宋玉栋）

shentou qihua

渗透汽化（pervaporation）　又称渗透蒸发或膜蒸发，是在液体混合物中组分蒸汽压差推动下，利用组分通过膜的溶解与扩散速率的不同来实现分离的过程，是膜分离与蒸发耦合的分离过程。可分为三个步骤：混合物组分被膜材料表面选择性地吸附并溶解；以扩散形式在膜材料内部实现传质；在膜另一侧转为气相并脱附。

渗透汽化膜分类 按膜结构，可以分为均质膜、非均质膜和复合膜；按膜材料的类型，可分为有机高分子膜和无机膜；按膜材料的亲疏水性，可分为亲水膜（优先透水膜）、亲有机物膜（优先透有机物膜）和有机物分离膜。

工艺优点 分为以下四方面。

①能够以较低的能耗实现传统分离方法难以完成的分离任务。

②分离效率高，单级即可达很高的分离度。

③产品虽有相变，但无二次污染。

④过程简单，操作方便。

工艺缺点 膜通量一般较低。

应用 适用于近沸点、恒沸混合物的分离，有机溶剂中微量水的脱除过程，水中少量有机污染物或高价值有机组分的分离过程。大规模工业应用的有乙醇、异丙醇、苯等有机溶剂的脱水。（朱洪涛）

shentoutang

渗透塘（infiltration pond）　一种用于雨水

下渗以补充地下水的洼地，具有一定的净化雨水和削减峰值流量的作用。

适用范围 适用于汇水面积较大（大于 1 hm^2）且具有一定空间条件的区域。但应用于径流污染严重、设施底部渗透面距离季节性最高地下水水位或岩石层小于 1 m 及距离建筑物基础小于 3 m（水平距离）的区域时，应采取必要的措施以防止发生次生灾害。

构造 一般由进水口、前置塘、主塘、溢流竖管四部分构成（见下图）。进水口是集水区径流进入渗透塘的通道，为防止水流冲刷和侵蚀，在进水口设置碎石；前置塘主要利用重力沉降作用去除径流中的大颗粒污染物；主塘的主要功能是渗蓄雨水；溢流竖管用于暴雨条件下的溢流。

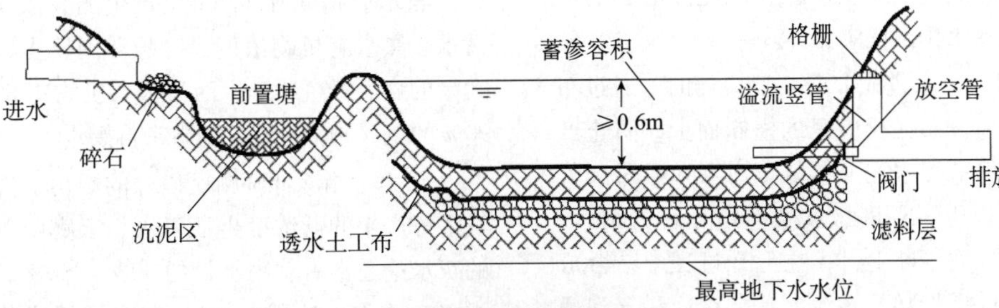

典型渗透塘构造示意图

净化机理 主要通过沉降、过滤作用实现径流的净化。

工艺要求 包括以下四方面：①渗透塘前应设置沉砂池、前置塘等预处理设施，去除大颗粒污染物并减缓流速。有降雪的地方，应采取弃流、排盐等措施防止融雪剂侵害植物。②渗透塘边坡坡度（垂直：水平）一般不大于 1：3，塘底至溢流水位一般不小于 0.6 m。③渗透塘排空时间不应大于 24 h。④渗透塘应设置溢流设施，并与城市雨水管渠系统和超标雨水径流排放系统衔接，渗透塘外围应设置安全防护措施和警示牌。

工艺特点 渗透塘可有效补充地下水、削减峰值流量，建设费用较低，但对场地条件要求较严格，对后期维护管理要求较高。（王灿）

shengliushi yanyang wunichuang

升流式厌氧污泥床 （upflow anaerobic sludge blanket，UASB） 废水通过布水装置依次进入底部的污泥床层和中上部污泥悬浮区，与其中的厌氧微生物进行反应生成沼气，气、固、液通过上部三相分离器进行分离，污泥回落到污泥悬浮区，分离后废水排出系统，同时回收产生的沼气的厌氧反应器。该技术首次把颗粒污泥的概念引入反应器中，是一种悬浮生长型反应器。由荷兰学者 G. Lettinga 等在 20 世纪 70 年代开发。

构造 由 3 个功能区构成，即配水区，反应区（污泥床层和污泥悬浮层）和气、固、液分离区（见下图）。

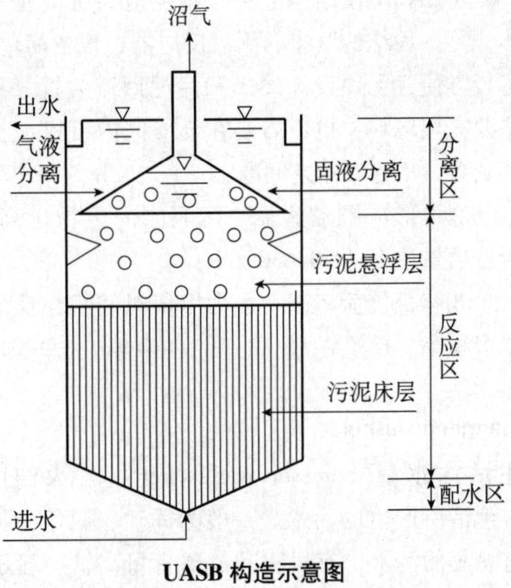

UASB 构造示意图

配水区设在 UASB 反应器底部，其功能是把污水均匀地分配到整个反应器，并对反应器混合液起到搅拌作用。

反应区包括污泥床层和污泥悬浮层，是UASB反应器的核心，是培养和富集厌氧微生物的区域，也是有机物厌氧降解的区域。

气、固、液分离区由沉淀区、集气室和气封组成，其功能是把沼气、厌氧污泥和处理后的废水分离。沼气进入集气室，污泥在沉淀区沉淀并经回流缝回到反应区，沉淀澄清后的废水作为处理水排出反应器。

原理 废水进入UASB反应器时，通过布水器均匀地分布在反应区的横断面上，防止产生死区，保证泥水充分接触。污水在通过厌氧污泥层过程中，有机物被微生物分解为沼气，形成微小气泡不断上升，在上升过程中结合成大气泡，并携带颗粒污泥上浮。在这些气泡碰撞、结合、上升的搅动作用下，污泥床层以上的污泥呈松散悬浮状态。大量与气泡结合的厌氧污泥颗粒不断上升，到达三相分离器下部，首先将气体分离出去，被分离的气体进入集气室，并由管道引出。脱除气泡的污泥在重力作用下沉淀到底部反应区。处理水进入澄清区，经溢流堰排出。

特征 包括以下三方面。

①UASB在结构上集生物反应和沉淀于一体，是一种结构紧凑的厌氧反应器，设备简单，运行方便，无须设沉淀池和污泥回流装置，不需要充填填料，也不需要在反应区内设机械搅拌装置，不存在堵塞问题；

②可形成颗粒污泥，污泥床内生物量高，折合质量浓度达20～30 g/L；

③容积负荷率高、水力停留时间短、反应器容积小、投资省。（李军　宋玉栋）

shenghuo wushui

生活污水（domestic wastewater）　人们日常生活所产生的污水。一般为浑浊、深色、具有恶臭的污水，有机物和氮磷含量高，一般不含毒物。有机物主要为纤维素、油脂、肥皂和蛋白质及其分解产物。无机物以泥沙、矿屑及溶解盐类居多。含有大量肠道微生物，可能含有大量病原菌、病毒和寄生虫卵。生活污水水质和水量明显具有昼夜、季节周期性变化的特点。生活污水量与人们生活水平和生活习惯密切相关，城镇居民生活污水产生量通常高于农村居民。

按照来源和特性，生活污水可分为黑水和灰水。

黑水 指厕所冲洗粪便产生的高浓度生活污水。黑水有机物浓度高，悬浮固体多，含有大量的病原微生物。生活污水有机物中80%～90%的氮、50%～57%的磷来自黑水。

灰水 指除冲洗厕所以外的厨房、洗衣和洗浴等产生的低浓度生活污水。家庭中所产生的灰水量通常占总用水量的50%～80%，一般为70%左右（体积分数）；在商业楼或公共场所，灰水占总用水量比例则有可能更高。不同来源的灰水水质差异很大，主要与用户生活方式、生活习惯、排水类型及家用化学产品的使用情况有关。（付丽亚）

shengwu huoxingtan lüchi

生物活性炭滤池（biological activated carbon filter，BACF）　利用活性炭滤料表面生长微生物的降解作用与活性炭吸附作用共同去除污染物的水处理技术。最初主要用于饮用水的处理，随着近年来污水排放标准的不断提高，逐渐应用于污水深度处理工艺。

机理 生物活性炭滤池处理水的过程涉及活性炭、微生物、污染物（基质）及溶解氧四个因素的相互作用（见下图）。

活性炭与污染物之间的相互作用 属于单纯活性炭吸附，与活性炭的比表面积、孔隙结构、表面化学性质有关，也与污染物的溶解度、分子量、分子极性、分子结构等有关。

活性炭对溶解氧的作用 主要是化学吸附。

微生物与溶解氧的作用 当水中溶解氧足够时，好氧微生物得以生长；溶解氧不足时，兼性微生物及厌氧微生物得以生长。

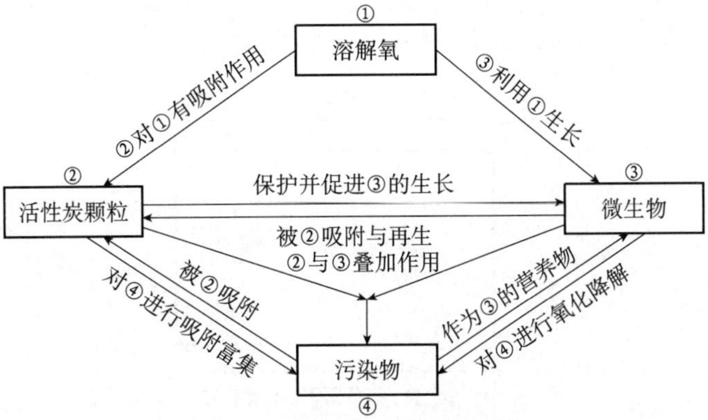

生物活性炭滤池净化机理

微生物与污染物的相互作用 微生物对污染物的降解过程是微生物获取能量和营养的过程，但有时污染物也是微生物代谢活动的抑制剂。

微生物与活性炭的相互作用 活性炭对水中的微生物（包括细菌、真菌、原生动物、藻类及病毒等）具有良好的吸附作用。同时，微生物的存在可实现活性炭的再生，延长活性炭的使用寿命。

特点 包括以下五方面。

①适用于低浓度有机废水的深度处理。一般情况下，微生物对有机物的降解存在一个最小基质浓度，水中有机物浓度低于这一浓度时，微生物降解反应速率很低。由于活性炭对水中有机物有较好的吸附性能，炭表面对有机物的富集提高了微生物的降解速率，适合于废水的深度处理。

②通过微生物降解吸附到活性炭上的有机物，可提高活性炭床达到“穿透”或“失效”时的通水倍数，大大延长活性炭使用周期，降低了活性炭再生成本。

③运行稳定，污染物去除率高。活性炭对溶解氧和有机物的吸附，促进了有机物的生物降解。活性炭对水中有毒物质的吸附，提高了处理工艺耐冲击负荷的能力。

④工艺设备简单，占地面积小，易于实现自动控制，运行管理方便，节省人力。

⑤对色度有较突出的去除效果。 （李军）

shengwu jiechu yanghuachi

生物接触氧化池 （biological contact oxidation tank） 又称淹没式生物滤池，是一种在池内设置高孔隙率、大比表面积填料，池底曝气对污水进行充氧，并使池体内污水处于流动状态的生物膜法处理工艺。

沿革 20世纪20年代，接触曝气法在美国和德国成为正规的废水处理方法，但由于填料表面积过小、填料构造不合理、易堵塞等原因，处理效率较低；20世纪70年代初，日本的小岛贞男采用管式接触氧化对受污染水源进行好氧处理，取得突破性的成功；20世纪80年代，日本将接触氧化法列为小型废水处理首先推荐采用的处理工艺。

构造 主要由池体、填料、支架、曝气装置、进出水装置及排泥管道等组成（见图1）。池体在平面上多呈圆形、矩形或方形，用钢板焊接制成或用钢筋混凝土浇灌砌成。池体总高度一般为4.5～5.0 m，其中填料床高度为3.0～3.5 m，底部布气层高度为0.6～0.7 m，顶部稳定水层高度为0.5～0.6 m。填料是生物膜的载体，它既直接影响污水处理效果，又关系到接触氧化池的基建费用，故选择填料时应从技术和经济两个方面加以考虑。考虑到生物膜的生长增殖和充氧，填料床内应填充比表面积大、孔隙率高的填料，以避免出现堵塞现象。

目前生物接触氧化池中常采用的填料有蜂窝状填料、波纹板状填料、软性填料（软性纤维状填料)、半软性填料和盾形填料等（见图2)。此外，有些早期建设的污水处理厂仍采用砂粒、碎石、无烟煤、焦炭、矿渣等不规则粒状填料。

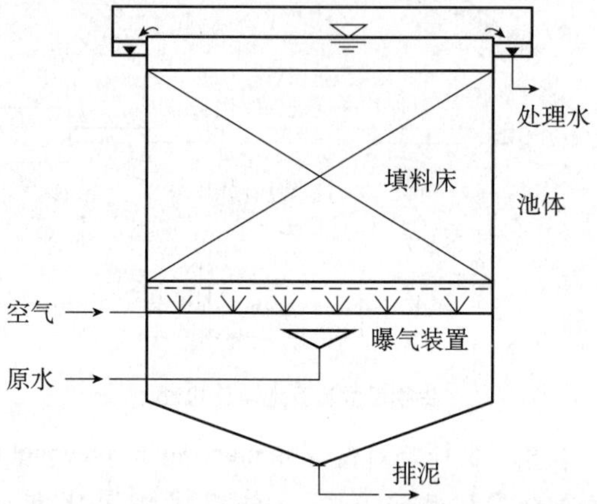

图1　生物接触氧化池示意图

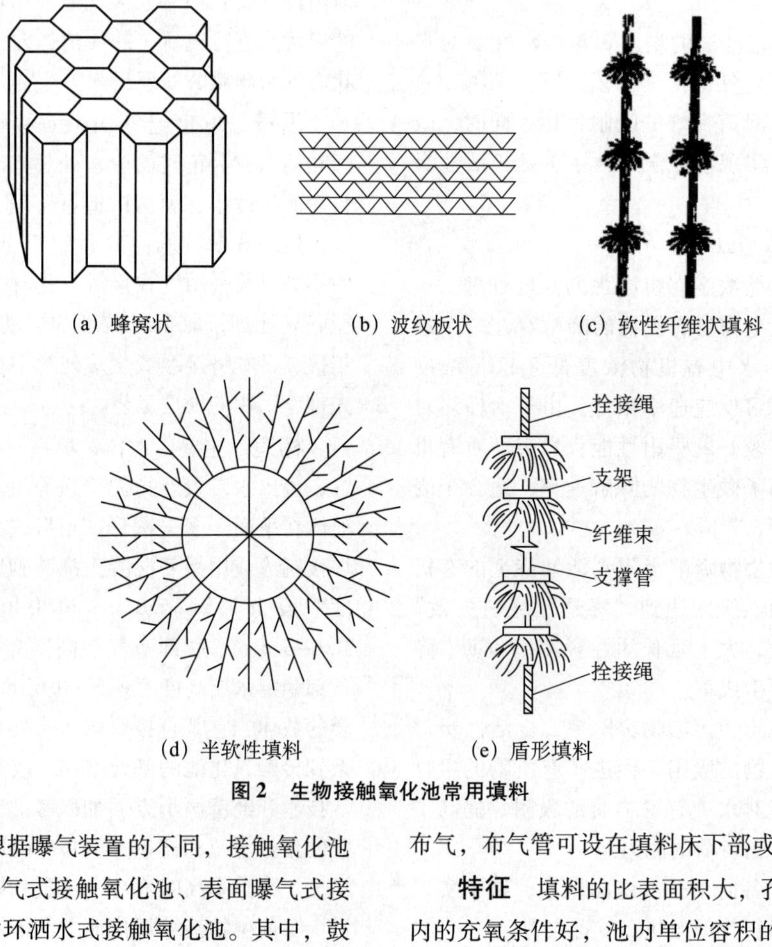

图2　生物接触氧化池常用填料

分类　根据曝气装置的不同，接触氧化池可分为鼓风曝气式接触氧化池、表面曝气式接触氧化池和循环洒水式接触氧化池。其中，鼓风曝气式接触氧化池最为常用，多采用穿孔管布气，布气管可设在填料床下部或其一侧。

特征　填料的比表面积大，孔隙率高，池内的充氧条件好，池内单位容积的生物固体量高，容积负荷高；不需要污泥回流系统，也不存在污泥膨胀问题，运行管理简便；工艺适用范围广，对污水水质和水量骤变的适应能力强，对微污染的饮用水水源水和高浓度污水均能处理；污泥产量低；挂膜简单，启动快，运行中断后恢复快。但生物膜量随负荷增加而增加，如负荷过高，生物膜过厚，则某些填料容易堵塞；填料的设置使接触氧化池构造较为复杂，曝气设备的安装和维护较活性污泥法困难。

（王文东　宋玉栋）

shengwu liuhuachuang

生物流化床（biological fluidized bed）　借助流体（液体、气体）使表面生长微生物的生物颗粒呈流化状态，同时降解和去除污染物的生物膜法处理构筑物。该工艺利用流态化的概念进行操作，是一种强化生物处理、提高微生物降解能力的高效生物处理工艺，克服了生物膜法固定床易堵塞问题。

沿革　早在20世纪30年代，就有人提出在悬浮床、膨胀床或流化床中采用将活细胞固定在颗粒载体上的办法来处理废水的设想。1973年，美国Jeris ns等成功开发了好氧生物流化床技术，用于去除BOD_5和NH_3-N的硝化处理。1975年，美国Ecolotrol公司开发了HY-Flo两相生物流化床工艺。后来又逐渐发展出不同类型和功能的三相生物流化床。

分类　根据生化反应的类型不同，可分为好氧生物流化床和厌氧生物流化床。

好氧生物流化床　以微粒状填料如砂、焦炭、活性炭等作为微生物载体，以一定流速将空气或纯氧通入床内，或通过出水回流方式，使载体处于流化状态，通过载体表面生物膜吸附、氧化废水中的污染物。好氧生物流化床适用于各种可生化有机废水和高氨氮污水的处理。好氧生物流化床按床内气、液、固三相混合程度的不同，以及供氧方式、床体结构、脱膜方式等的差别可分为两相生物流化床和三相生物流化床。

两相生物流化床　工艺流程见图1。其特点是充氧过程与流化过程分开并完全依靠水流使载体流化。在流化床外设充氧设备和脱膜设备，在流化床内只有液、固两相。原废水先经充氧设备充氧，可利用空气或纯氧为氧源使废水中溶解氧达饱和状态。

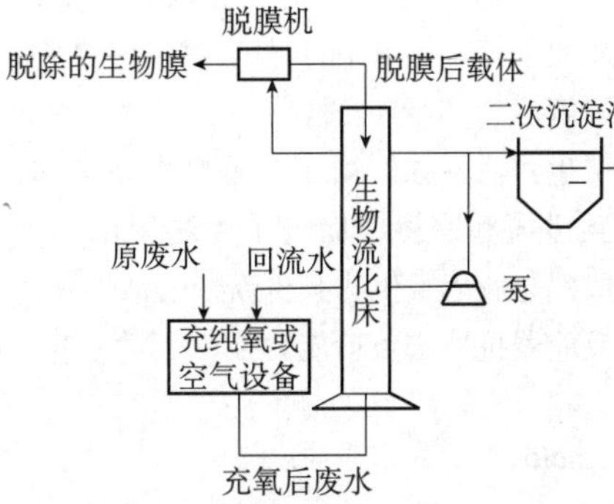

图1　两相生物流化床工艺流程

三相生物流化床　气、液、固三相直接在流化床内接触进行生化反应，不另设充氧设备和脱膜设备，载体表面的生物膜依靠气体的搅动作用和颗粒间的激烈摩擦而脱落。其工艺流程见图2。三相生物流化床的充氧方式有减压释放空气充氧和射流曝气充氧等形式。三相生物流化床设备简单，操作较容易，能耗也较两相生物流化床低。

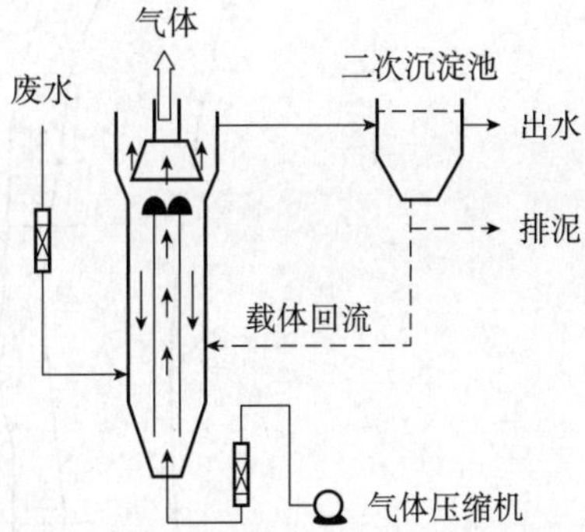

图2　三相生物流化床工艺流程

厌氧生物流化床　可视为特殊的气体进口流量为零的三相流化床。床内虽未曝气，但产甲烷菌产生的气体与床内液、固两相混合即成三相流化状态。厌氧生物流化床既适用于高浓度的有机废水处理，又适用于中、低浓度的有机废水处理。

特征　包括以下四方面。

①生物载体粒径细小，比表面积巨大，反应器内生物量高，有机容积负荷高，水力停留时间短。

②传质效果好。由于载体颗粒在床体内处于剧烈运动状态，气－液－固界面不断更新，因此传质效果好，这有利于微生物对污染物的吸附和降解。

③微生物活性强。由于生物颗粒在床体内不断相互碰撞和摩擦，促进了生物膜的形成、生长、成熟与脱落，生物膜更新快、活性强。

④反应器抗冲击负荷能力强。 （李军）

shengwumofa

生物膜法 （biofilm process） 利用附着生长于固体（载体）表面的微生物进行污水生物净化处理的方法。

沿革 生物滤池是最早的污水生物膜法处理构筑物，发明于19世纪90年代。后来逐步产生了高负荷生物滤池、塔式生物滤池、生物转盘、生物接触氧化等生物膜法处理工艺，之后又逐步发展出了好氧生物流化床、曝气生物滤池、移动床生物膜反应器等新工艺。在厌氧生物处理方面，先后出现了厌氧生物滤池、厌氧生物流化床、厌氧生物转盘等新工艺。

分类 根据生物膜所处溶解氧状态，分为好氧生物膜法、厌氧生物膜法和缺氧生物膜法。

净化机理 微生物附着在载体表面形成黏膜状生物膜。污水流经生物膜表面过程中，有机物、氮磷等污染物和氧气（好氧生物膜）进入生物膜表面的附着水层，并向生物膜内部扩散，进而依靠生物膜内微生物的生物代谢作用实现污染物的降解和去除。

在好氧生物膜反应器中，生物膜最外层形成以好氧微生物为主体的好氧层，而生物膜内层由于溶解氧扩散限制，形成以缺氧和厌氧微生物为主体的缺氧－厌氧层。在缺氧－厌氧层，由于厌氧菌的作用，产生硫化氢、氨和有机酸等代谢产物。这些代谢产物进入好氧层并得到降解和氧化。随着生物膜及其缺氧－厌氧层增厚，内层厌氧代谢产物增多，固着力减弱，生物膜老化、脱落。附着在载体上的生物膜结构见下图。

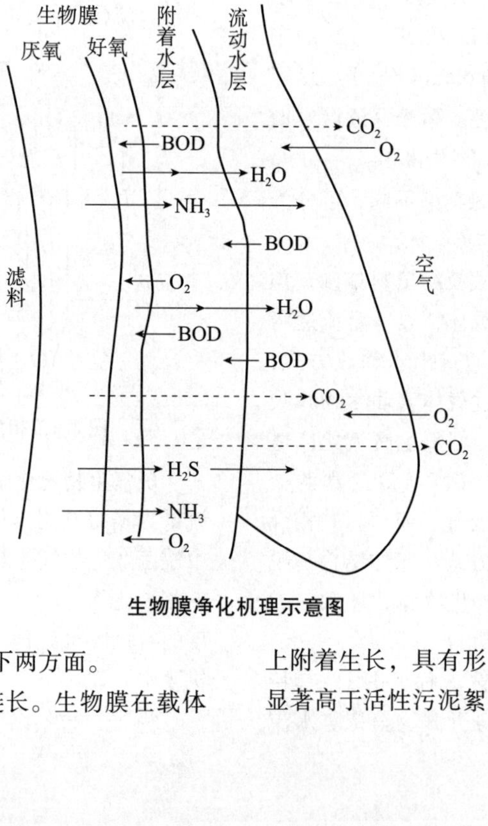

生物膜净化机理示意图

生物相特征 包括以下两方面。

①生物多样化，食物链长。生物膜在载体上附着生长，具有形成稳定生态的条件，厚度显著高于活性污泥絮体半径，生物膜内层和外

层存在污染物浓度、代谢产物、溶解氧和氧化还原电位水平的梯度变化。在生物膜上出现的生物种属比在活性污泥中多样，除细菌、原生动物外，还可能出现真菌、藻类、后生动物及无脊椎生物等，食物链较活性污泥系统更长。特别是在一些生物膜法工艺中，生物膜是由好氧层和厌氧层组成的，生物多样性更高。

②能存活世代时间较长的微生物。生物膜呈附着态，生物污泥平均停留时间长，因此在生物膜上能够生长世代时间较长、增殖速度较慢的微生物，如硝化细菌等。

工艺特征 包括以下四方面。

①对水质、水量波动适应性强，耐冲击负荷，并能稳定处理低浓度污水。

②脱落生物膜沉降性能良好，易于固液分离。

③剩余污泥产量低，污泥处理与处置费用低。在生物膜中，因食物链较长，且生物污泥平均停留时间长，剩余污泥产量较低。

④易于运行管理、节能，可减少污泥膨胀问题。生物膜反应器不需要污泥回流也可保持较高的生物量，易于运行管理。微生物附着生长，即使丝状菌大量繁殖，也不会出现污泥膨胀，还可利用丝状菌较强的分解氧化能力来提高处理效果。

缺点 与传统活性污泥法相比，生物膜法需要较多的载体和支撑结构，在许多情况下基建投资超过活性污泥法；出水常携带脱落的生物膜，并含有大量细小悬浮物，导致澄清度降低。（王文东）

shengwu zhiliu sheshi

生物滞留设施 （bioretention system） 在地势较低的区域，通过植物、土壤和微生物系统滞留、渗滤、净化雨水径流的设施。

分类 分为简易型生物滞留设施和复杂型生物滞留设施，按应用位置不同又分为雨水花园、生物滞留带、高位花坛、生态树池等。

构造 由表面雨水滞留层、种植土壤覆盖层、植被及种植土层、砂滤层和雨水收集等部分组成。

表面雨水滞留层 在系统表面留有一定的低于周边地表标高的空间，用以滞留雨水径流以及当径流量大时暂时储存雨水。

种植土壤覆盖层 在种植土表层铺树叶、树皮等覆盖物，防止雨水径流对表面土层的直接冲刷，减少水土流失。还可以使植物根部保持潮湿，为生物生长和分解有机物提供媒介，并过滤污染物。

植被及种植土层 具有水质净化和景观作用，用于吸收下渗径流中的营养物，在根系周围形成利于污染物生物降解的条件。

砂滤层 在砂滤层和种植土层间添加土工布以防止土壤被侵蚀后进入砂滤层堵塞渗管。渗管开孔率不小于2%，砂滤层采用黄豆大小的滤料。

雨水收集 屋面雨水径流可由雨落管接入生物滞留设施，道路雨水径流可通过路缘石豁口进入，路缘石豁口尺寸和数量应根据道路纵坡等经计算确定。

适用范围 生物滞留设施主要适用于建筑、道路及停车场的周边绿地，以及城市道路绿化带等城市绿地。对于径流污染严重、设施底部渗透面距离季节性最高地下水水位或岩石层小于1 m及距离建筑物基础小于3 m（水平距离）的区域，可采用底部防渗的复杂型生物滞留设施。

净化机理 生物滞留设施可汇集滞留雨水并通过蒸腾、蒸发和下渗作用减少外排雨水径流强度，同时通过沉降、生物降解、营养循环和生物吸收等机制去除污染物。

工艺特点 生物滞留设施形式多样，适用区域广，易与景观结合，径流控制效果好，建设费用与维护费用较低；但对于地下水水位与岩石层较高、土壤渗透性能差、地形较陡的地区，应采取必要的换土、防渗、设置阶梯等措施以避免次生灾害的发生，这将增加建设费用。

（王灿）

shengwu zhuanpan

生物转盘 (rotating biological contactor) 通过缓慢旋转的系列盘片上所附有的生物膜对所接触污水中的污染物进行吸附和降解的生物处理构筑物。

沿革 1900年，生物转盘的初始概念在德国被提出；1930年，完成由铁皮做介质的转盘试验；20世纪60年代，由联邦德国投入工业化应用。

构造 好氧生物转盘由盘片、接触反应槽、转轴及驱动装置组成（见图1）。盘片串联成组，以中心管为转轴，转轴的两端安设在半圆形接触反应槽的支座上。转盘面积的40%左右浸没在槽内的污水中，转轴高出水面10~25 cm。

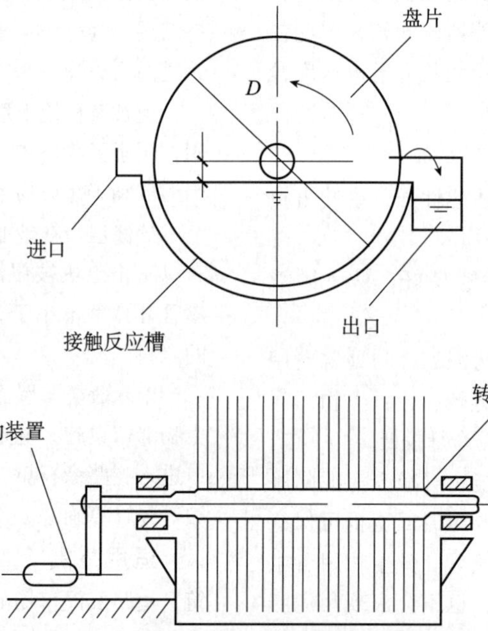

图1　生物转盘构造图

盘片 多采用圆形平板或表面呈同心圆状波纹的圆片，一般采用塑料板、玻璃钢板或金属板制成。

接触反应槽 一般做成与盘片外形基本吻合的半圆形，槽底设有排泥放空管与闸门，槽的两侧设有进出水设备。常用进出水设备为三角堰。对于多级转盘，氧化槽分为若干格，格与格之间设有导流槽。大型氧化槽一般用钢筋混凝土制成，中小型氧化槽多用钢板焊制。

转轴 是支撑盘体并带动其旋转的重要部件，转动轴两端固定安装在接触反应槽两端的支座上。一般采用实心钢轴或无缝钢管，其长度应控制在0.5~7.0 m。

驱动装置 包括动力设备和减速装置两部分。动力设备分为电力机械传动、空气传动和水力传动等方式，国内多采用电力机械传动或空气传动。电力机械传动以电动机为动力，用链条传动或直接传动。对于大型转盘，一般一台转盘设一套驱动装置；对于中、小型转盘，可由一套驱动装置带动一组（3~4级）转盘工作。空气传动兼有充氧作用，动力消耗较省。减速装置常采用蜗轮与齿轮结合方式。

净化原理 当盘片浸没在污水中并缓慢转动时，污水中的污染物被盘片上的生物膜吸附；当盘片离开污水时，盘片表面形成的薄水膜从空气中吸氧，同时在微生物的作用下使吸附的污染物氧化降解。在转盘上附着的生物膜与污水、空气之间分别进行着有机物、NH_3和O_2、

CO_2等的传递（见图2）。圆盘不断地转动，污水中的污染物不断被吸附降解。随着生物膜逐渐增厚，其内部形成厌氧层并开始老化、剥落，剥落的生物膜经二次沉淀池沉淀去除。

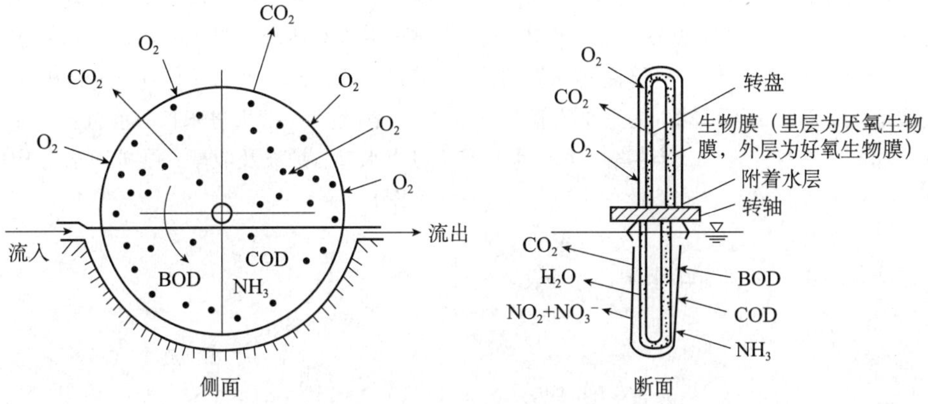

图2　生物转盘净化反应过程与物质传递示意图

布置形式　根据转盘和盘片的布置形式，生物转盘可分为单轴单级式、单轴多级式（见图3）和多轴多级式（见图4），级数主要取决于污水水质、处理程度和现场条件等因素。

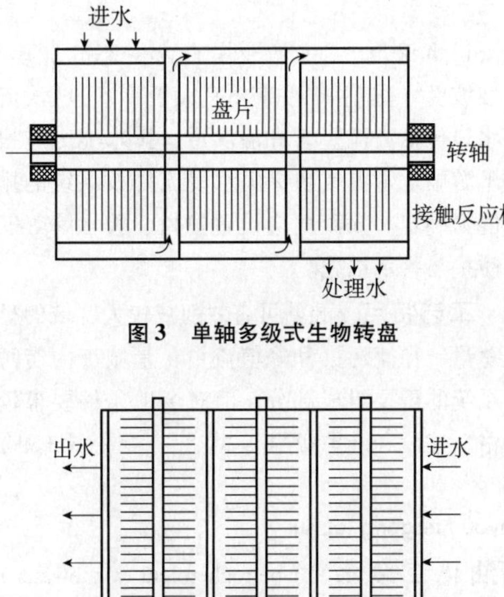

图3　单轴多级式生物转盘

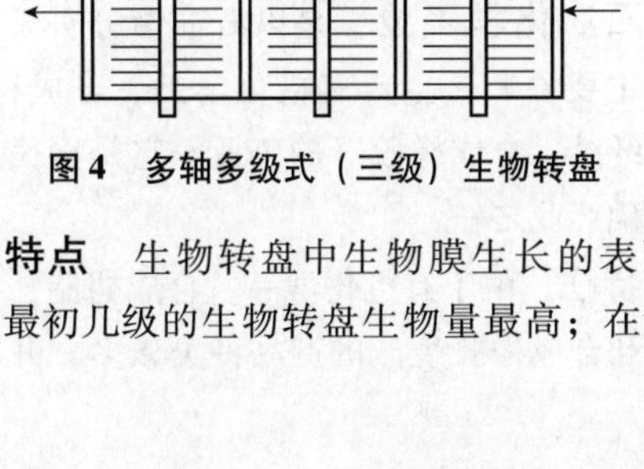

图4　多轴多级式（三级）生物转盘

特点　生物转盘中生物膜生长的表面积大，最初几级的生物转盘生物量最高；在设计合理时不会发生滤料堵塞现象，即使堵塞也很容易清洗；各级转盘之间生物相分级明显；污泥龄较长，有利于硝化细菌等生长缓慢细菌的生长；生物膜上微生物的食物链较长，剩余污泥产量少；接触反应槽不需要曝气或仅需少量空气驱动曝气，也无须污泥回流，动力消耗低；机械设备简单，便于维护管理。但生物转盘对水质与负荷较为敏感，对于负荷和运行条件的变化，在运行调节上灵活性较差。

（李军　王文东）

shidi chuli xitong

湿地处理系统　（wetland treatment system）

将污水投放到土壤经常处于水饱和状态而且生长有芦苇、香蒲等耐水植物的沼泽地上，污水沿一定方向流动，在流动过程中经耐水植物、土壤和微生物联合作用，从而得到净化的一种土地处理工艺。

特点　系统消耗能量少，基建投资和运转管理费用低，处理效果好。特别是对二级污水处理厂难以去除的营养元素有较好的净化效果。可替代二级设施和深度处理设施。

分类　包括自然湿地系统、人工次生湿地系统和人工湿地系统，自然湿地系统和人工次生湿地系统只宜用于污水处理厂处理出水的深度净化，不宜作为直接接纳污水的处理系统。

原理 湿地系统净化污水是基于湿地生态环境中所发生的物理、化学和生物等作用的综合效应，包括沉淀、吸附、过滤、分解、固定、离子交换、络合反应、植物吸收、微生物代谢等过程。大型水生植物有利于提高污水净化率，是湿地生态系统中不可缺少的重要环节。

（李军　卢少勇）

shitang

湿塘（wet pond）　具有雨水调蓄和净化功能的景观水体，雨水同时作为其主要的补水水源。有时可结合绿地、开放空间等场地条件，将湿塘设计为多功能调蓄水体，即平时发挥正常的景观及休闲、娱乐功能，暴雨发生时发挥调蓄功能，实现土地资源的多功能利用。

构造 一般由进水口、前置塘、主塘、溢流出水口、护坡及驳岸、维护通道等构成（见下图）。

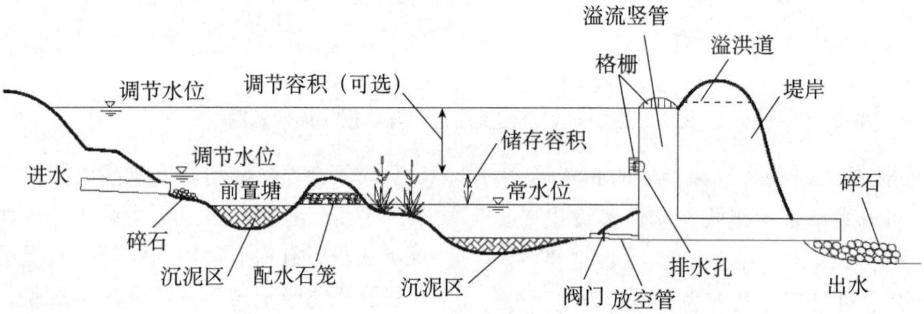

典型湿塘构造示意图

适用范围 湿塘适用于建筑与小区、城市绿地、广场等具有空间条件的场地。

净化机理 湿塘通过储存的方式来削减径流量，主要通过沉降、过滤作用实现径流的净化。

工艺要求 包括以下五方面：①进水口和溢流出水口应设置碎石、消能坎等消能设施，防止水流冲刷和侵蚀。②前置塘为湿塘的预处理设施，起到沉淀径流中大颗粒污染物的作用；池底一般为混凝土或块石结构，便于清淤；前置塘应设置清淤通道及防护措施，驳岸形式宜为生态软驳岸，边坡坡度（垂直：水平）一般为1:2～1:8；前置塘沉泥区容积应根据清淤周期和所汇入雨水径流的悬浮物负荷确定。③主塘一般包括常水位以下的永久容积和储存容积，永久容积水深一般为0.8～2.5 m；储存容积一般根据所在区域相关规划提出的“单位面积控制容积”确定；具有峰值流量削减功能的湿塘还包括调节容积，调节容积应在24～48 h内排空；主塘与前置塘间宜设置水生植物种植区（雨水湿地），主塘驳岸宜为生态软驳岸，边坡坡度（垂直：水平）不宜大于1:6。④溢流出水口包括溢流竖管和溢洪道，排水能力应根据下游雨水管渠或超标雨水浸流排放系统的排水能力确定。⑤湿塘应设置护栏、警示牌等安全防护与警示措施。

工艺特点 湿塘可有效削减较大区域的径流总量、径流污染和峰值流量，是城市内涝防治系统的重要组成部分；但对场地条件要求较严格，建设和维护费用高。（王灿）

shiyou huagong feishui

石油化工废水（petrochemical wastewater）　各类石油化工生产企业排放的废水。

石油化学工业 是以石油馏分、天然气等为主要原料，生产有机化学品、合成树脂、合成纤维、合成橡胶等的工业。它是国民经济的基础产业之一。

特征 由于有机化学品、合成树脂、合成纤维和合成橡胶生产的产品种类繁多，并随其采用的原料性质、加工过程及工艺方法的不同，产生的废水量及污染物组分也不同，且十分复杂，一般具有以下特点。

废水排放量大、来源多 石油化工生产工艺过程较为复杂，废水来源多，且废水排放量较大，除工艺废水外，还排放循环冷却水排污水、设备清洗废水等。

废水中污染物组分复杂 石油化工生产过程中产生的废水，含有油、硫、酚、氰（腈）、COD、氨氮、SS、酸、碱、盐及醇、醚、酮、醛、烃类、有机酸、高分子聚合物等各种特征有机物。

废水处理难度大 石油化工废水中污染物浓度较高，且常含有有毒有害污染物和难生物降解有机物，易对污水生物处理系统产生冲击，造成处理出水难以稳定达标。

治理原则 包括以下六点。

开展水污染全过程控制，实现废水源头减量 不断改进石油化工生产技术及设备，选用无污染或少污染的生产工艺、设备及原材料，最大限度地降低排污量及废水排放量。

节约用水，提高水的重复利用率，降低排水量 根据生产过程对水温、水质的要求不同，采取一水多级串联使用、循环使用、废水处理后再回收利用等方法，减少生产过程的废水排放量。

加强分级控制，搞好污染源的局部预处理和综合回收利用 石油化工工艺过程产生的废水中所含的污染物大多数为生产过程流失的物料及有用物质。因此，治理废水要从加强源头控制、实行废水局部预处理及综合回收利用入手，回收废水中有用的物料，降低消耗，变有害为有利。

严格实行清污分流、污污分治，合理划分排水系统 石油化工产品种类繁多，废水水质、水量特征差异性很大。因此，应主要根据废水的水质特征和处理方法来规划排水系统，以便于开展清污分流、分级控制。

加强综合污水的集中处理 石化基地和园区内通常包含多套石化装置，将经过预处理的污水混合后进行集中达标处理，可通过规模效应，降低污水处理设施的建设投资和运行成本。

建立完善的事故风险分级防控系统 石油化工行业属高事故风险行业。事故发生过程中，消防水等易携带物料进入污水收集系统，进而可能对污水处理系统产生冲击，造成出水超标，因此必须建立多级事故防控系统，防止事故污水不经控制而直接进入污水处理系统。（李军）

shiyou lianzhi gongye feishui

石油炼制工业废水

（petroleum refining industry wastewater） 简称炼油废水，指石油炼制工业生产过程中产生的废水，包括生产废水、污染雨水、生活污水、循环冷却水排污水、化学水制水排污水、蒸汽发生器排污水、余热锅炉排污水等。不包括炼油企业自备电站、锅炉排污水及为其服务的化学水制水排污水。

生产废水类型及特征 生产废水是石油炼制工业废水污染物的主要来源，指石油炼制工业生产过程中与生产物料直接接触后从各生产设备排出的废水，按水质特征分为含油废水、含硫废水和含盐废水。

含油废水 主要包括催化裂化装置的余热锅炉汽包排水，延迟焦化装置的焦化塔冷焦水、切焦水，加氢裂化装置和加氢精制装置的工艺管线导凝排液、原料罐切水、采样口滴液，氧化沥青装置的污油罐排水，酮苯脱蜡装置的酮回收塔排水，润滑油糠醛精制装置的脱水塔排水，含硫废水汽提装置的脱硫净化水等。含油废水主要污染物为石油类、挥发酚等。参见含油废水。

含硫废水 主要包括常减压装置塔顶分离器排水，催化裂化装置的粗汽油罐排水、凝缩油罐排水，延迟焦化装置的分馏塔顶分离罐分离排水，催化重整装置的油气分离器排水、抽真空冷凝水，加氢裂化装置的分馏塔排水，加氢精制装置的汽提塔排水，氧化沥青装置的沥青成型冷却水，硫黄回收装置的酸性气凝结水等。含硫废水主要污染物包括硫化物、氨、石油类等，其中硫化物和氨浓度较高、具有资源化价值。

含盐废水 主要包括原油罐区切水、常减压装置的电脱盐罐排水、催化裂化装置的催化剂再生烟气脱硫废水、催化重整装置的催化剂再生烟气洗涤水、加氢裂化装置的催化剂再生烟气洗涤水、加氢精制装置的催化剂再生器排水、油品和液化石油气的碱洗精制废水等。含盐废水主要污染物为石油类、盐、环烷酸、挥发酚、硫化物等。

处理方法 石油炼制工业废水治理宜遵循清污分流、污污分治的原则。石油炼制工业废水处理系统分为高浓度污水预处理和综合污水处理两部分。

高浓度污水预处理 电脱盐废水采用破乳、除油和降温预处理；含硫污水采用汽提法预处理，回收硫化氢和氨，净化水可用作电脱盐注水、催化富气洗涤用水或其他工艺用水；碱渣废水采用湿式氧化或生物法预处理；气化制氢装置废水采用汽提、沉降预处理；延迟焦化装置冷焦水密闭循环使用，切焦水循环使用；酸碱废水进行中和预处理；罐区油罐切水、清洗排水、槽车清洗水等采用除油预处理。

综合污水处理 炼油综合污水处理系统通常由物化处理单元、生物处理单元、深度处理单元和污泥处理单元四部分组成。当系统存在膜分离深度处理单元以生产高品质再生水时，含盐废水和含油废水通常分开处理，且膜分离产生的浓盐水排入含盐废水处理系统进行处理。

物化处理单元 通常由调节池、隔油池、中和池、均质池、混凝气浮池等组成，主要去除废水中的悬浮油、乳化油等。

生物处理单元 常用的处理工艺包括传统活性污泥法、缺氧/好氧活性污泥法、氧化沟法等，用于去除废水中的有机物和氨氮等。

深度处理单元 常用的深度处理工艺包括混凝沉淀、气浮、过滤等除浊工艺，臭氧氧化、曝气生物滤池和膜生物反应器等进一步去除有机物和氨氮的工艺，以及为生产高品质再生水采用的膜分离技术。

污泥处理单元 油泥及曝气池产生的剩余活性污泥采用离心机进行离心脱水，再进行焚烧处理，或者直接送固体废物堆埋场做填埋处理。隔油池所产生的轻质油送脱水罐，经加热使油水分层后对油进行回收再利用。（宋玉栋）

shipin gongye feishui

食品工业废水 (food industry wastewater)

以农、牧、渔、林业产品为主要原料的食品加工过程中产生的废水。

食品工业分类 按原料分为肉与肉制品工业，禽蛋加工工业，水产品加工工业，水果蔬菜加工工业，粮食加工工业等；按产品分为制糖工业，淀粉工业，食用油脂工业，乳制品工业，含酒精饮料工业，调味品及添加剂工业等。

废水来源 食品工业用水量很大，废水排放量也很大。主要来源于三个生产工段。

原料清洗工段 大量砂土杂物、叶、皮、鳞、肉、羽、毛等进入废水中，使废水中含大量悬浮物。

生产工段 原料中很多成分在加工过程中不能全部利用，未利用部分进入废水，使废水含大量有机物。

成形工段 为增加食品色、香、味，延长保存期，使用了各种食品添加剂，一部分流失进入废水，使废水化学成分复杂。

特征 包括以下四个方面。

废水量大小不一 食品工业从小规模家庭作业到各种大型工厂，产品品种繁多，其原料、工艺、规模等差别很大，废水量从几个 m^3/d 到数千 m^3/d 不等。

生产随季节变化，废水水质、水量也随季节变化 例如，农产品和水产品的加工原料的供应有季节性，废水排放也呈现季节性特征。

废水中可生物降解成分多 一般食品工业的原料来源于自然界有机物质，其废水污染物也以自然界有机物质（如蛋白质、脂肪、糖）为主，不含有毒物质，生物降解性好。

废水有机物浓度高，氮、磷含量高的废水多 在土豆、木薯等高淀粉类原料加工过程中，淀粉等糖类进入废水导致废水有机物浓度较高；在肉类、鱼类、豆类和动物胶加工时，蛋白质等细胞物质进入废水导致氮、磷含量高。

处理方法 采用物化生化组合工艺进行处理。首先采用筛滤、撇除、调节、沉淀、气浮、离心分离等去除废水中的泥沙、油脂、悬浮物和大分子胶体物质，然后采用生物处理工艺实现污水中有机物、氮和磷的有效去除。（李军）

shuihuanjing chengzai nengli

水环境承载能力

水环境承载能力 （water environment carrying capacity） 在某一流域（区域）内及在某一时期特定技术经济水平和社会生产条件下，以及水环境维持水系统的功能和结构不发生明显变化的情况下，所能承载的人口与工农业发展规模阈值。

水环境承载能力是水资源承载力、水环境容量和水生态承载力的综合，是与水有关的综合承载力，它既强调水环境供给水资源的能力，又强调水环境消纳污染物的能力，还强调水环境支撑水生态系统的能力。（沈志强）

shuihuanjing guanli

水环境管理

水环境管理 （water environment management） 国家和地方各级政府依据有关法律法规对各类水体和排污主体进行管理的一系列工作的总称。

主要内容 主要包括水环境规划、水环境监测、水环境模拟、水环境评价、污染源治理、污染事故应急处理、水污染纠纷调解、水环境政策与法规的制定与实施、水环境科研等。

水环境管理制度 我国相继建立了环境影响评价、“三同时”、排污收费、总量控制、排污许可、淘汰落后产业、限期治理、目标责任等水环境管理制度。

环境影响评价制度 指对规划和建设项目实施后可能造成的环境影响进行分析、预测和评估，提出预防或者减轻不良环境影响的对策和措施，以及进行跟踪监测的方法与制度。新建、改建、扩建直接或者间接向水体排放污染物的建设项目和其他水上设施，应当依法进行环境影响评价。

“三同时”制度 建设项目的水污染防治设施应当与主体工程同时设计、同时施工、同时投入使用。水污染防治设施应当符合经批准或者备案的环境影响评价文件的要求，不得擅自拆除或者闲置。

排污收费制度 指向环境排放污染物或超过规定的标准排放污染物的排污者依照国家法律和有关规定按标准交纳费用的制度。征收排污费的目的是促使排污者加强经营管理，节约和综合利用资源，治理污染，改善环境。排污收费制度是“污染者付费”原则的体现，可以使污染防治责任与排污者的经济利益直接挂钩，促进经济效益、社会效益和环境效益的统一。

总量控制制度 指政府对污染严重的区域或有特殊环境功能的区域，限制污染物的排放总量，并对该区域内企业的排污总量进行削减的制度。对某一企业，总量控制制度通常与排污许可制度并行使用。

排污许可制度 直接或者间接向水体排放工业废水和医疗污水以及其他按照规定应当取得排污许可证方可排放废水、污水的企业事业单位和其他生产经营者，应当取得排污许可证；城镇污水集中处理设施的运营单位也应当取得排污许可证。排污许可证应当明确排放水污染物的种类、浓度、总量和排放去向等要求。禁止企业事业单位和其他生产经营者无排污许可证或者违反排污许可证的规定向水体排放废水、污水。

淘汰落后产业制度 国家对严重污染水环境的落后工艺和设备实行淘汰制度。国务院有关部门公布限期禁止采用的严重污染水环境的工艺名录和限期禁止生产、销售、进口、使用的严重污染水环境的设备名录。工艺的采用者应当在规定的期限内停止采用名录中的工艺，生产者、销售者、进口者或者使用者应当在规定的期限内停止生产、销售、进口或者使用名录中的设备。禁止新建不符合国家产业政策的小型造纸、制革、印染、染料、炼焦、炼硫、炼砷、炼汞、炼油、电镀、农药、石棉、水泥、玻璃、钢铁、火电以及其他严重污染水环境的生产项目。

限期治理制度 有关市级、县级人民政府应当按照水污染防治规划确定的水环境质量改善目标的要求，制定限期达标规划，采取措施按期达标；违反法律、行政法规和国务院生态环境主管部门的规定设置排污口的，由县级以上地方人民政府生态环境主管部门责令限期拆除；对由于违法排污行为造成水体污染的企业事业单位和其他生产经营者，要求限期采取治理措施，消除污染，并处以罚款。

目标责任制度 国家实行水环境保护目标责任制和考核评价制度，将水环境保护目标完成情况作为对地方人民政府及其负责人考核评价的内容。省（自治区、直辖市）、市、县、乡建立河长制，各级党政主要负责人担任“河长”，负责组织领导本行政区域内江河、湖泊的水资源保护，水域岸线管理，水污染防治，水环境治理等工作。（宋玉栋 沈志强）

shuihuanjing rongliang

水环境容量 （water environment capacity）

基于一定的（单个或多个）设计水文条件、规定的水质控制目标及限定的排污混合区下的单位时间（一般为年）内水体所能容纳的某种污染物的最大数量，包括稀释容量、自净容量等。

水体自净过程 水体自净的结果是感官性状可基本恢复到污染前的状态，分解物稳定，水中溶解氧增加，生化需氧量降低，有害物质浓度降低，致病菌大部分被消灭，细菌总数减少等。但水体的自净作用有一定限度，超过此限度，仍可使水质进一步恶化。参见水体自净。

影响因素 影响水环境容量的因素很多，主要有：河流、湖泊、海洋等水体的地形和水文条件；水中微生物的种类和数量；水温和复氧状况；污染物的性质和浓度等。

基本特征 包括资源性、区域性、系统性和发展需要性。

资源性 水环境容量是一种自然资源。其价值体现在对排入污染物的缓冲作用，即容纳一定量的污染物后仍能满足人类生产、生活和生态系统的需要；但水域的环境容量是有限的可再生自然资源。

区域性 由于受到各类区域的水文、地理、气象条件等因素的影响，不同水域对污染物的物理、化学和生物净化能力存在明显的差异，从而导致水环境容量具有明显的区域性特征。

系统性 河流、湖泊等水域一般处在大的流域系统中，某一水域的水环境容量受到上游排放污染负荷的影响。

发展需要性 水环境容量将随着水资源情况的不断变化和水环境质量需求的不断提高而发生变化。（沈志强）

shuihuanjing xiufu

水环境修复 （water environment restoration）

利用物理、化学、生物及生态的方法减少水环境中有毒有害物质的浓度或使其完全无害化，将污染了的水环境部分或者完全恢复到原始状态的过程。

目标 针对受损水环境，通过自然修复恢复初始水环境，或通过人工强化实现水环境的修复，实现水环境功能恢复与水生态系统健康。

原则 ①地域性原则：根据地理位置、气候特点、水体类型、功能要求、经济基础等因素，制定适当的水环境修复计划、指标体系和技术途径；②生态学原则：根据生态系统自身的演替规律分步骤、分阶段进行修复，并根据生态位和生物多样性原则构建健康的水生态系统；③最小风险原则；④最大效益原则。

技术 按照采用的修复措施，主要分为3类：①物理修复技术：常用于富营养化水体修复，主要有引水冲刷/稀释、曝气、机械/人工除藻、底泥疏浚等。②化学修复技术：根据水体中主要污染物的化学特征，通过投加的药剂与污染物发生化学反应等方式，改变污染物的形态（化学价态、存在形态等），降低污染物的危害程度。常用的化学修复技术有化学沉淀法、钝化法、酸碱中和法、化学除藻法等。③生物-生态修复技术：包括放养控藻型生物、构建人工湿地和生态浮床等生态修复技术，利用一种或多种微生物来降解有机毒物的微生物修复技术，河道内曝气结合高效微生物处理的修复技术等。（洪喻）

shuiti neiyuan

水体内源 （internal source of water body）产生的污染物不经过输送转移等中间过程直接进入水体的水体内污染源。主要包括水体内船舶、水产养殖、污染底泥以及蓝藻暴发、水生生物疯长形成的间接污染。

船舶污染控制 船舶污染主要由旅游、航运所用船舶产生，其污染物主要有生活污水、生活垃圾及油污染物。为控制船舶污染，应加强对船舶的管理，旅游、航运产生的生活废水、废物应按规定妥善收集、贮存或处理，严禁向湖库中直接排放或抛弃。船舶靠岸后，留在船上的废水和废物应排入岸上接收设施并按环保要求和标准处理。以汽油、柴油为燃料的船舶可改用电力、天然气或液化气等清洁能源，以减少油污染。

水产养殖污染控制 水产养殖污染由残余饵料和养殖对象排泄物引起。水产养殖污染应通过采用自然放养方式、限制网箱养殖规模和养殖密度、及时清除残余饵料、疏浚网箱底泥进行控制，以避免向水中排放的污染物量超过相邻水体的自净能力。

底泥污染控制 底泥是水体的沉积物，是水体的重要组成部分。当污染物进入水体后，水中部分污染物可通过沉淀或颗粒物吸附而蓄存于底泥，适当条件下重新释放，成为二次污染源。底泥污染控制分为原位和异位两种方式。污染底泥堆积较厚的局部浅水区域，宜采用环保底泥疏浚工程（异位）进行治理；深水区域含污染物量大的底泥可在试验研究的基础上，因地制宜地采用原位或异位方式进行治理。（宋玉栋）

shuiti zijing

水体自净 （self-purification of water body）水体被污染后，通过一系列的物理、化学和生物作用，逐渐恢复其原有性状的过程。狭义的水体自净指水体中的微生物氧化分解有机物而使水体得以净化的过程。而广义的水体自净指经过水中物理、化学与生物作用，水体使进入其中的污染物浓度得以降低的过程。地表水的自净过程主要包括混合、日光照射、稀释、沉降、挥发、逸散、中和、有机物的分解、耗氧与复氧、微生物死亡等。

实现方式 水体自净主要通过物理、化学和生物三方面的净化作用来实现，三种作用往往同时发生，相互影响并交织进行。

物理作用 包括可沉性固体逐渐下沉，悬浮物、胶体和溶解性污染物混合稀释等。其中，稀释作用是一项重要的物理净化过程。物理净化能力与污染物的形状、密度等物理特征和受纳水体的水深、流速等水文条件有关。

化学作用 指水体中的污染物通过氧化、还原、中和、吸附、凝聚等反应，其浓度降低和/或存在形态发生变化的过程。化学净化能力与污染物的形态和化学性质、受纳水体水质特征、水文条件、底质组成与特性等因素有关。

生物作用 指进入水体的污染物，经过水生生物降解和吸收作用，其浓度降低或转变为无害物质的过程。生物净化能力与污染物的性质和数量、受纳水体的（微）生物种类及浓度、水温、供氧状况等因素有关。

影响因素 水体的自净能力是有限的，如果排入水体的污染物量超过某一界限，将造成水体的永久性污染，这一界限称为水体的自净容量或水环境容量。影响水体自净的因素主要有水文要素、太阳辐射、底质、微生物和水生生物及污染物的组成和性质等。

水文要素 流速、流量直接影响水流强度和紊动扩散强度。流速和流量大时，不仅水体中污染物稀释扩散能力强，而且水气界面上的气体交换速度也随之增大，污染物挥发和水体复氧能力增强。

水温不仅影响水体中污染物的化学转化速度，而且影响微生物对污染物的生物降解速度。随着水温增加，生化需氧量的下降速度明显加快。但水温过高却不利于水体复氧。

此外，河流中含沙量高有利于对某些污染物的吸附去除，水面结冰会影响水面复氧过程。

太阳辐射 太阳辐射对水体的自净作用有直接影响和间接影响两个方面。直接影响指太阳辐射能使水中污染物发生光转化；间接影响指可以引起水温变化和促进浮游植物及水生植物进行光合作用，促进水体复氧。太阳辐射对浅水水体自净作用的影响比对深水水体大。

底质 底质能富集某些污染物，水体与底质之间也有一定的物质交换过程。这两方面都可能对水体的自净作用产生影响。此外，底质不同，底栖生物的种类和数量不同，对水体自净作用的影响也不同。

微生物和水生生物 水中微生物对污染物有生物降解作用，某些水生生物对污染物有吸收和富集作用，这两方面都能降低水中污染物的浓度。因此，若水体中能分解污染物的微生物和能吸收、富集污染物的水生生物品种多、数量大，对水体自净过程较为有利。

污染物的组成和性质 易于沉淀、光转化和生物降解的污染物显然最容易得以净化，其他污染物在自然状态下通常需要较长时间得以净化。

（洪喻）

shuiwuran

水污染 （water pollution） 在自然循环与社会循环过程中因某种物质的介入，导致水的化学、物理或生物等方面特性的改变，从而影响水的有效利用，危害人体健康或者破坏生态环境、造成水质恶化的现象。

分类 按污染物类型，可分为有机污染、需氧物质污染、营养物质污染、重金属污染、放射性污染、盐（或酸、碱）污染等。按水体类型可分为地表水污染和地下水污染，地表水污染还可分为河流污染、湖泊污染、海洋污染等。从卫生学角度，可分为化学性污染、物理性污染和生物性污染。按污染来源，可分为生活污染、工业污染和农业污染等。

危害 ①造成短缺危机，破坏可持续发展的基础；②降低饮用水的安全性，威胁人体健康；③影响农产品和渔业产品质量安全；④危害水生态系统；⑤危害工业生产过程，如造成设备管道的腐蚀、结垢等，甚至造成生产事故。

（沈志强　宋玉栋）

shuiwuran quanguocheng kongzhi

水污染全过程控制 （whole process control of water pollution） 在废水产生、混合、输送、处理、回用或排放的整个过程中，综合采用源头减量、过程资源化减排和末端处理等措施，实现水污染物经济高效减排的过程。水污染全过程控制是与末端处理不同的一种污染控制模式，包含园区和装置两个层面。

园区层面的废水污染全过程控制 指以排放废水的生产装置为源头，以废水混合、预处理等为过程，以综合污水处理厂为末端的全过程控制。这个模式以园区废水污染控制系统整体优化为主要目标，根据废水组成、特性及产排特征，识别园区废水污染控制关键生产装置及污染物；按照废水分质治理的理念，根据各类减排措施的技术经济性能，针对不同水质废水采取不同的污染物减排策略；在此基础上，统筹协调并充分发挥企业装置源头减量、过程资源化减排和综合污水处理厂末端处理等各环节的减排能力，以提高污染控制效率，降低总体污染控制成本。

装置层面的废水污染全过程控制 指以装置生产过程为源头，以资源化回收、废水混合为过程，以废水预处理或达标处理为末端的全过程控制。以实现装置废水污染物经济高效减排为主要目标，通过原料替代、工艺改进、设备及工艺运行优化等源头减量措施减少生产过程中的污染物产生量；通过废水有用物料回用或循环利用、高毒性废水脱毒、高浓度有机废水能源回收等废水过程资源化减排措施减少装置的污染物排放量；通过不同节点废水的分质处理提高污染控制的技术经济性能；通过对源头减量、过程资源化减排和末端处理环节的整体优化，降低整个装置的污染控制成本。

（沈志强）

shuiwuranwu paifang biaozhun

水污染物排放标准 （discharge standard of water pollutants） 为满足水环境质量标准的要求，对水污染物排放浓度、数量所规定的最高允许值。水污染物排放标准根据控制形式可分为质量浓度标准和总量控制标准。根据地域管理权限可分为国家排放标准和地方排放标准。

质量浓度标准 规定了排出口向水体排放污染物的质量浓度限值，其单位一般为mg/L。我国现有的国家标准和地方标准基本上都是质量浓度标准。质量浓度标准的优点是指标明确，管理方便。但由于未考虑排放水量的大小以及受纳水体的环境容量大小、性状和要求等，因此不能完全保证水体的环境质量达标。另外，企业也可能通过稀释来达到质量浓度标准，造成水资源浪费、水污染加剧。

总量控制标准 是以与水环境质量标准相适应的水体环境容量为依据而设定的。水体的水环境质量要求越高，则环境容量越小。这种标准可以保证水体的质量，但对管理技术的要求高，需要与排污许可制度相结合进行总量控制。

国家排放标准 按照污水来源和排放去向，规定了水污染物最高允许排放浓度，适用于排污单位污染物的排放管理，以及建设项目的环境影响评价、建设项目环境保护设施设计、竣工验收及投产后的排放管理。我国现行的国家排放标准主要有《污水综合排放标准》（GB 8978—1996）、《城镇污水处理厂污染物排放标准》（GB 18918—2002）、《污水排入城市下水道水质标准》（GB/T 31962—2015）、《污水海洋处置工程污染控制标准》（GB 18486—2016）以及部分行业的排放标准，如《制浆造纸工业水污染物排放标准》（GB 3544—2008）、《纺织染整工业水污染物排放标准》（GB 4287—2012）、《肉类加工工业水污染物排放标准》（GB 13457—1992）等。

地方排放标准 省、自治区、直辖市等根据经济发展水平和管辖地水体污染控制需求，可以根据《中华人民共和国环境保护法》《中华人民共和国水污染防治法》制定地方污水排放标准，并在国家生态环境主管部门备案。地方排放标准可以增加污染物控制指标数，但不能减少；可提高对污染物排放标准的要求，但不能降低要求。

（沈志强）

shuiwuranyuan

水污染源 （water pollution source） 造成水体环境污染的污染物发生源，通常是指向水体排放污染物或对水体环境产生有害影响的场所、设备、装置和途径。

按照污染物的产生过程分为天然污染源和人为污染源两大类，其中人为污染源按人类活动方式分为工业、农业、生活、交通等污染源。按照污染源分布和排放特征，可分为点污染源、面污染源和扩散污染源；按污染源位置的动态状况，可分为固定式污染源和移动式污染源等。按污染源释放的有害物质种类可分为物理性污染源（如热、放射性物质等）、化学性污染源（如无机物和有机物）、生物性污染源（如细菌、病毒等）。

工业水污染源 工业生产过程中向水体排放含有害物质废水的生产场所、设备、装置和途径。工业生产中的各个环节（如原料生产、加工、燃烧、加热和冷却、成品整理等过程）使用的生产设备或生产场所都可能成为工业污染源。

农业水污染源 农业（包括畜禽养殖业、水产养殖业和种植业）生产过程中对水体造成有害影响的场所或设施。畜禽养殖粪污和冲洗水、水产养殖尾水和农田径流等均会造成水体污染。

生活水污染源 向水体排放生活污水的场所、装置和途径，包括第三产业及居民生活源。

交通水污染源 包括固定源和流动源。

固定源包括码头、火车站、汽车站、飞机场等。流动源主要是水面上的船舶，污染包括船舶机油泄漏造成的水体油污染，船舶生活污水、生活垃圾向水体排放造成的有机污染。

集中式污染治理设施排放源 包括污水处理厂、垃圾处理厂（场）、危险废物（医疗废物）处理（处置）厂等集中式污染治理设施。（沈志强）

shui xiaodu chuli

水消毒处理 (disinfection of water and wastewater) 灭活水中病原微生物，使水的微生物指标满足水质标准要求的处理过程。

消毒方法 主要有氯消毒、二氧化氯消毒、氯胺消毒、次氯酸钠消毒、臭氧消毒等。

氯消毒 优点是经济有效，使用方便。缺点是受污染的水经氯消毒后往往产生一些有害健康的副产物。

二氧化氯消毒 优点是对细菌、病毒等有很强的灭活能力，消毒能力比氯强；二氧化氯余量能在管网中保持较长时间；消毒效果受水的pH影响较小；不会与水中有机物作用生成三氯甲烷。缺点是一定浓度的二氧化氯可能会对人体红细胞、神经系统及生殖系统有损害。

氯胺消毒 优点是当水中含有有机物和酚时，氯胺消毒不产生氯臭和氯酚臭，同时大大减少消毒副产物产生的可能；能保持水中余氯较久，适用于供水管网较长的情况。缺点是杀菌力弱。

次氯酸钠消毒 优点是可以用海水或浓盐水作为原料现场配制、产生次氯酸钠，使用方便，投量容易控制。缺点是需要有次氯酸钠发生器与投加设备。见次氯酸钠消毒。

臭氧消毒 优点是杀菌和氧化能力均比氯强，且不产生三卤甲烷等副产物。缺点是中间产物可能存在毒性物质或致突变物。见臭氧消毒。

消毒剂 是用于杀灭传播媒介中的病原微生物，使其达到无害化要求的制剂。它将病原微生物消灭于人体之外，切断传染病的传播途径，达到控制传染病的目的。人们也常称消毒剂为“化学消毒剂”。常见的消毒剂产品按作用的水平可分为4种：灭菌剂、高效消毒剂、中效消毒剂、低效消毒剂。以成分分类主要有9种：含氯消毒剂、过氧化物类消毒剂、醛类消毒剂、醇类消毒剂、含碘消毒剂、酚类消毒剂、环氧乙烷、双胍类消毒剂和季铵盐类消毒剂。其中，常用的水消毒剂主要为含氯消毒剂和过氧化物类消毒剂。

含氯消毒剂 是溶于水并产生次氯酸的消毒剂，其有效成分常以有效氯表示。次氯酸分子量小，易扩散到细菌表面并穿透细胞膜、进入菌体内，使菌体蛋白氧化，导致细菌死亡。含氯消毒剂可杀灭各种微生物，包括细菌繁殖体、病毒、真菌、结核杆菌和抗力最强的细菌芽孢。这类消毒剂包括液氯、无机氯化合物（如次氯酸钠、次氯酸钙、氯化磷酸三钠）、有机氯化合物（如二氯异氰尿酸钠、三氯异氰尿酸、氯胺T等）。用于水消毒的含氯消毒剂主要为液氯、次氯酸钠、次氯酸钙等。

过氧化物类消毒剂 具有强氧化能力，各种微生物对其十分敏感，其可将所有微生物杀灭。这类消毒剂包括过氧化氢、过氧乙酸、二氧化氯和臭氧等。它们的优点是消毒后在物品上不留残余毒性。二氧化氯对细胞壁有较强的吸附和穿透能力，放出原子氧等氧化剂对细胞内的含巯基的酶进行氧化以起到杀菌作用。大量研究显示，二氧化氯是安全、无毒的消毒剂，无“三致”（致癌、致畸、致突变）效应，同时在消毒过程中也不与有机物发生氯代反应、生成可产生“三致”作用的有机氯化物或其他有毒类物质。

给水消毒 是给水处理系统中杀灭病原微生物的处理过程。给水系统中，地表水源水（一般经过简单沉淀处理或直接进行消毒处理）中的水经混凝沉淀、过滤以后，能除去大部分细菌，但远远达不到《生活饮用水卫生标准》（GB 5749—2006）中规定的要求（饮用水消毒合格指标为1 L水中的大肠杆菌数少于3个），需进行最后的消毒处理。常用的给水消毒方法有液氯消毒、臭氧消毒、紫外线消毒等。其中液氯消毒法由于价格低廉，消毒效果好，应用最广。但因其在消毒过程中可产生致癌有机氯化物，且对病毒、孢囊的杀灭能力较差，近来臭氧或紫外线消毒的应用在增多。

污水消毒 是生活污水和某些工业废水处理系统中杀灭病原微生物的水处理过程。生活污水和某些工业废水中存在着大量细菌、病毒和阿米巴孢囊等。它们通过一般的废水处理过程还不能被杀灭。城市污水处理系统中普通生物滤池只能除去80% ~90%的大肠杆菌，活性污泥法也只能去除90% ~95%。为了防止疾病的传播，污水（废水）一般经机械、生化二级处理后，仍需要进行消毒处理。常用的污水消毒处理方法有加氯消毒、紫外线消毒、臭氧消毒和二氧化氯消毒等，各方法的技术性能和经济性能比较分别见表1和表2。

表1 污水处理厂消毒方法技术性能比较

比较项目	液氯消毒	二氧化氯消毒	臭氧消毒	紫外线消毒
消毒设备的可靠性	较高	一般	一般	较高
消毒设备的复杂性	简单	复杂	复杂	一般
对细菌的杀灭情况	很好	很好	很好	很好
对病毒的杀灭情况	很差	很差	很好	很好
对芽孢的杀灭情况	很差	较差	很好	很好
二次污染	有	有	无	无
消毒时间	很长	较长	较短	很短
消毒持久性	较长	很短	很短	无
与氨的反应	有	有	有	无
消毒剂毒性	较大	较大	较小	无
消毒装置安全性	较差	较好	一般	很好
消毒装置能耗	很低	较低	很高	较低
脱色去味效果	基本无	基本无	明显	无
pH 对消毒的影响	较大	较大	很小	无
适用的污水处理厂规模	大，中	中，小	小，极小	大，中，小

表2 污水处理厂消毒方法经济性能比较

比较项目	液氯消毒	二氧化氯消毒	臭氧消毒	紫外线消毒
土建投资	较大	较大	较小	很小
占地面积	较大	较大	较大	很小
辅助投资	一般	较大	较大	很小
设备投资	较大	一般	很大	一般
运行费用	很低	较低	很高	较低

消毒工艺选择 应考虑以下因素：①杀灭病原微生物的效果；②控制和监测的难易；③剩余消毒剂的有无；④对水的感官性状的影响；⑤副产物对健康和环境风险的影响，以及预防或消除的可能性；⑥经济技术上的可行性。

（李军）

shuiyu gongneng

水域功能 （function of water body） 依据水域的水质状况、环境功能和保护目标确定的满足不同水质要求的功能级别。它是水环境管理和水资源开发利用的重要依据。

地表水水域功能 《地表水环境质量标

准》（GB 3838—2002）针对江河、湖泊、运河、渠道、水库等具有使用功能的地表水水域划分了5类满足不同水域功能的水环境质量：Ⅰ类，主要适用于源头水、国家自然保护区；Ⅱ类，主要适用于集中式生活饮用水地表水源地一级保护区、珍稀水生生物栖息地、鱼虾类产卵场、仔稚幼鱼的索饵场等；Ⅲ类，主要适用于集中式生活饮用水地表水源地二级保护区、鱼虾类越冬场、洄游通道、水产养殖区等渔业水域及游泳区；Ⅳ类，主要适用于一般工业用水区及人体非直接接触的娱乐用水区；Ⅴ类，主要适用于农业用水区及一般景观要求水域。

海水水域功能 《海水水质标准》（GB 3097—1997）划分了4类满足不同海域功能的海水水质：第一类，适用于海洋渔业水域、海上自然保护区和珍稀濒危海洋生物保护区；第二类，适用于水产养殖区、海水浴场、人体直接接触海水的海上运动或娱乐区以及与人类食用直接有关的工业用水区；第三类，适用于一般工业用水区、滨海风景旅游区；第四类，适用于海洋港口水域、海洋开发作业区。

地下水水域功能 《地下水质量标准》（GB/T 14848—2017）划分了5类满足不同功能的地下水质量：Ⅰ类，主要反映地下水化学组分的天然低背景含量，适用于各种用途；Ⅱ类，主要反映地下水化学组分的天然背景含量，适用于各种用途；Ⅲ类，以人体健康基准值为依据，主要适用于集中式生活饮用水水源及工业、农业用水；Ⅳ类，以农业和工业用水要求为依据，除适用于农业和部分工业用水外，适当处理后可用作生活饮用水；Ⅴ类，不宜饮用，其他用水可根据使用目的选用。

（沈志强　宋玉栋）

shuizhi

水质 （water quality）　水质量的简称，它标志着水的物理特性（如温度、色度、浊度、臭味、放射性等）、化学特性（无机物和有机物的含量等）和生物特性（生物浓度及对生物的毒性等）的状况。为了要描述或评价水质状况，规定出一系列的水质指标和水质标准等。

物理学指标 包括水温、色度、臭味、浊度、透明度、放射性等。

化学指标 包括pH、有机污染综合指标（如化学需氧量、生化需氧量、高锰酸盐指数、总有机碳等）、特定有机物指标（包括苯系物、挥发性卤代烃、酚类化合物、氯苯类化合物、苯胺类化合物、硝基苯类、邻苯二甲酸酯类、有机氯农药、有机磷农药、多环芳烃、二噁英类、多氯联苯、阴离子表面活性剂、微囊藻毒素、挥发酚、石油类等）、无机物指标（如硫化物、氰化物、硫酸盐、氯化物、氟化物、游离氯、总氯、总磷、溶解性磷酸盐、氨氮、总氮等）、金属及其化合物指标（如汞、铬、镉、铅、铜、锌、铁、锰等）等。

生物学指标 包括水生生物指标（如浮游生物、着生生物、底栖动物、鱼类等）、细菌学指标（如细菌总数、总大肠菌群、粪大肠菌群等）和毒性指标（如发光细菌急性毒性、藻类急性毒性、溞类急性毒性、鱼类急性毒性、溞类慢性毒性、鱼类慢性毒性、遗传毒性、内分泌干扰性、活性污泥抑制性等）等。

水质基准 能使水体适合指定用途和功能的水质水平，水质指标超出这些水平可能导致用于饮用、游泳、农业、渔业生产或工业过程等指定用途和功能的水体变得有害。例如，水环境质量基准是水体中污染物对特定对象（人或其他生物）不产生不良或有害效应的最大剂量（无作用剂量）或浓度，是以保护人体健康、保护水生生物及水体功能和保护野生动物为核心目标的水质基准。水质基准是制定水质标准的基础和科学依据。

水质标准 国家、部门或地区规定的各种水体、用水或排放水在物理、化学、生物性质方面所应达到的要求。它是在水质基准基础上产生的具有法律效力的强制性法令，是判断水质是否适用的尺度，是水质规划的目标和水质管理的技术基础。对于不同用途的水质，有不同的要求，从而根据水质基准、自然环境、技术条件、经济水平、损益分析，制定出不同的水质标准。中国已制定、颁布了一系列水质标准，如《生活饮用水卫生标准》（GB 5749—2006）、《农田灌溉水质标准》（GB 5084—2021）、《渔业水质标准》（GB 11607—1989）、《海水水质标准》（GB 3097—1997）、《地表水环境质量标准》（GB 3838—2002）、《地下水质量标准》（GB/T 14848—2017）以及各类水污染物排放标准等，为水质管理提供了法律依据。

（于茵）

suanxing feishui

酸性废水 （acidic wastewater） 含一定浓度的硫酸、硝酸、盐酸、磷酸、有机酸等酸性物质的废水。

来源及特征 酸性废水主要来自制酸厂、化工厂、化学纤维厂、染料厂、金属酸洗车间和电镀车间等。水质差异较大，有的含无机酸，有的含有机酸，或二者兼有；含酸质量分数差异很大，从<1%到>10%不等。

危害 酸性废水具有较强的腐蚀性，腐蚀管渠及构筑物。直接排入水体，会导致水体pH下降，干扰水体自净，并影响水生生物的生长和渔业生产；排入农田，会改变土壤的性质，使土壤酸化，危害农作物。

处理方法 对酸性废水的处理首先应考虑酸的回收利用。特别是对较高浓度的酸性废水应进行酸回收，主要方法有结晶法、扩散渗析法、离子交换法等。

对于低浓度酸性废水（含酸质量分数<4%），如无法回收，采用中和处理法（酸碱废水中和、投加碱渣/烟道气、过滤等），必要时进一步进行生化处理。 （李军 付丽亚）

T

tashi shengwu lüchi

塔式生物滤池 （biotower） 简称塔滤，是在塔内分层布设轻质滤料，在污水由上往下喷淋过程中，与滤料上生物膜及自下向上流动的空气充分接触，使污水获得净化的一种塔式装置。

沿革 于20世纪50年代由民主德国按照气体洗涤塔原理开创，属第三代生物滤池。

构造 塔式生物滤池一般高达8～24 m，直径1～3.5 m，径高比为1∶6～1∶8，呈塔状。在构造上主要由塔身、滤料、布水系统及通风和排水装置组成，在平面上多呈圆形（见下图）。

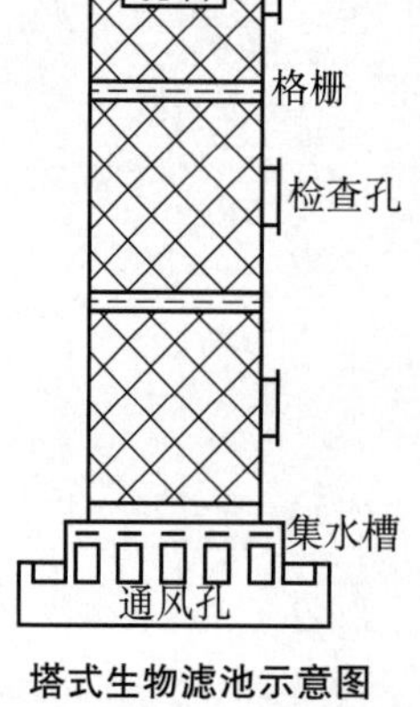

塔式生物滤池示意图

塔身 一般采用砖结构、钢筋混凝土结构或钢结构和塑料板面的混合结构。塔身沿高度分数层建造，在分层处设有格栅，格栅承托在塔身上，这样可使滤料荷重分层负担。塔身每层高度不大于2 m，以免将滤料压碎。每层设检修孔，以便更换滤料；设测温孔和观察孔，以便测量池内温度和观察塔内生物膜的生长情况以及滤料表面布水的均匀程度。塔顶上缘高出最上层滤料表面0.5 m左右，以免风吹影响污水的均匀分布。

滤料 一般采用轻质人工滤料，如国内常用的纸蜂窝（密度20～25 kg/m^3）、玻璃布蜂窝和聚氯乙烯斜交错波纹板（密度140 kg/m^3）等。

布水系统 与普通生物滤池及高负荷生物滤池基本相同，对大、中型塔式生物滤池多采用电机驱动或水流反作用力驱动的旋转布水器，对小型塔式生物滤池则多采用固定式喷嘴布水系统，也可以使用多孔管和溅水筛板布水。

通风 多采用自然通风方式，塔底设有高度为0.4～0.6 m的空间，周围留有通风孔。因塔式生物滤池形状似塔，滤池内部能形成较强的拔风状态，通风良好。当处理工业废水并吹脱有害气体时，多采用人工机械通风。

特点 ①塔式生物滤池负荷远高于一般高负荷生物滤池，如其水力负荷可达80～200 $m^3/(m^2 \cdot d)$，为一般高负荷生物滤池的2～10倍；BOD_5容积负荷率可达1～2 $kg/(m^3 \cdot d)$，为一般高负荷生物滤池的2～3倍。②塔式

生物滤池占地面积小，对水量、水质突变的适应性强。③由于池身高，污水抽升费用偏大，运行管理也不太方便。（李军）

tiaojiechi

调节池（wastewater flow equalization basin）调节废水水质或水量的不均匀性，使其达到水量均匀、水质稳定的处理构筑物。

功能 包括以下四方面。①缓冲有机物负荷，防止生物处理系统负荷的急剧变化；②控制 pH，减少中和反应化学药剂的使用量；③减小物理化学处理系统的流量和水质波动，使化学品添加速率适合加料设备的定额，并防止部分时段加药不足或过量；④防止高浓度有毒物质进入生物处理系统。

分类 根据功能可分为水量调节池、水质调节池、综合调节池和事故调节池。

水量调节池 实际是一座变水位的水池，进水为重力流，出水用泵提升。调节池的调节容积可根据水量随时间变化的数据采用图解法计算。

水质调节池 任务是对不同时间、不同来源的废水进行混合，使出水水质比较均匀。基本方法有两种：①利用外加动力使污水强制混合，如机械搅拌、空气搅拌、水泵强制循环搅拌等；②利用差流方式使污水进行自身水力混合，例如，穿孔导流槽式调节池和同心圆型调节池等，通过池内渠道和进出水槽的布置，使得前后进入调节池的废水得以相互混合，尽管结构复杂，但基本没有运行费用。

综合调节池 是既能调节水量，又能调节水质的调节池，在池中需设搅拌装置或多点进水，通过泵出水，变水位运行。

事故调节池 用于储存事故出水，防止恶性水质事故对污水处理系统运行造成破坏。事故调节池应保证平时泄空备用且容量充足。

搅拌 为使废水充分混合和避免悬浮物沉淀，调节池需安装搅拌设备进行搅拌。

水泵强制循环搅拌 在调节池底设穿孔管，穿孔管与水泵压水管相连，用压力水进行搅拌。优点是简单易行，但动力消耗较大（见下图）。

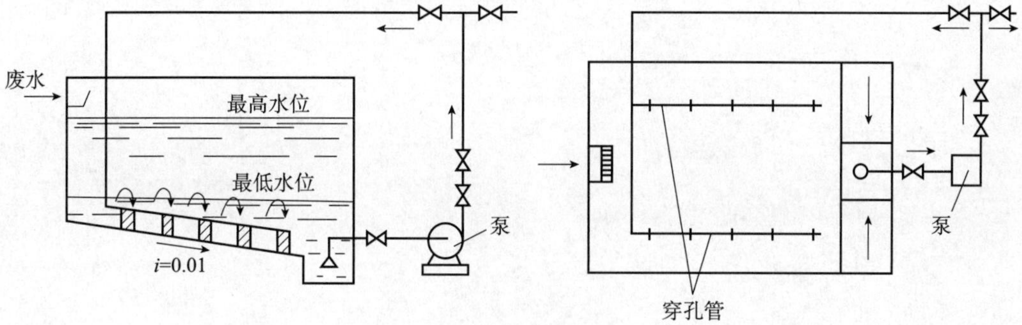

水泵强制循环搅拌

空气搅拌 在池底多设穿孔管，穿孔管与鼓风机空气管相连，用压缩空气进行搅拌。此方式搅拌效果好，还可起预曝气的作用。但若水中存在易挥发的有毒有害物质，则不宜采用该方式。

机械搅拌 在池内安装机械搅拌设备。有多种形式，如桨式、推进式、涡轮式等。该方法搅拌效果好，但设备常年浸于水中，易受腐蚀，运行费用也较高。（李军 闫海红）

toushui puzhuang

透水铺装（porous pavement） 通过采用大孔隙结构层或排水渗透设施，使得雨水能够通过铺装结构就地下渗，控制地表径流、补充地下水的设施。

分类 透水铺装按照面层材料不同分为透

水砖铺装、透水水泥混凝土铺装和透水沥青混凝土铺装，嵌草砖、园林铺装中的鹅卵石、碎石铺装等也属于渗透铺装。

构造 典型透水铺装系统从上到下依次为透水面层、透水找平层、透水基层和透水底基层（见下图）。

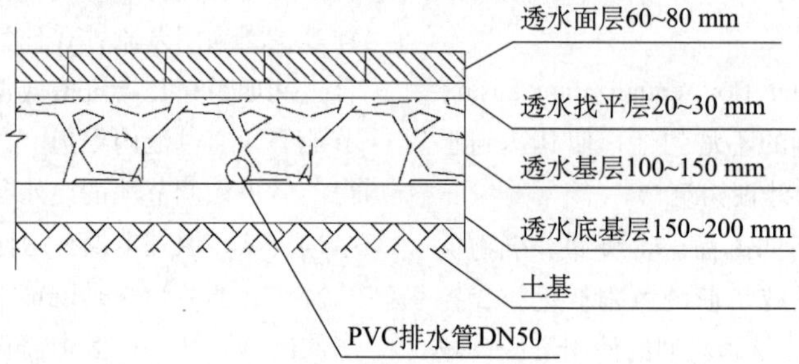

典型透水铺装结构示意图

适用范围 透水砖铺装和透水水泥混凝土铺装主要适用于广场、停车场、人行道以及车流量和荷载较小的道路，如建筑与小区道路、市政道路的非机动车道等，透水沥青混凝土铺装适用于机动车道。透水铺装应用于以下区域时，还应采取必要的措施防止次生灾害或地下水污染的发生：①可能造成陡坡坍塌、滑坡灾害的区域，如湿陷性黄土、膨胀土和高含盐土等特殊土壤地质区域。②使用频率较高的商业停车场、汽车回收及维修点、加油站及码头等径流污染严重的区域。

工艺特点 透水铺装适用区域广、施工方便，可补充地下水并具有一定的峰值流量削减和雨水净化作用，但易堵塞，寒冷地区有被冻融破坏的风险。（王灿）

U

UCT gongyi

UCT 工艺 （UCT process） 是厌氧–缺氧–好氧池依次串联，二次沉淀池污泥和好氧池混合液回流至缺氧池，缺氧池混合液回流至厌氧池的活性污泥法工艺。UCT 工艺是南非开普敦大学（University of Capetown）提出的一种脱氮除磷工艺，是一种改进的 A^2/O 工艺。此工艺中，二次沉淀池污泥先回流进入缺氧池，脱除硝态氮后再以缺氧池混合液的形式回流至厌氧池，从而减轻传统 A^2/O 工艺回流污泥中硝态氮对厌氧磷释放的影响，提高工艺除磷效果。UCT 工艺与 A^2/O 工艺的不同之处在于沉淀池污泥回流到缺氧池而不是厌氧池，并增加了从缺氧池到厌氧池的混合液回流（见图 1），从而防止由于硝酸盐氮进入厌氧池，破坏厌氧池的厌氧状态而影响系统的除磷效率。

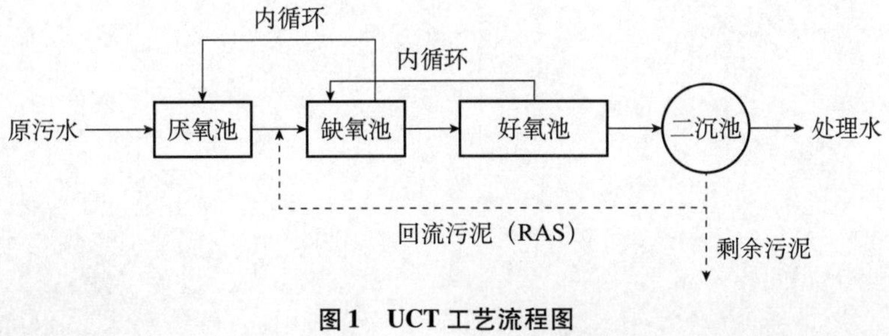

图 1　UCT 工艺流程图

工艺过程　包括以下四步。

①原污水首先进入厌氧池与来自缺氧池的混合液混合，聚磷菌在厌氧条件下实现磷的释放，并将环境中的有机碳源以胞内能源存储物的形式贮存。

②厌氧池混合液进入缺氧池与来自好氧池的混合液及来自二次沉淀池的回流污泥混合，进行生物反硝化和有机物的去除。

③缺氧池混合液进入好氧池，实现磷的过量摄取、氨的硝化和有机物的进一步去除。

④好氧池混合液进入二次沉淀池进行泥水分离，上清液作为处理水排放，沉淀污泥一部分回流至缺氧池，一部分作为剩余污泥外排。

特点　与传统 A^2/O 工艺相比，将污水中的易降解碳源优先用于生物除磷过程，对于碳源不太充足的污水，除磷效率明显更高。但 UCT 工艺增加了从缺氧池混合液到厌氧池的回流，进而增加了能耗。

工艺发展　为进一步降低缺氧池混合液回流中硝态氮对厌氧池厌氧释放磷的影响，出现了改良型 UCT 工艺（见图 2），即在 UCT 工艺的厌氧池后增加一个专门用于回流污泥反硝化的缺氧池，不再接纳来自好氧池的硝化液回流。

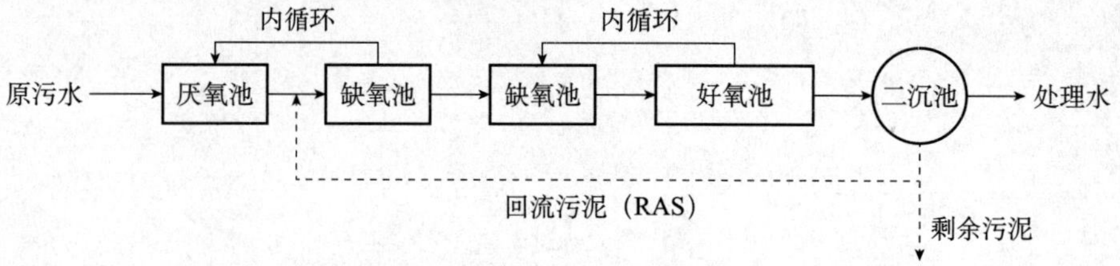

图 2　改良型 UCT 工艺流程

（吴昌永）

V

VIP gongyi

VIP 工艺 （VIP process） 厌氧－缺氧－好氧段依次串联，每段均设多个串联的完全混合单元，二次沉淀池污泥和好氧段末单元混合液回流至缺氧段首单元，缺氧段末单元混合液回流至厌氧段首单元的活性污泥法工艺（见下图）。VIP（Virginia Initiative Plant process）工艺是美国弗吉尼亚州 Hampton Roads 公共卫生区与 CHZM HILL 公司开发的。

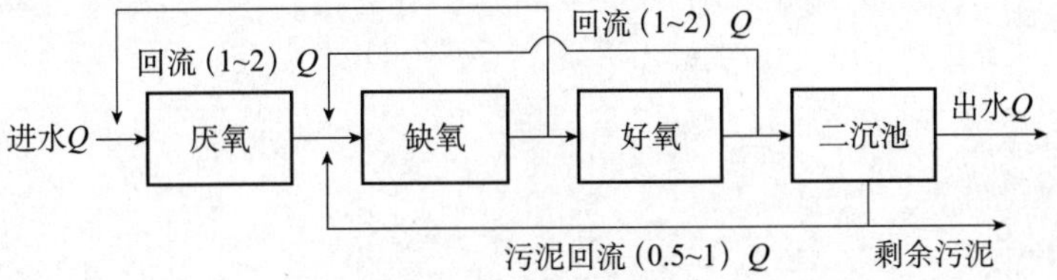

注：Q 指处理水量。

VIP 工艺流程示意图

工艺过程 包括以下四步。

①原污水首先进入厌氧段首单元与来自缺氧段末单元的混合液混合，聚磷菌在厌氧条件下实现磷的释放，并将环境中的有机碳源以胞内能源存储物的形式贮存。

②厌氧段末单元混合液进入缺氧段首单元与来自好氧段末单元的混合液及来自二次沉淀池的回流污泥混合，进行生物反硝化和有机物的去除。

③缺氧段末单元混合液进入好氧池，实现磷的过量摄取、氨的硝化和有机物的进一步去除。

④好氧段末单元混合液进入二次沉淀池进行泥水分离，上清液作为处理水排放，沉淀污泥一部分回流至缺氧段首单元，一部分作为剩余污泥外排。

比较 VIP 工艺与 UCT 工艺，发现二者非常类似，差别在于池型构造和运行参数方面，具体比较见下表。

VIP 工艺与 UCT 工艺比较

VIP 工艺	UCT 工艺
厌氧、缺氧和好氧段均设多个完全混合型反应格，每段 2～4 格	厌氧、缺氧和好氧段均设置独立的反应器
泥龄 4～12 d	泥龄 10～25 d
厌氧－缺氧－好氧段的典型水力停留时间为 6～7 h	厌氧－缺氧－好氧段的典型水力停留时间为 7～18 h

工艺特点 反应池采用分格方式，将一系列体积较小的完全混合式反应格串联在一起，形成了有机物的梯度分布，有利于充分发挥聚

磷菌的作用，促进厌氧池磷的释放和好氧池磷的过量摄取，比单个大体积的完全混合式反应池具有更高的除磷效果。缺氧反应段中的大部分反硝化反应都发生在前几格，有助于缺氧段的完全反硝化，有利于确保厌氧池严格的厌氧环境。采用高负荷运行，混合液中活性微生物所占的比例较高，且污泥龄短，因而除磷效果好，且反应池的容积也较小。（李军　吴昌永）

W

weilü

微滤 （microfiltration） 又称微孔过滤，是在压力驱动下利用微滤膜的筛分机理截留 0.01 μm 至数微米颗粒物的膜分离技术。可用于截留溶液中的砂砾、淤泥、黏土等颗粒和贾第虫、隐孢子虫、藻类和细菌等。

微滤膜 膜平均孔径大于或等于 0.01μm 的分离膜，又称微孔滤膜或微孔膜。微滤膜是世界上开发应用最早的分离膜，是目前压力驱动型膜中应用最广、销售额最大的膜材料。微滤膜具有以下特点：①孔隙率高，一般为 35%～90%；②平均孔径大，在 0.01μm 以上；③孔径呈正态分布，孔径均匀，过滤精度高；④过滤压差小。

膜材料 分为高分子材料和无机材料两大类。高分子材料包括纤维素类、聚砜类、聚酰胺类、聚烯烃类、聚酯类、含氟类等；无机材料主要有陶瓷、金属、微孔玻璃、分子筛等。

应用 污废水处理；医药行业的过滤除菌；食品工业（明胶的澄清、葡萄糖的澄清、果汁的澄清、白酒的澄清、回收啤酒渣、白啤除菌、牛奶脱脂、饮用水的生产等）；油漆行业；生物技术工业等。 （朱洪涛）

wendingtang

稳定塘 （stabilization pond） 又称氧化塘或生物塘，是利用设围堤和防渗层的池塘，主要依靠塘内自然生物净化功能使污水得到净化的一种污水生物处理技术。其净化过程与自然水体的自净过程相似。稳定塘是一种比较古老的污水处理技术，从 19 世纪末就开始使用，但到 20 世纪 50 年代才得到快速发展。稳定塘可有效处理生活污水和部分有机工业废水，也可用于污水的深度处理。在我国，特别是在缺水干旱的地区，稳定塘是实施污水的资源化利用的有效方法，所以稳定塘处理污水成为我国着力推广的一项新技术。

原理 在稳定塘中存活并起污水净化作用的生物有细菌、藻类、水生植物及水生动物，它们构成了稳定塘的生态系统。菌藻共生体系是稳定塘内最基本的生态系统，其中，细菌分解污水中的有机物和氨氮等污染物，藻类在光合作用中放出氧，向细菌提供足够的氧（见下图）。水生植物和水生动物的作用是辅助性的，它们的活动从不同途径强化了污水的净化过程。

对污水的净化作用 包括稀释、沉淀、絮凝、微生物代谢、藻类代谢和光合作用以及水生植物吸收等作用。

稀释作用 污水进入稳定塘后，在风力、水流以及污染物的扩散作用下，与塘内已有塘水进行一定程度的混合，使进水得到稀释；污染物浓度，尤其是有害污染物浓度显著下降，有利于后续生物降解过程的顺利进行。

沉淀和絮凝作用 污水进入氧化塘后，流速下降，原污水中的悬浮物质得到沉淀去除；

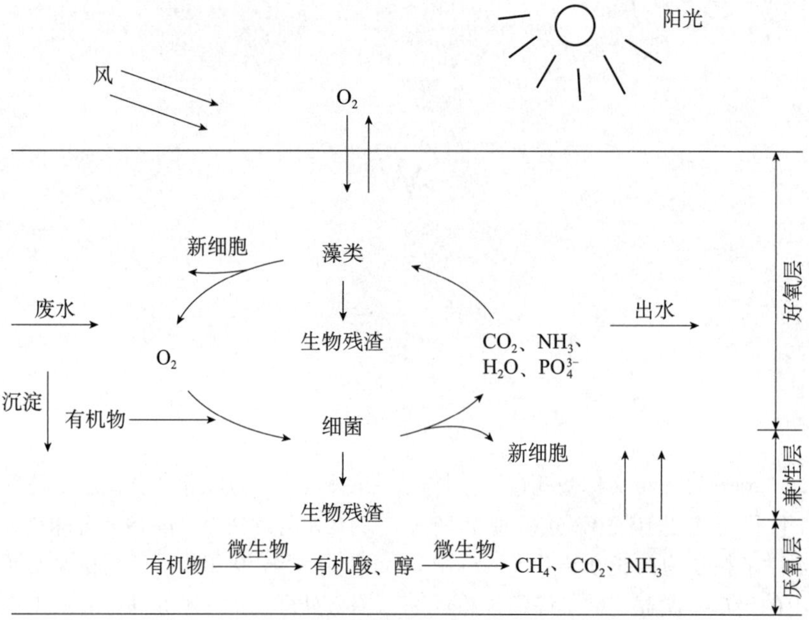

典型的稳定塘生态系统

稳定塘的塘水中含有大量生物分泌物，一般都具有生物絮凝作用，可将污水中的小颗粒聚集成大颗粒，沉于塘底形成沉积层，然后通过厌氧分解进行稳定。

好氧微生物的代谢作用 在好氧条件下，稳定塘内污染物在好氧菌和兼性菌的代谢作用下降解去除，这是稳定塘内污染物的主要去除途径。

厌氧微生物的代谢作用 在厌氧塘和兼性塘的塘底沉积层内含有大量厌氧微生物，可对污水中的有机物进行厌氧发酵分解。部分有机物转化为甲烷，从水面逸出，还有部分有机物转化为有机酸，进而在厌氧条件下转化为甲烷，或扩散进入好氧层或兼性层得到进一步降解。部分在好氧层和兼性层难以降解的污染物，也可能逐渐沉积于塘底，在厌氧微生物的作用下得以降解。

藻类的代谢和光合作用 藻类的主要功能是供氧，同时对氮、磷等营养物质起到去除作用。原生动物、后生动物和枝角类浮游动物的主要功能是吞食细菌和细小的悬浮物，使塘水进一步澄清，还能分泌黏液起到生物絮凝作用。摇蚊幼虫等底栖动物可捕食藻类和细菌，使污泥层的污泥量减少。鱼类捕食微型水生动物和残留于废水中的污染物，有助于水质的进一步净化。

水生植物的吸收作用 水生植物可吸收氮、磷营养，利用根部富集重金属，向塘水供氧，或用根和茎作为细菌等微生物生长的载体。

分类 按照塘内微生物的类型和供氧方式来划分，稳定塘可以分为厌氧塘、兼性塘、好氧塘、曝气塘。

厌氧塘 塘水深度一般在2m以上，深可达4~5m。厌氧塘水中溶解氧很少，基本上处于厌氧状态。厌氧塘的原理与其他厌氧生物处理过程一样，依靠厌氧菌的代谢功能，使有机底物得到降解，没有其他生物参与。对于高温、高浓度的有机废水有很好的去除效果，如食品、生物制药、制浆造纸、酿酒等工业废水以及屠宰场、畜牧场、养殖场等农业废水。优点是有机负荷高，耐冲击负荷较强，所需动力少，运转维护费用低，一般置于塘系统的首端，作为预处理设施，在其后再设兼性塘、好氧塘甚至深度处理塘，做进一步处理，这样可以大大减少后续兼性塘和好氧塘的容积。缺点是温度无法控制，工作条件难以保证；臭味大；净化速率低，污水停留时间长。

兼性塘 有效深度为1~2 m，上层为好氧区，中间层为兼性区，塘底为厌氧区，沉淀污泥在此进行厌氧发酵，是处理城市生活污水最常用的一种稳定塘。兼性塘投资省，管理方便；耐冲击负荷较强；处理程度高，出水水质好。既可用来处理城市污水，也能用于处理石油化工、印染、造纸等工业废水。

好氧塘 深度较浅，一般为0.3~0.5 m。阳光可以直接透射到塘底，塘内存在着细菌、原生动物和藻类，由藻类的光合作用和风力搅动提供溶解氧，好氧微生物对有机物进行降解。随着昼夜光照强度的变化，藻类光合作用使塘水的溶解氧浓度和pH呈昼夜变化。白昼，藻类光合作用释放的氧，超过细菌降解有机物的需氧量，此时塘水的溶解氧浓度很高，可达到饱和状态。夜间，藻类停止光合作用，且由于生物的呼吸作用消耗氧，水中的溶解氧浓度下降，凌晨时达到最低。阳光再照射后，溶解氧浓度再次逐渐上升。好氧塘的pH与水中二氧化碳（CO_2）浓度有关，受塘水中碳酸盐系统的CO_2平衡关系影响。白天，藻类光合作用使CO_2浓度降低，pH上升。夜间，藻类停止光合作用，细菌降解有机物的代谢没有中止，CO_2累积，pH下降。好氧塘具有投资省、管理方便、水力停留时间较短、降解有机物的速率快、处理程度高等优点。但也具有占地面积大、出水含大量藻类、对细菌的去除效果较差等缺点。

曝气塘 塘深大于2 m，采取人工曝气装置向塘内充氧，并使塘水搅动。人工曝气装置多采用表面机械曝气，也可采用鼓风曝气系统。曝气塘一般分为好氧曝气塘和兼性曝气塘两种。实际上是介于*活性污泥法*中的延时曝气法与稳定塘之间的一种工艺。净化能力和效果明显优于一般类型的稳定塘，曝气塘容积和占地面积小，但能耗和处理费用有所提高，且出水一般需进行沉淀处理。

优点 包括以下四方面。

①能充分利用地形，结构简单，建设费用低。采用污水处理稳定塘系统，可以利用荒废的河道、沼泽地、峡谷、废弃的水库等地段，建设结构简单，大都以土石结构为主，具有施工周期短、易于施工和基建费低等优点。

②可实现污水资源化，使污水处理与利用相结合。稳定塘处理后的污水，一般可用于农业灌溉。一定条件下处理后的污水还可用于水生植物和水产的养殖。

③依靠自然功能处理污水，能耗低，运行维护方便，成本低。

④美化环境，形成生态景观。将净化后的污水引入人工湖中，可用作景观和游览的水源。

缺点 包括以下四方面。

①占地面积大。

②污水净化效果很大程度上受季节、气温、光照等自然因素的控制，在全年范围内不够稳定。

③如防渗处理不当，地下水可能遭受污染。

④易产生臭味和滋生蚊蝇。

（宋玉栋　卢少勇）

wuni tuoshui shebei

污泥脱水设备 （sludge dewatering equipment） 将水处理系统中产生的污泥进行脱水，即通过将污泥颗粒间的毛细水和颗粒表面的吸附水分离出来，提高污泥含固率、缩小污泥体积的设备。

常用的污泥脱水设备有压滤机、离心脱水机、叠螺式脱水机等，其中压滤机又可分为板框压滤机（见图1）和带式压滤机（见图2）。

板框压滤机 主要由滤机、滤板、滤框、压紧系统、滤板传输系统、电气系统等部分组成。按其滤液排出机外方式分为明流和暗流两种；按压紧方式分为手动和机械两种；按板框形式可分为板框式、厢式、囊式三种。

工作原理为：滤室由间隔排列的滤板和滤框组成，待过滤的料液通过输料泵在一定的压力下，从滤板的进料孔进入各个滤室，挤压出的液体通过滤板和滤框压紧面间的滤布纤维间隙，流到滤板花纹表面上，汇集后流出机外，固体物被截留在滤室中，并逐步形成滤饼。

板框压滤机是间歇操作的设备，可有效过滤固相粒径 5μm 以上、固相质量分数 0.1% ~ 60% 的悬浮液以及黏度大或胶体状的难过滤物料和对滤渣质量要求较高的物料。其优点是结构简单、工作可靠、操作容易；滤饼含水率低；对物料适应性强，已广泛应用于化工、印染、制药、冶金、环保等行业各类悬浮液的固液分离及废水污泥的脱水处理。其缺点是压滤机间歇操作，不能连续运行；手动压滤机劳动强度大；自动压滤机劳动强度小，但卸饼时需要监控或干预；与带式压滤机相比产率低。

带式压滤机 是一种滚压脱水设备，主要由传动辊、压榨辊及导向辊等滚压轴，滤带及滤带的张紧和矫正装置，滤带冲洗装置，主传动装置，机架，安全保证装置及辅助设备等组成。其工作原理为：经过絮凝的污泥通过重力脱水区脱去大量水分后，再进入低压、高压脱水区，通过辊系间的变向弯曲和滤带张力作用，污泥受到反复挤压并产生剪切力，使污泥颗粒产生相对位移，从而分离污泥中的游离水和毛细水。脱水后的污泥形成滤饼排出机外，滤液与洗涤液汇集于主机底部排出。

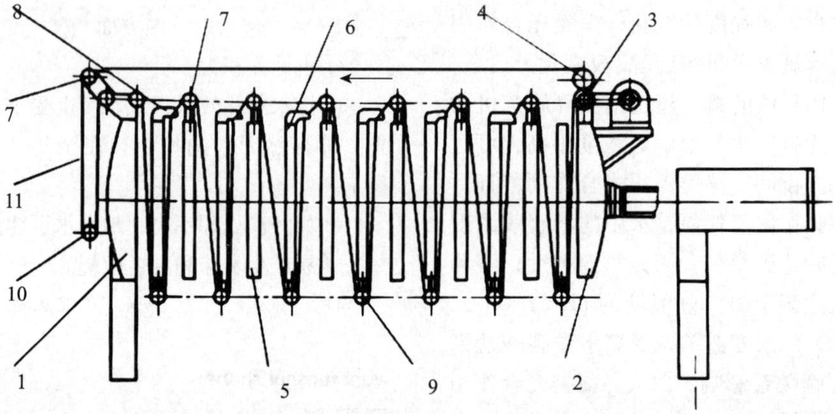

1—固定压板；2—活动压板；3—传动辊；4—压紧辊；5—滤框；6—滤板；
7、9—托辊；8—刮板；10—张紧辊；11—滤布

图 1 板框压滤机

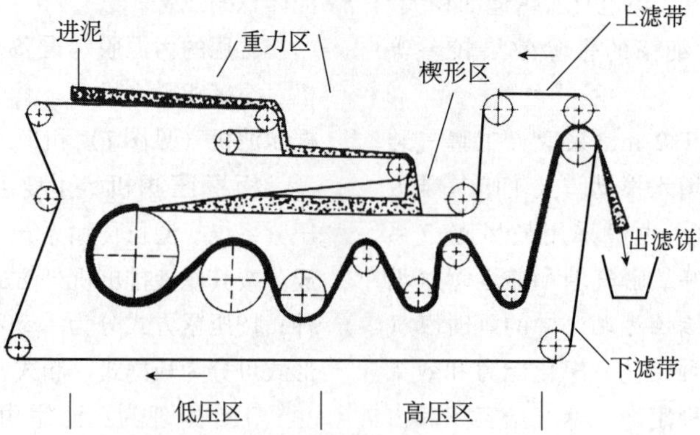

图 2 典型带式压滤机工作原理示意图

带式压滤机适用于煤炭、冶金、医药、轻纺、造纸和城市排水等各行业污泥的处理。其特点是脱水效率高、处理能力大、连续过滤、性能稳定、操作简单、体积小、重量轻、节约能源、占地面积小。

离心脱水机 是应用离心沉降原理进行泥水浓缩或污泥脱水的机械，主要由高速旋转的转鼓，与转鼓转向相同、转速略低的螺旋输送器等部件组成。泥水静置一段时间，由于重力作用，泥水中的固相与液相就会分层，此为自然沉降。如果把泥水以 ω 的角速度旋转，当 ω 达到一定值时，因离心加速度比重力加速度大得多，固相和液相很快分层，此为离心沉降。

离心脱水机分立式和卧式两种，通常污泥离心脱水采用卧式。工作原理为：当污泥进入离心机转鼓腔后，高速旋转的转鼓产生强大的离心力，污泥颗粒由于密度大，离心力也大，因此被甩贴在转鼓内壁上，形成固环层；而水的密度较小，离心力也小，只能在固环层内侧形成液环层。由于螺旋输送器和转鼓的转速不同，二者存在相对运动（即差转速），把沉积在转鼓内壁的污泥推向转鼓小端出口处排出，分离出的水从转鼓的另一端排出（见图3）。离心脱水机是连续工作的，连续进泥，连续排出滤饼和分离液。

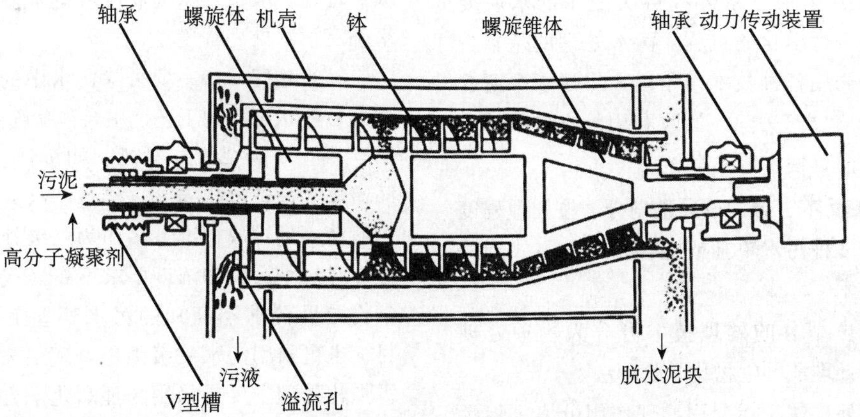

图3 离心脱水机工作原理示意图

离心脱水机具有以下优点：对污泥进料含固率变化的适应性好；能自动长期连续运行；分离因数高，絮凝剂投量少，运行费用低；单机生产能力大，结构紧凑，维修方便；可封闭操作，环境条件好等。离心脱水机用于含油污泥脱水，可避免滤布堵塞问题，并回收污油。

叠螺式脱水机 是一种新型污泥脱水机，它以螺旋轴与动、静环片相结合，形成一种全新的压滤方式。主要由脱水主体、计量槽、絮凝混合槽、电控柜等组成。脱水主体是由固定环和游动环相互层叠、螺旋轴贯穿其中形成的过滤装置。其工作原理为：污泥在浓缩部经过重力浓缩后，被运输到脱水部，在前进的过程中随着滤缝及螺距逐渐变小，加上背压板的阻挡作用，产生极大的内压，容积不断缩小，达到充分脱水的目的。固定环和游动环之间形成的细小活动滤缝过滤滤液，螺旋轴和环片形成的内腔充满絮体颗粒，向末端背压板转动过程中输送挤压并形成滤饼。螺旋轴旋转推动，不断带动游动环上下左右地运动清扫滤缝，防止堵塞（见图4）。

叠螺式脱水机具有以下特点：①不用滤布，不用或少用清洗水；②机械设备简单，转动部件仅为螺旋轴，固定环与游动环磨损率很低，能耗低，密封性能好，噪声低，臭气不扩散；③机型紧凑，占地面积小，可实现自动控制。

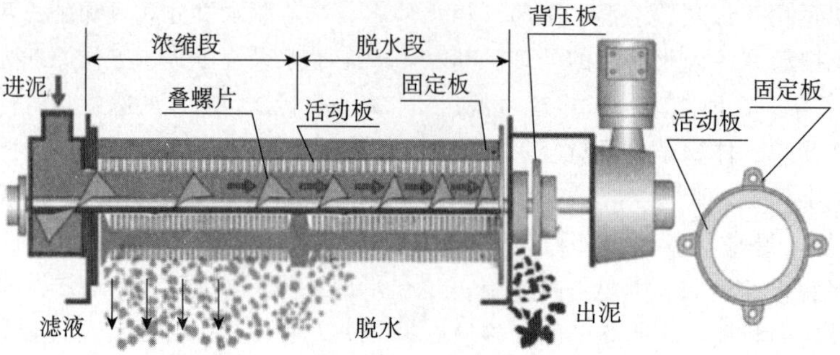

图 4　叠螺式脱水机的构造及工作原理

（程荣）

wushui chuli

污水处理　（wastewater treatment）　为使污水达到排放至某一水体或再次使用的水质要求，对其进行净化的过程。污水处理的基本方法，就是采用各种技术与手段，将污水中所含的污染物质分离去除、回收利用，或将其转化为无害物质，使水得到净化。

处理技术　分为按原理划分、按处理程度划分和按多种污水单独或混合处理的方式划分的处理技术。

按原理划分的处理技术可分为物理处理法、化学处理法和生物化学处理法。

物理处理法　指利用物理作用分离去除污水中杂质和污染物的技术，包括筛滤、沉淀、上浮、过滤、萃取、吹脱、膜分离等。根据物理作用的不同，可分为筛滤截留法、重力分离法、离心分离法、气液交换处理法等。参见污水物理处理技术。

化学处理法　指通过化学反应使污水中污染物的性质或形态发生改变而从水中除去的方法，包括中和、混凝、化学沉淀、氧化还原、电解、离子交换、消毒等。参见污水化学处理法。

生物化学处理法　指在人工营造的有利于微生物生长和繁殖的环境条件下，利用微生物的代谢作用去除废水中有机和无机污染物的方法。包括好氧生物处理法、厌氧生物处理法、缺氧生物处理法以及土地处理、稳定塘等自然净化处理法。

按处理程度划分，可分为一级、二级和三级处理，一般根据水质状况和处理后水的去向来确定污水处理程度。

一级处理　指主要去除污水中的漂浮物和部分悬浮状态物的工艺，主要包括筛网、格栅、调节池、中和池、沉砂池、初沉池、气浮池、隔油池等设备或构筑物。经过一级处理的污水一般达不到排放标准，多作为二级处理的预处理。对出水污染物浓度要求不高（或对部分污染物浓度要求不高）的污水处理工程建设项目，也可采用污水一级强化处理工艺。污水一级强化处理主要是采用物理和化学方法，或物理、化学与生物处理法联合方式，强化预处理和一级处理的效果，使出水达到一定的排放标准。常用的一级强化处理工艺中，物理和化学法主要包括混凝、沉淀、过滤、磁分离技术等，生物处理法主要包括高负荷活性污泥法、水解酸化法等。

二级处理　指在一级处理之后，进一步去除污水中悬浮细微颗粒、胶体和溶解状态的污染物的工艺，主要包括水解酸化池、厌氧处理池、活性污泥曝气池、生物接触氧化池、生物转盘、生物流化床和二沉池等。二级处理是污水处理厂消减有机污染物的主体部分，出水水质可达到或接近排放标准。

三级处理　又称污水深度处理，指为了满足更高标准的受纳水体要求或者回用作工业用水等用途，在二级处理的基础上再增加一级处理的工艺，主要是通过物理和化学处理法、生物处理法等进一步削减污水中的污染物。物理和化学处理法主要包括混凝、沉淀、气浮、磁分离、过滤、膜分离、消毒、吸附、离子交换、化学氧化、高级氧化等；生物处理法主要包括膜－生物反应器、硝化和反硝化生物滤池、人工湿地、稳定塘等。按处理目标划分，可分为达标处理和水再生处理。

达标处理　污水通过一级、二级和三级处理达到污水排放标准的过程。

水再生处理　污水通过一级、二级和三级处理达到污水再生利用标准的过程。污水再生利用标准包括城市杂用水水质标准、景观环境用水水质标准、地下水回灌水质标准、工业用水水质标准、农业灌溉用水水质标准等。

按多种污水单独或混合处理的方式，可分为分质处理和集中处理。

分质处理　指根据废水成分和性质的不同，将性质差异较大的废水分流后采用不同的工艺加以处理的一种处理方式。

集中处理　通过排水管网将各污染源（包括工业污染源、生活污染源等）排出的大部分或全部污水收集并输送到污水处理厂进行集中处理的系统。具有处理规模大，水质、水量稳定，单位基建投资和运行费用低，易于集中管理等优点；缺点是设施复杂、庞大，单厂总费用高，对技术水平和管理水平要求高。

污水处理工艺流程　指污水处理系统中各处理单元按水流方向依次排列的处理工艺过程，即用于某种污水处理的工艺方法组合。在确定污水处理工艺流程时，通常应考虑污水的水质水量、回收的经济价值、排放标准及社会经济条件，经过分析比较，必要时还需进行试验研究，决定所采用的处理流程。

污水处理构筑物　见污水处理构筑物。

（沈志强）

wushui chulichang

污水处理厂

（wastewater treatment plant）利用各种处理单元组合成的污水处理系统，对一个城市（或工业区）的城市污水（或工业废水）进行净化处理的场所。一般分为城市或园区集中式污水处理厂和各污染源分散污水处理厂，污水经处理后排入水体或排水管道。

设计　包括设计水质水量的确定，厂址的选择，处理工艺的比选与设计，各种污水处理、污泥处理及臭气处理构筑物、辅助建筑物的平面、高程和结构设计，厂区道路、管线、综合管廊、绿化、电气、仪表及自动控制、劳动安全、卫生、消防、节能、环保等的设计，以保证污水处理厂达到处理效果稳定、运行管理方便安全、技术先进、投资运行费用省、建设和运行环境影响小等各种要求。

厂址选择　与城市总体规划、排水系统走向、布置、处理后污水的出路等密切相关。应遵循以下基本原则：位于给水水源的下游；位于城镇、工业区和生活区下游，而且要在夏季主风向的下风向，并应同城镇、工业区、生活区以及农村居民点保持一定的距离；便于污水的收集、输送以及污水、污泥的排放和回用；汛期不受洪水威胁；具备方便的交通运输和水电条件；尽可能少占农田或不占农田，并尽量减少拆迁；充分利用地形，选择有适当坡度的地区，以满足污水处理构筑物和设备高程布置的需要，节省能源和动力；厂址不宜设在雨季易受水淹的低洼处；应考虑远期发展的可能性，并合理留有扩建用地。

工艺选择　污水处理工艺的选择直接影响污水处理厂的投资、运行成本和处理效果。应综合考虑污水处理厂的设计规模、污水水质水量特征、排放及回用要求、工艺的先进性和成熟程度、工艺设备及材料的可获得性、运行维护的难易程度、工程占地、场地条件、投资和运行成本等因素。（闫海红）

wushui chulichang wuni

污水处理厂污泥

（sludge from wastewater treatment plant）废水处理过程中产生的半固态沉淀物或浮渣。

分类　按来源不同污泥分为来自初次沉淀

池的初次沉淀污泥、来自活性污泥法二次沉淀池的剩余活性污泥、来自生物膜法二次沉淀池的腐殖污泥、来自污泥消化池的消化污泥和来自化学沉淀法处理的化学污泥等。

组成 包括有机物、无机物和水相三部分。有机物组成包括污水中的寄生虫卵、病原微生物细胞、病毒颗粒、食物残渣等可沉降有机颗粒，剩余活性污泥和腐殖污泥中的微生物细胞、胞外多聚物和污泥吸附污水中的难降解有机物等。无机物组成包括无机矿物颗粒和无机盐等。水相是污水处理厂污泥的主体，在未浓缩污泥中通常占95%以上，包括污泥颗粒间的空隙水和毛细水、污泥颗粒表面的吸附水以及污泥颗粒内部水（见下图）。

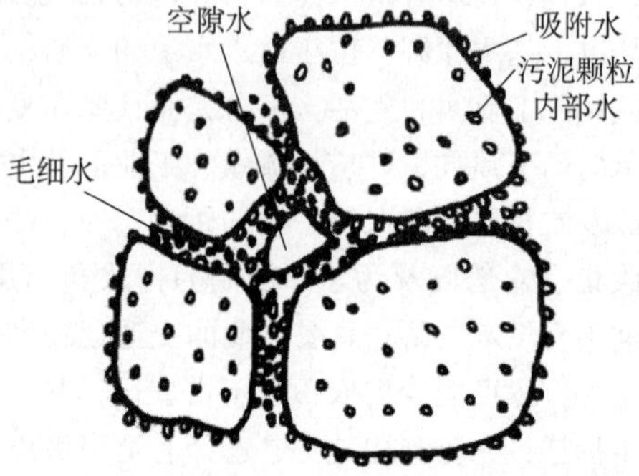

污泥水分示意图

性质 污水处理厂污泥特性取决于污水水质和处理工艺，通常具有有机物含量高、颗粒较细、含水率高、脱水困难等特点，包含易腐败有机物、盐分、营养元素、病原微生物、难降解有毒有机物和重金属等环境污染物质。

处理 常用的处理过程包括浓缩、调理、脱水、干化、稳定化和焚烧等。

污泥浓缩 是通过重力、气浮、机械等作用降低污泥颗粒间空隙水的含量，使污泥减容的过程。经浓缩后的污泥仍含有大量水分，保持流动性。常用的污泥浓缩方法包括重力浓缩、气浮浓缩和机械浓缩。

污泥调理 指为改善污泥性质以便于后续处理而采取的措施。污泥调理的主要方法包括化学调理和物理调理。污泥的化学调理又称混凝预处理，依靠所投加化学药剂的电性中和和吸附架桥等作用破坏污泥颗粒的稳定性，以改善污泥的浓缩脱水性能。常用的化学药剂包括硅藻土、酸性白土、污泥焚烧灰、粉煤灰、石灰等助凝剂，以及铝系混凝剂、铁系混凝剂、高分子有机絮凝剂等。污泥的物理调理包括热处理、淘洗等方法。

污泥脱水 指污泥浓缩后，用机械脱水法进一步降低污泥的含水率的过程。常用的方法包括离心脱水、压滤脱水、真空过滤脱水等。

污泥干化 指污泥浓缩后，通过渗滤或蒸发等作用进一步降低污泥含水率的过程。污泥自然干化依靠自然热源（太阳能）进行脱水处理，能耗低、运行成本小，但对气候条件要求严格，占地面积大，并产生恶臭。污泥热干化以人工能源为热源蒸发去除污泥中的水分，占地面积小，减量化效果明显，但能耗较高。

污泥稳定化 指采取一定措施降低污泥中有机物含量或抑制其分解，从而避免污泥腐化分解的处理过程，分为化学稳定法和生物稳定法。化学稳定法是在污泥中投加化学药剂以杀死微生物，或改变污泥环境令微生物难以生存，从而使污泥中有机物短期内不致腐败的方法，包括石灰稳定法、氯稳定法和臭氧稳定法。生物稳定法是通过好氧消化、厌氧消化、堆肥等过程对污泥中的有机物进行生物降解和稳定的方法。

污泥焚烧 指利用焚烧炉使污泥完全矿化为少量灰烬的处置方式。具有减容率高、病原微生物灭活彻底等优点，但也具有处置成本高、产生燃烧尾气二次污染的缺点。

处置 主要有土地利用、建材利用和污泥填埋等。

土地利用 指将污泥处理后作为肥料或土壤改良材料，用于园林、绿化或农田等场合的处置方式，可分为农田利用、林地或绿化利用和土壤修复三种。污泥农田利用和林地或绿化利用可利用污泥中的有机物和氮、磷、钾等营养元素，但也存在重金属和病原微生物污染土壤的风险，因此利用前必须进行无害化和稳定化处理。污泥土地利用投资少、能耗低、运行费用低、有机部分可转化成土壤改良剂成分，科学合理的土地利用，可减少污泥带来的负面效应。林地或绿化利用因不易造成人类食物链的污染而成为污泥土地利用的有效方式。污泥用于受到严重扰动的土地（如采煤场、采矿场、露天矿坑、尾矿堆等）的修复，可加强土壤肥力的培育，加快土壤生态的修复。

建材利用 指将污泥作为制作建筑材料的部分原料的处置方式。污泥中的无机组分与建筑原料组成相近，可用作砖块、水泥、陶粒、玻璃和生化纤维板等的原料。

污泥填埋 指采取工程措施将处理后污泥集中在填埋场内进行处置的方式，可分为单独填埋和混合填埋。污泥填埋必须限制污泥含水率，《生活垃圾填埋场污染控制标准》（GB 16889—2008）和《化工危险废物填埋场设计规定》（HG/T 20504—2013）均要求进场填埋的污泥含水率应小于60%。污泥填埋处置具有简单、易行、成本低等优点，但又具有产生渗滤液二次污染、占地面积大等缺点。

（宋玉栋）

wushui chuli er ci wuran

污水处理二次污染 （secondary pollution from wastewater treatment） 在污水处理过程中，某种污染物从水中去除的同时又生成了其他一些新的污染物质而造成的新的污染。例如，污水生物处理过程中产生剩余污泥，污水芬顿氧化处理过程中产生铁泥，污水曝气处理过程中产生废气，污水消毒过程中产生消毒污染物等。二次污染治理设施是污水处理厂的重要组成部分，用于对污水处理过程中产生的臭气、污泥的处理。

臭气处理 常见的污水处理厂臭气源包括格栅间、调节池、初次沉淀池、曝气池、污泥浓缩池、污泥消化池、污泥脱水间等。臭气处理系统由臭气源加盖、臭气收集、臭气处理装置和处理后排放等部分组成。常用的臭气处理工艺有洗涤处理法、生物过滤法、生物滴滤法、生物洗涤法、活性炭吸附法、等离子体除臭法等。

臭气收集 指利用臭气源加盖和收集管道通过吸气式负压收集方式将臭气输送到废气处理装置的方法。即用密闭盖把臭气散发点局部或整体封闭，使臭气扩散被限制在密闭空间内，并使盖内保持一定负压，盖外空气经缝隙流入盖内，从而防止污染物外溢。

洗涤处理法 指采用水或含酸碱、化学氧化剂、助溶剂等物质的溶液作为洗涤剂，通过将洗涤剂与臭气充分接触混合，将臭气中可溶解物质溶于水或使臭气物质与洗涤剂中的化学药剂反应，去除臭气污染物的处理方法。洗涤处理设施包括洗涤塔（器）、洗涤液循环系统、投药系统、电气控制系统、富液处理系统和除雾装置等。可根据臭气污染物浓度和排放要求采用单级或多级洗涤工艺。

生物过滤法 指采用树叶、树皮、木屑、土壤、泥炭等物质作填料，臭气经过表面长有微生物的填料层，经传质和生物降解去除的处理方法。

生物滴滤法 指采用多孔、比表面积大的惰性物质作填料，在填料表面喷洒水并补充养分，使臭气经过表面长有微生物的填料层，经传质和生物降解去除的处理方法。

生物洗涤法 指臭气与生物洗涤液在吸收塔进行气液接触，使臭气物质经传质进入生物洗涤液，然后在生物反应器被生物降解的处理方法。

等离子体除臭 指当外加电压达到一定程度时，气体被击穿产生高能电子、各种离子、原子和自由基的混合体，在高能电子和自由基的多重作用下，使空气中产生臭味的化合物发生一系列氧化还原反应，进而去除臭气污染物的处理方法。

污泥处理 常用的处理过程包括浓缩、脱水、干化、稳定化等（见污水处理厂污泥）。

（宋玉栋）

wushui chuli gouzhuwu

污水处理构筑物 (wastewater treatment structure) 污水处理系统中各个处理单元的土建结构工程（设备或装置）类型。

常见的一级处理构筑物有格栅、沉淀池、沉砂池、气浮池、隔油池等；二级处理构筑物有活性污泥曝气池、生物接触氧化池、生物转盘、氧化塘等；三级处理构筑物有混合反应池、过滤池、消毒接触反应池、高级氧化池等。应根据出水的水质要求、污水处理厂规模、污水处理厂占地面积、对周围环境的影响等因素，通过技术经济比较，合理确定构筑物类型。

（李军）

wushui ci hunning chengqing chulifa

污水磁混凝澄清处理法 (magnetic coagulation clarification of wastewater) 利用投加磁种的作用增强絮凝效果以实现高效沉淀的方法。

原理 在污水混凝处理过程中，除投加混凝剂和助凝剂外，还投加少量磁种，从而形成带有磁性的絮体，依靠絮体带有的磁性，促进絮体的生长，通过高效沉淀或过滤将絮体与水分离，实现污水的净化，然后磁种通过磁鼓分离器去除或回收利用（见图1），也可通过超磁分离机直接吸引实现絮体与水的分离（见图2）。

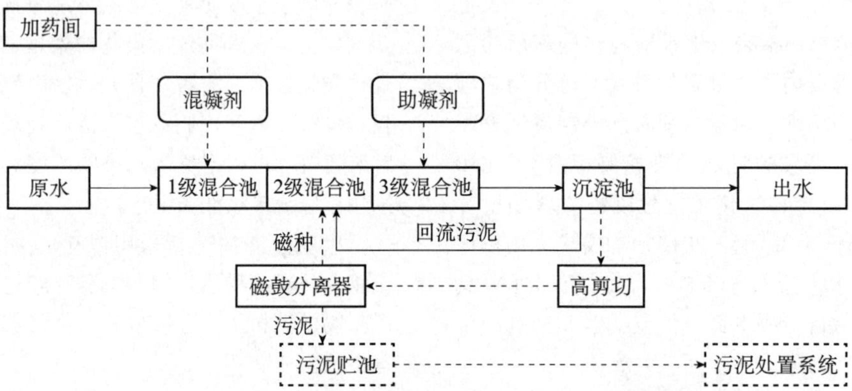

图1 设沉淀池的加载混凝磁分离处理系统工艺流程图

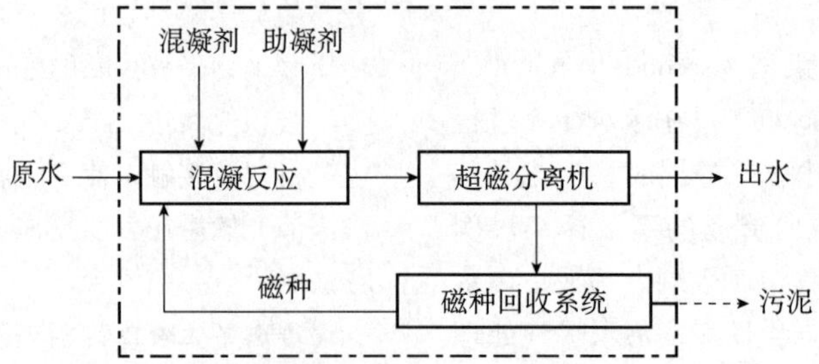

图2 不设沉淀池的加载混凝磁分离处理系统工艺流程图

特点 絮体分离时间短，絮凝效果好，优化条件下可节省絮凝剂用量。磁分离设备体积小，可节省占地。

（王建兵）

wushui cuiqu chulifa

污水萃取处理法 (extraction treatment of wastewater) 向污水中投加不溶于水或难溶于水的溶剂（萃取剂），利用污水中的某些污染物在萃取剂和污水中的溶解性的不同，使其从污水中转移至萃取剂中，经过反复多次将污染物提取出来，以净化污水的方法。污水萃取处理法可实现废水中污染物的选择性分离和富集，便于后续实现资源回收，与汽提等处理技术相比，处理过程中不发生相变，可在常温常压条件下进行，能耗低，安全性高。

原理 被萃取物从污水中转入萃取剂中是传质过程，传质的推动力是污水中溶质的实际浓度与平衡浓度之差。在一定的温度、压力下，当溶质在萃取剂和污水间达到平衡时，被萃取物在萃取剂和在污水中的浓度关系可用下式表示：$K=C_1/C_2$，式中，K 为萃取分配系数；C_1 为平衡时被萃取物在萃取剂中的浓度；C_2 为平衡时被萃取物在污水中的浓度，萃取分配系数越大，被萃取物进入萃取剂相的能力越强。分配系数不是常数，随物系、温度、浓度等的变化而异。

萃取处理过程 包括三个步骤：①混合：投加萃取剂，使污水与萃取剂充分接触；②分离：被萃取物达到平衡后静置，使轻、重液层完全分离；③萃取剂再生：萃取后，分离出被萃取物，回收萃取剂，重复使用。

络合萃取法 是基于可逆络合反应的萃取分离方法，对于极性有机物和金属离子的分离具有高效性和高选择性。络合萃取法采用含有络合剂的萃取剂，络合剂与待分离污染物反应形成络合物，并使其转移至萃取相内。络合萃取剂体系一般由络合剂、助溶剂及稀释剂组成。例如，采用由三烷基胺（络合剂）、正丁醇（助溶剂）和煤油（稀释剂）组成的混合络合溶剂处理稀醋酸废水；采用由N510（络合剂）和磺化煤油（稀释剂）组成的混合络合溶剂处理铜矿采选废水，可实现铜的富集回收。

萃取设备 按两相的接触方式可分为逐级接触式和微分接触式两类。常用的逐级接触式萃取设备包括混合－澄清槽、筛板塔等。常用的微分接触式萃取设备包括振动筛板塔、转盘塔、离心萃取机和填料塔等。

混合－澄清槽 是一种典型的逐级接触式萃取设备，其每一级都包括混合器和澄清槽两部分（见图1），可单级使用，也可多级按逆流、错流方式组合使用。混凝－澄清槽传质效率高，并可处理含有固体悬浮物的废水。但每一级都设有搅拌装置，级间流动一般需用泵输送，设备费用和操作费用较高，且水平排列布置时占地面积较大。

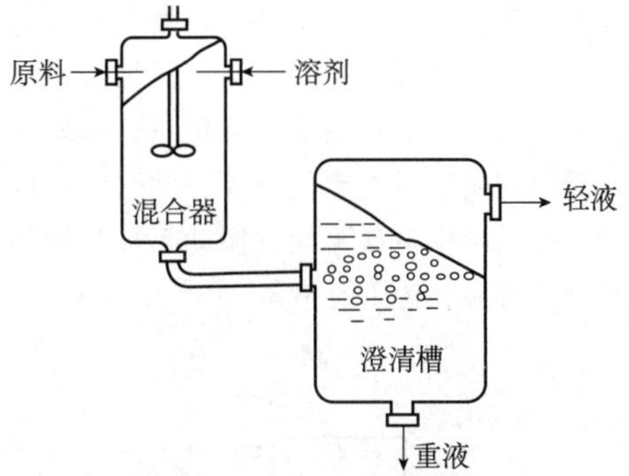

图1 单级混合－澄清槽

筛板塔 由一个通常呈圆柱形的壳体及其中按一定间距水平设置的若干塔板组成。塔板上开孔，塔板之间由升液管或降液管连通。轻重两相分别作为连续相（通常为水相）和分散相（通常为溶剂相）在塔内做逆流流动，每块塔板上两相呈错流接触。在溶剂相作为分散相时，则溶剂通过塔板上筛孔分散为液滴，而作为连续相的污水则沿每块塔板横向流动，然后由降液管流至下层塔板。溶剂液滴与污水液层接触和传质后，在塔板的上层空间形成一溶剂清液层。该清液层在两相密度差的作用下经上层塔板再次被分散成液滴而浮升（见图2）。每块筛板及板上空间的作用相当于一级混合－澄清槽。筛板塔传质效率高，占地面积小，在污水萃取处理中应用广泛。

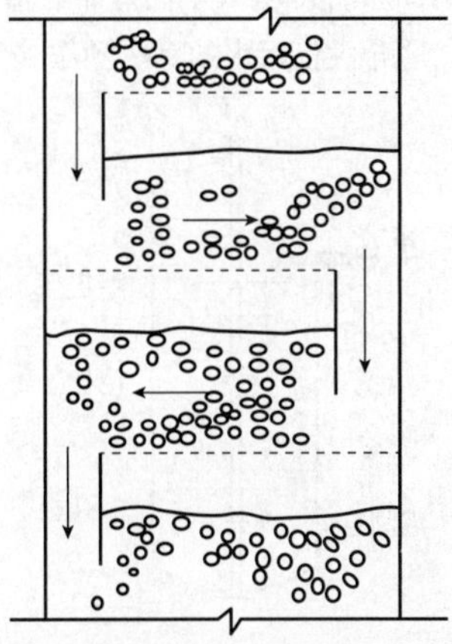

图2 水相（重相）为连续相的筛板塔

振动筛板塔 振动筛板塔萃取段内有一纵轴，轴上装有若干钻有圆孔的圆盘形筛板，塔壁每隔几块挡板设置一块环形挡板。圆盘形筛板在纵轴的带动下做上下往复运动，以促进轻重两相间的接触传质（见图3）。通常，污水由塔上部进入，萃取剂由塔下部进入，萃取后污水与萃取剂由于密度差而分离，萃取剂由塔顶流出，废水则由塔底流出。振动筛板塔操作方便，结构可靠，传质效率高。

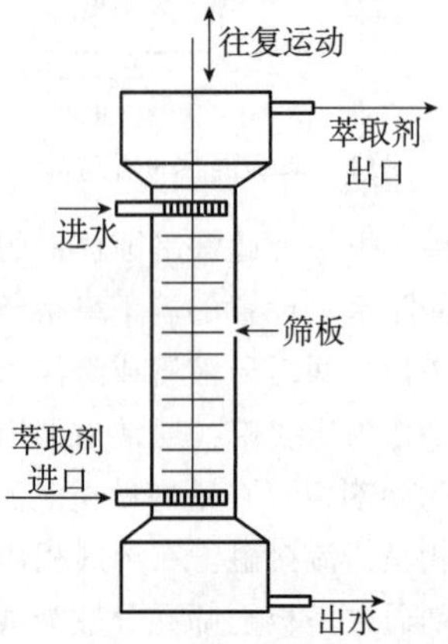

图3 振动筛板塔

转盘塔 塔型与振动筛板塔相似，不同在于塔中间无筛板，而是在塔身上每隔一定距离有一环状隔板，在可以旋转的中心轴上按照同样的间距设置若干块圆盘。固定的环状隔板将塔内分隔成许多区间，每个区间都有圆盘对液体进行搅拌，从而促进污水与溶剂的接触传质。转盘塔结构简单，传质效率高，而且可以放大到很大规模，适合大量污水的萃取操作（见图4）。

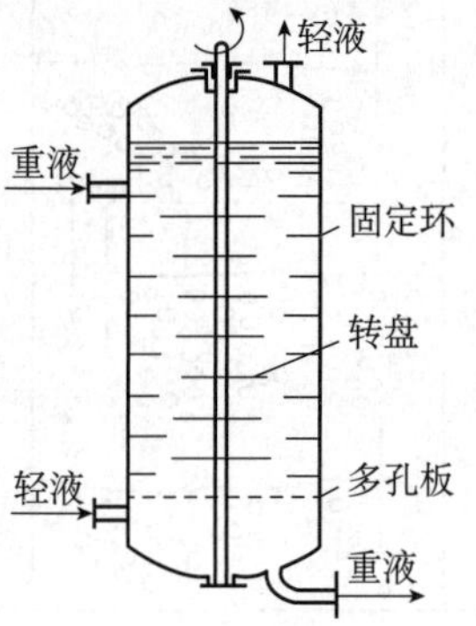

图4 转盘塔

离心萃取机 萃取机外形为一圆形卧式转鼓，转鼓内置多层同心圆筒，每层都有许多孔口相通，萃取剂（轻相）由外层的同心圆筒进入，污水（重相）由内层的同心圆筒进入，由于转鼓高速旋转产生的离心力，污水由里向外、萃取剂由外向里流动，进行连续的逆流接触（见图5）。离心机构造复杂，制造困难且电耗较大。

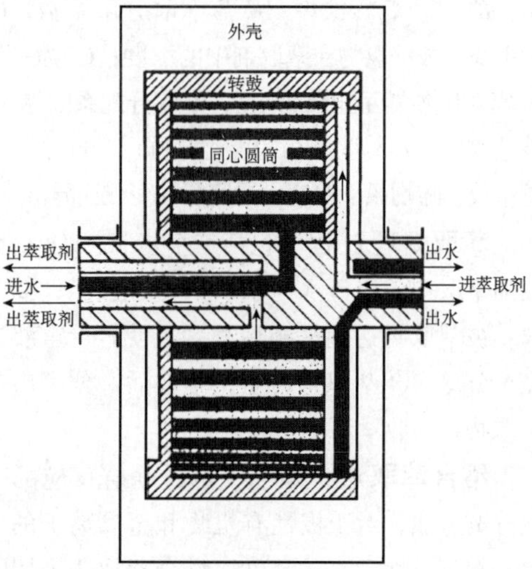

图5 离心萃取机

萃取剂 萃取剂对液体混合物中各组分的溶解度差别，称为萃取剂的选择性，萃取剂对污水中各组分的溶解度差别越大，则其选择性越好。萃取剂的选用不仅影响到污水处理的深度，而且影响到分离效果和萃取过程的费用，因此在选择萃取剂时应首要考虑以下要求：

①萃取能力大，即萃取分配系数大。

②分离性能好。萃取过程中不乳化，不随水流失，黏度小，与污水密度差大，表面张力适中。

③容易再生和回收溶质。

④化学稳定性好，难燃爆，对设备腐蚀性小，毒性小，闪点高，凝固点低，蒸气压小，便于室温下储存和使用。

⑤价格便宜，来源较广。

萃取剂再生 被萃取物从萃取剂中分离出来后，萃取剂可重复使用，常用的再生方法有：①蒸馏：利用萃取剂和被萃取物的沸点差别进行分离；②投加化学药剂：使被萃取物转化成不溶于萃取剂的盐类。

技术应用 在石化、化工污水处理中应用广泛，已成为高浓度含酚废水的常用处理工艺。此外，随着络合萃取技术的发展，萃取处理技术已不再局限于废水中憎水性污染物的去除，重金属离子、有机酸等高水溶性污染物也可通过萃取方式进行处理。（宋玉栋　王建兵）

wushui dianjie chulifa

污水电解处理法（electrolytic treatment of wastewater） 又称污水电化学处理法，指利用污水中电解质在直流电作用下分别在阳、阴两极上发生的氧化和还原反应，直接或间接去除污水中污染物的方法。按照污染物去除机理可分为电解氧化法、电解还原法、电解凝聚法和电解气浮法。

电解反应原理 电解槽内装有极板，按照与直流电源连接方式分为阳极和阴极：阳极与电源正极相连，阴极与电源负极相连。通电后，在外电场作用下，阳极失去电子发生氧化反应，阴极获得电子发生还原反应。污水流经电解槽，作为电解液，在阳极和阴极分别发生氧化和还原反应。用石墨、金、铂等还原性很弱的材料制作的电极叫作惰性电极，在一般的通电条件下不发生化学反应。用铁、锌、铜、银等还原性较强的材料制作的电极叫作活性电极，它们做电解池的阳极时，先于其他物质发生氧化反应（见下图）。

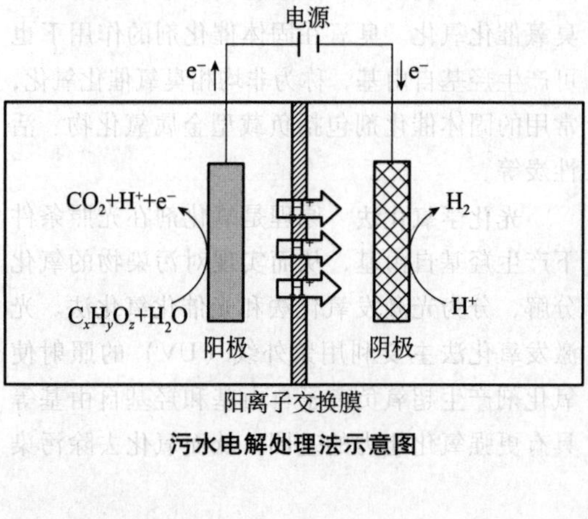

污水电解处理法示意图

电解法处理污水可直接利用在电极上的氧化或还原反应（初级反应），也可采用间接氧化或间接还原方式，即利用电极氧化或还原产物与污水中的污染物发生化学反应（次级反应），实现污染物的去除。

电解氧化法 又称电化学氧化法，分为直接电解氧化法和间接电解氧化法。

直接电解氧化法 指通过阳极氧化使污染物直接转化为无害物质的方法。例如，氰化物在阳极直接氧化生成二氧化碳和氮气。

间接电解氧化法 指利用电极反应产物与污水中的污染物发生氧化反应实现污染物去除的方法。其通过阳极氧化使溶液中的一些基团生成强氧化剂，进而实现污水中污染物的去除，例如，向污水中投加氯化钠，电解产生氯气，可实现污水中氰化物的间接氧化去除。在合适的条件下，阴极可产生 H_2O_2，投加 Fe^{2+} 可形成芬顿试剂，进而实现污水中污染物的去除，即所谓的“电芬顿工艺”。

电解还原法 又称电化学还原法，分为直接电解还原法和间接电解还原法。

直接电解还原法 指通过阴极还原使污染物直接转化为无害物质的方法。例如，六价铬在阴极直接还原生成三价铬。

间接电解还原法 指利用电极反应产物与污水中的污染物发生还原反应实现污染物去除的方法。通过阳极氧化使溶液中的一些基团生成强氧化剂，进而实现污水中污染物的去除，例如，采用铁阳极时，电解形成 Fe^{2+}，Fe^{2+} 可进一步将六价铬还原为三价铬，实现废水毒性的降低。

电解凝聚法 指铁或铝制金属阳极溶解的离子经进一步水解，可以成为活性混凝剂，能对污水中的有机或无机污染物起凝聚作用，使污染物相互凝聚而从污水中分离出来。

电解气浮法 指在污水电解过程中，因电解水的作用，分别在阴极和阳极产生氢气和氧气，形成细小气泡，可使絮凝物或油吸附在气泡上并浮升至液面以利于排除。（宋玉栋）

wushui fenzhi shouji

污水分质收集 (classified sewage collection) 根据生活污水和工业废水组成和特性的不同分别进行收集和输送的方式。污水分质收集，有利于污水后续分质处理和处理水分质回用。

生活污水分质收集 生活污水按照其产生源及特点分为四类：①黑水，包括公共厕所或卫生间的含粪便污水；②黄水，由公共厕所或卫生间以尿液为主的污水组成；③灰水，包括洗衣、洗浴废水，盥洗废水和清洗废水等；④褐水，主要指厨房废水，包括洗涤槽中的废物和粉碎器搅拌的厨房垃圾等。可根据情况进行完全分质收集，也可进行部分分质收集，如常用的黑、灰分质，即将黑水（含黄水）同灰水（含褐水）分开收集。

工业废水分质收集 一个工业企业内部往往产生多种不同水质特征的废水，对高浓度废水进行分质收集和处理，有利于废水中有用物料的回收，减小水质波动和冲击负荷；对高毒性废水进行分质收集和处理，有利于防止有毒废水对生物处理系统的抑制性冲击；对高含盐废水进行分质收集和处理，有利于减小低含盐废水脱盐深度处理的难度；对含高浓度溶解性难生物降解有机物的废水进行分质收集和处理，有利于减小废水深度处理的建设规模。废水分质收集和处理也可能增加污水收集系统的复杂性，增加建设投资和运行维护成本。因此，应根据各企业具体情况确定废水分质收集和处理技术路线。例如，石油炼制企业可将生产废水按照含油废水、含盐废水和含硫废水进行分质收集和处理。 （赵迎新）

wushui gaoji yanghua chulifa

污水高级氧化处理法 (advanced oxidation process of wastewater) 以羟基自由基（·OH）等强氧化基团为主要氧化剂，在水相实现污染物氧化分解的污水处理方法。羟基自由基通常通过加入氧化剂、催化剂或借助紫外光、可见光、高能电子束等方式在水相原位产生。

沿革 1894年，化学家芬顿（Fenton）发现过氧化氢和亚铁离子混合可产生强氧化性。1987年，Glaze等提出了以·OH为主要氧化剂的高级氧化技术（advanced oxidation process, AOPs），又称作深度氧化技术。目前，芬顿氧化法、臭氧催化氧化法因其技术成熟、经济性优异，应用较为广泛；随着对光催化氧化、电化学氧化等研究的不断深入以及配套材料、反应器的逐步成熟，相关技术会慢慢得到应用并形成各自的工业装备及应用体系。

技术特点 ①氧化能力强，如·OH的标准氧化还原电位为2.80 V，仅次于氟，对多数有机物和还原性无机物具有氧化能力。②反应速率快，与大多数有机物的反应速率常数为$10^9 \sim 10^{10}$ L/(mol·s)。③可改善污水生物处理性能。·OH可通过亲电加成、夺氢、电子转移等方式将难降解有机物、有毒污染物分解为易降解、低毒或无毒的小分子物质，提高污水BOD_5/COD值（B/C值），改善污水的可生化性。④适用范围广，氧化彻底。·OH对有机分子几乎无选择性，可直接与有机物反应并将其降解为二氧化碳、水和无害物。

分类 根据羟基自由基产生机理的不同，分为臭氧催化氧化法、光化学氧化法、电化学氧化法、芬顿氧化法及超临界水氧化等。

臭氧催化氧化法 臭氧在催化剂等的作用下分解产生·OH等强氧化基团，然后将污染物氧化分解。臭氧在氢氧根、过氧化氢、亚铁离子等的引发下可产生羟基自由基，称为均相臭氧催化氧化。臭氧在固体催化剂的作用下也可产生羟基自由基，称为非均相臭氧催化氧化，常用的固体催化剂包括负载型金属氧化物、活性炭等。

光化学氧化法 原理是氧化剂在光照条件下产生羟基自由基，从而实现对污染物的氧化分解，分为光激发氧化法和光催化氧化法。光激发氧化法主要利用紫外线（UV）的照射使氧化剂产生超氧负离子自由基和羟基自由基等具有更强氧化能力的基团，从而氧化去除污染物，如 UV/O_3、UV/H_2O_2 和 $UV/O_3/H_2O_2$ 等工艺。光催化氧化法是在待处理的污水中加入适量的催化剂，在紫外线的照射下产生羟基自由基，利用羟基自由基氧化去除有机污染物（见污水光催化氧化法）。

电化学氧化法 是利用有催化活性的电极反应直接或者间接产生·OH，从而有效地降解难以生化处理的污染物的方法，如电芬顿法等。

芬顿氧化法 利用亚铁盐和过氧化氢组成的芬顿试剂产生·OH 对污染物进行氧化分解。当 pH 低时（一般要求 pH 为 3 左右），在二价铁的催化作用下过氧化氢能够分解生成·OH，·OH 的强氧化性能够达到去除污染物的目的。芬顿氧化法特别适用于生物难降解和一般化学氧化技术难以处理的有机废水，如垃圾渗滤液等。

超临界水氧化（SCWO） 是利用超临界水作为介质来氧化污染物的方法。污染物可在富氧的均一相中进行，反应不会因相间转移而受限制，同时高温也加快了反应速度，可在几秒钟内实现对有机物的彻底分解，适用于各种有毒物质、废水和废物的处理。反应所需要的高温、高压条件对设备材质和加工要求很高，在一定程度上限制了该技术的应用。

（王建兵）

wushui guanwang

污水管网

（sewage pipe network） 排水管网中用于输送污水（生活污水和工业废水）的管网，由收集和输送污水的管道及其附属构筑物组成。污水由支管流入干管，再流入主干管，最后流入污水处理厂。管道由小到大，分布类似河流，呈树枝状，与给水管网的环流贯通情况完全不同。污水在管道中一般依靠重力从高向低处流动，管道内部不承受压力。

污水收集系统 一般是指室内外污水收集器具和系统。生活污水常用的室内收集器有污水盆、洗涤盆、浴盆、大便器、地漏等，在与生活污水管道或其他可能产生有害气体的排水管道连接时，必须在排水口以下设存水弯。工业废水的收集应在企业工厂内部设置排水管道。

污水输送管道系统 包括污水管道及其附属构筑物。污水管道一般由支管和干管构成，支管负责收集不同区域的生活用水和工业废水，干管负责接纳支管的污水并以重力流的方式输送至污水处理厂。排水管宜沿道路敷设，并与道路中心线平行，宜设在快车道以外。排水干管应布置在排水区域内地势较低或便于雨污水汇集的地带。污水管道、合流管道与生活给水管道相交时，应敷设在生活给水管道的下面。受地形、地势等条件的约束污水重力输送发生困难时，需要设置排水泵站帮助排水。

（彭森）

wushui guangcuihua yanghuafa

污水光催化氧化法

（photocatalytic oxidation process of wastewater） 在光催化剂存在条件下，利用光氧化反应去除污水中污染物的方法。分为均相光催化氧化和非均相光催化氧化两类。

沿革 1972 年，Fujishima 和 Honda 利用 Pt 电极和 TiO_2 电极在紫外光的照射下将水电解成 H_2 和 O_2，标志着光催化氧化技术研究的开始。1993 年，Ruppert 等首次发现引入紫外光可促进芬顿试剂对有机物的氧化。

均相光催化氧化 指主要以 Fe^{2+}/Fe^{3+} 和 H_2O_2 分别为催化剂和氧化剂，通过光助芬顿反应使还原性污染物得到氧化分解的方法。紫外光和可见光均可大大提高芬顿反应速率，从而促进羟基自由基的生成。与传统芬顿氧化相比，光助芬顿反应可降低亚铁离子消耗量，进而减少污泥产生量。

非均相光催化氧化 指半导体光催化剂经可见光或紫外光照射激发产生电子－空穴对，对吸附于表面的污染物直接进行氧化分解，或在催化剂表面将 O_2、H_2O 转化成·OH，并通过·OH 氧化去除污水中污染物的方法。常用的催化剂包括 TiO_2、ZnO 等。非均相光催化氧化无须投加 H_2O_2 和 O_3 这样的氧化剂，催化剂也可长期使用。但由于紫外光和可见光必须要穿透液层照射到催化剂表面才能发挥作用，因此处理效果受色度和浊度的影响较大。

非均相光催化剂 光催化剂多为 *n* 型半导体，许多金属氧化物和硫化物具有光催化活性，如 TiO_2、ZnO、CdS、Fe_2O_3、SnO_2、WO_3 等，其中 TiO_2 应用最广。实际应用中多将催化剂固定后使用，包括固定颗粒体系和固定膜体系两种固定形式。

非均相光催化反应器 光催化反应器是污水光催化氧化处理的场所，按光源的不同分为紫外灯光催化反应器和太阳能光催化反应器；按催化剂状态不同分为悬浮型光催化反应器和固定床型光催化反应器，固定床型光催化反应器又分为填充式和非填充式两种。

特点 反应条件温和，运行成本低，易与其他高级氧化技术联用，设备结构简单、容易操作；但催化剂制备成本高，光利用效率不高。

（宋玉栋）

wushui huaxue chendian chulifa

污水化学沉淀处理法 （wastewater treatment by chemical precipitation process） 向污水中投加化学药剂，使它和其中某些溶解物质反应，生成难溶物质沉淀析出，实现污水净化的方法，是一种传统的水处理方法。

原理 化学沉淀现象服从溶度积原则，即在含有 M_mN_n 盐固体的饱和溶液中，各种离子浓度的乘积（$L_{M_mN_n}=[M^{n+}]^m[N^{m-}]^n$）为一常数（溶度积常数）。只要溶度积超过 M_mN_n 的溶度积常数，就会析出 M_mN_n 沉淀。化学沉淀法的实质是向水中投加适当的化学药剂，以使投入的离子和污水中的有害离子形成溶度积很小的难溶盐或难溶氢氧化物而沉淀析出。

适用范围 广泛用于水质处理中的软化过程，也常用于污水中重金属及磷的去除。

方法分类 根据沉淀剂的不同，可分为氢氧化物沉淀法、硫化物沉淀法和钡盐沉淀法等。

氢氧化物沉淀法 指向污水中投加氢氧化物，使水中的金属离子生成氢氧化物沉淀而去除的方法。该法与污水的 pH 有十分密切的关系。

硫化物沉淀法 许多金属能形成硫化物沉淀，其溶解度一般比相应的氢氧化物小很多，所以可向污水中投加某种硫化物使金属离子形成金属硫化物沉淀而被去除。

钡盐沉淀法 该方法主要用于处理含六价铬的废水，采用的沉淀剂有氯化钡等。钡盐沉淀法可以将电镀废水的六价铬转化为铬酸钡沉淀，再通过投加硫酸回收铬酸。

应用 污水中的铁、锰盐类，可用空气或其他氧化剂氧化为难溶的氢氧化物或氧化物从水中析出。污水中的重金属离子（如汞、镉、铬、铅、铜和锌）可通过氢氧化物沉淀法或硫化物沉淀法进行处理。污水中的铬酸根离子可先还原为三价铬离子，然后用氢氧化物沉淀法去除；也可直接采用钡盐沉淀法去除。污水中的磷酸盐，可投加铝盐或铁盐转化为难溶的磷酸铝或磷酸铁而去除。

（王建兵）

wushui huaxue chulifa

污水化学处理法 （chemical treatment of wastewater） 通过化学反应使污水中污染物的性质或形态发生改变而将其从水中除去的方法。主要处理对象是水中的溶解物质和胶体物质。

分类 分为污水中和处理法、污水混凝处理法、污水化学沉淀处理法、污水氧化还原处理法、污水电解处理法、污水离子交换处理法、污水消毒等。

技术优势 与生物处理相比，污水化学处理法能有效去除生物处理技术难以去除的一些污染物，如剧毒和高毒污染物、重金属、难生物降解有机物等。此方法还具有容易实现自动检测和控制、便于回收利用等优点。

局限性 由于污水化学处理常采用化学药剂（或材料），因此处理费用一般较高，操作与管理的要求也较严格。化学处理常需与物理处理配合使用，如在污水离子交换前，往往需用沉淀和过滤作为前处理；在污水混凝处理后，需采用沉淀或过滤作为后处理。

应用 化学处理技术，特别是化学沉淀处理法，在污水处理发展的早期就开始应用。近年来随着新型化学药剂和设备的相继问世，化学处理技术在污水处理中的应用日益广泛，已与生物处理技术并驾齐驱。

化学处理技术可作为生物处理后的深度处理措施，如以折点氯化法去除氨氮，以化学沉淀法除磷，以臭氧、二氧化氯、高氯酸钾等氧化剂去除难以生物降解的有机污染物等；化学处理技术还可作为生物处理前的预处理措施，有效去除污水中的剧毒和高毒污染物、难降解有机物等，例如，用化学沉淀法、电解法等技术去除或回收重金属，用化学氧化法破坏氰化物和酚等。（王建兵）

wushui hunning chulifa

污水混凝处理法 （coagulation treatment of wastewater） 向污水中投加混凝剂，消除或降低水中胶体粒子以及微小悬浮物颗粒间的相互排斥力，使水中颗粒易于相互碰撞和附聚搭接而成为较大颗粒或絮体，进而从水中分离出来的处理方法。概念上，“混凝”是凝聚和絮凝的总称。其中，胶体失去稳定性，即“脱稳”的过程称“凝聚”；脱稳胶体相互聚集称“絮凝”。但在实际生产中很难截然划分。

胶体稳定性 指胶体粒子在水中长期保持分散悬浮状态的特性。从污水处理角度来看，凡沉降速度十分缓慢的胶体粒子以至微小悬浮物，均被认为是“稳定”的。

混凝机理 污水处理中的混凝现象比较复杂，不同种类混凝剂以及不同的水质条件，混凝作用机理都有所不同。多年来，混凝剂作用机理的理论研究不断取得进展。当前，普遍认为混凝剂对水中胶体粒子的混凝作用有四种：压缩双电层、电性中和、吸附架桥和网捕或卷扫作用。这四种作用究竟以何者为主，取决于混凝剂种类和投加量、水中胶体粒子性质、含量以及水的 pH 等。

压缩双电层 在胶体粒子表面带电量不变的情况下，向水中投加电解质，胶体扩散层内反号离子浓度升高，所需的扩散层减薄，相应的胶体粒子 Zeta 电位降低，胶体粒子间排斥力减小。当粒子间的排斥力小于粒子间的吸引力时，胶体粒子开始发生凝聚。

电性中和 当投加的多价离子作为混凝剂时，多价离子不但能压缩双电层，而且能够透过胶核外围的反离子层进入固液界面，并中和粒子表面所带电荷，使双电层的总电位 ψ 降低，Zeta 电位也随之减小，实现胶体粒子的脱稳和凝聚。

吸附架桥 如果投加的混凝剂是水溶性链状高分子聚合物并具有能与胶体粒子和微小悬浮物发生吸附的活性点位，它就能通过静电引力、范德瓦耳斯引力和氢键力等，将微粒搭桥联结为一个个絮凝体。聚合物的链状分子在其中起到了桥梁和纽带的作用。这种网状结构的表面积很大，吸附能力很强，能够吸附黏土、有机物、细菌甚至溶解物质。

网捕或卷扫 当混凝剂投加量很大而形成大量氢氧化物沉淀时，可以网捕、卷扫水中胶体粒子和微小悬浮物共同沉淀。

混合方式 混凝剂和污水充分混合是污水混凝处理的必要条件。混合方式分为机械类和水力类。机械类可调节，但有机械维修量。水力类操作简单，但不能适应流量变化，主要包括水泵混合、管式静态混合、扩散混合、跌水混合、隔板混合及水跃、涡流等混合。

投加方式 主要包括湿投法（重力投加、压力投加）和干投法。目前一般采用湿投法，较多的采用自动投药装置。

混凝剂 要求混凝效果好、对人体健康无害、使用方便、货源充足、价格低廉等。主要分为无机混凝剂和有机混凝剂。

无机混凝剂 包括传统的铝盐（硫酸铝、硫酸铝钾等）、铁盐（三氯化铁、硫酸亚铁、硫酸铁等）混凝剂和无机高分子混凝剂（聚合氯化铝、聚合硫酸铁等）。无机混凝剂中聚合氯化铝使用较广泛。

有机混凝剂 主要为有机高分子混凝剂，包括人工合成的和天然的。人工合成的有机高分子混凝剂按照在水中的带电情况分为阳离子型（含氨基、亚氨基的聚合物）、阴离子型（水解聚丙烯酰胺）、非离子型（聚丙烯酰胺、聚氧化乙烯）和两性型，以聚丙烯酰胺应用较多。天然有机高分子混凝剂包括淀粉、动物胶、树胶、甲壳素等。

助凝剂 当单用混凝剂不能取得良好效果时，可投加某些辅助药剂以提高混凝效果。大体可分两类：一类用于调节或改善混凝条件，如当原水碱度不足时可投加石灰或碳酸氢钠，采用硫酸亚铁为混凝剂时可投加氯气等；另一类用于改善絮凝体结构，如聚丙烯酰胺、活化硅酸、骨胶、海藻酸钠等，利用其吸附架桥作用使细小而松散的絮凝体变得粗大而密实。

影响混凝效果的因素 包括水温、pH、污染物组成、混凝剂种类及投加量、水力条件等因素。

水温 对混凝效果影响显著。低水温条件不利于无机盐类混凝剂的水解，并会造成废水黏度大，絮体形成缓慢且结构松散，颗粒细小。为提高低温废水的混凝效果，常增加混凝剂投加量并投加助凝剂。

pH 对混凝效果的影响程度，视混凝剂品种而异，如采用硫酸铝混凝剂，最佳 pH 范围为6.5～7.5；采用三价铁盐混凝剂，最佳 pH 范围为6.0～8.4，如水中碱性较弱，需投加石灰。高分子混凝剂尤其是有机高分子混凝剂，混凝效果受 pH 影响较小。

污染物组成 对混凝效果有明显影响，在生产上主要依靠混凝试验选择合适的混凝剂品种和混凝剂投加量，例如，当废水盐度较高时，混凝剂投加量需要适当增减。

混凝剂种类及投加量 对混凝效果有直接影响，种类不合适、投加量不足或过量均可能造成混凝效果不佳，需通过混凝试验具体确定。

水力条件 对絮体的形成影响很大。通常在混合阶段采用快速而剧烈的搅拌，以促进药剂分散和胶体脱稳，在反应阶段采用较低的搅拌强度，以避免絮体被打碎。

（王建兵　宋玉栋）

wushui jianchajing

污水检查井 （sewage control well） 排水管道系统上为检查和清理管道而设立的窨井，起着连接管段和管道系统通风的作用，常见形式为圆形、矩形和扇形，具体形状参见《给水排水标准图集》S231～S233。

设置条件 ①管道方向转折处；②管道坡度改变处；③管道断面、基础、接口变更处；④管道交会处；⑤直线管道上每隔一定距离处；⑥特殊用途处（跌水、截流、溢流、连通、设闸、通风、沉泥、冲洗以及倒虹吸、顶管、断面压扁的进出口等处）。

构造 检查井由井底（包括井基）、井身和井盖（包括盖座）三部分组成（见下图）。井底一般采用低标号混凝土，井基采用碎石、卵石、碎砖夯实或低标号混凝土；井身的材料可采用砖、石、混凝土或钢筋混凝土。不需要下人的浅井井身构造简单，为直壁圆筒形；需要下人的井在构造上分为工作室、渐缩部和井筒三部分。工作室是养护人员下井进行临时操作的地方，不应过分狭小。井筒与工作室之间可采用锥形渐缩部连接，渐缩部高度一般为0.6～0.8m，也可在工作室顶偏向出水管渠一侧加钢筋混凝土盖板梁，井筒则砌筑在盖板梁上。为便于上下，井身在偏向进水管渠的一边应保持一壁直立。井盖可采用铸铁或钢筋混凝土材料，在车行道上一般采用铸铁，为防止雨水流入，盖顶略高出地面。

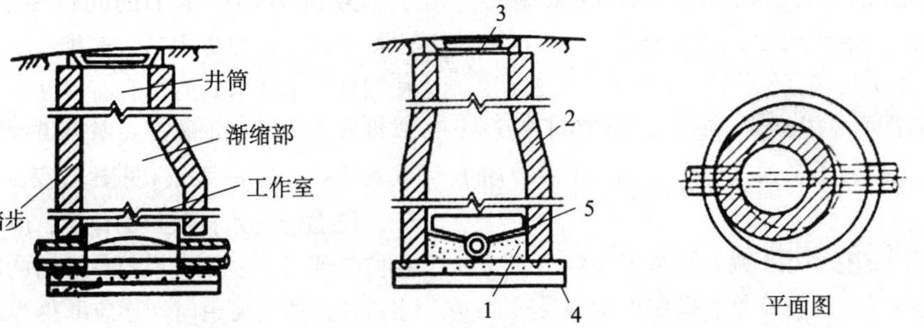

1—井底；2—井身；3—井盖及盖座；4—井基；5—沟肩

检查井组成部分

（李军　彭森）

wushui lixin fenlifa

污水离心分离法　(centrifugal separation of wastewater)　利用高速旋转形成的离心力去除污水中悬浮颗粒的方法。分离过程中，悬浮颗粒密度按由小到大，受到离心力的不同作用被分离后，按由外到内分布，通过不同的液体排出口，使悬浮颗粒从废水中分离出来。

原理　废水中颗粒在高速旋转过程中受到的离心力较大，逐渐移动到外层，然后通过出口分离。颗粒在离心力场中受到的离心力为

$$F = \frac{mv^2}{r}$$

式中，F 为离心力，N；m 为颗粒质量，kg；v 为旋转线速度，m/s；r 为旋转半径，m。

分离机分类　按离心力产生的方式可分为：①由水流本身旋转产生离心力的旋流分离机；②由设备本身旋转带动污水旋转的离心分离机。　（朱洪涛）

wushui lizi jiaohuan chulifa

污水离子交换处理法　(ion exchange treatment of wastewater)　通过离子交换剂中的离子同污水中的离子进行交换反应而去除污水中有害离子的方法。

离子交换反应　指离子交换剂上的可交换离子与液相中离子间发生交换的反应。

$$R^-A^+ + B^+ \rightleftharpoons R^-B^+ + A^+$$

式中：阳离子交换剂 R^-A^+ 由不溶解的 R^- 和能通过离子交换反应而进入液相的阳离子 A^+ 组成。R^- 称为固定离子，A^+ 称为抗衡离子或相对离子。反应达到平衡时，在固相和液相中均存在一定比例的 A^+ 和 B^+。离子交换反应均为可逆反应，反应平衡常数 K 表示离子交换剂对不同离子的相对亲和力大小。

离子交换剂　按母体材质不同，离子交换剂可分为无机和有机两大类。无机离子交换剂包括天然沸石和合成沸石。有机离子交换剂包括磺化煤和各种离子交换树脂。目前广泛使用的是离子交换树脂。离子交换树脂的化学结构分为不溶性树脂母体和活性基团两部分，不溶性树脂母体为有机化合物和交联剂组成的高分子共聚物，活性基团由起交换作用的离子和与树脂母体联结的固定离子组成。根据参与离子交换过程的离子的电荷，可分为阳离子和阴离子交换树脂。

离子交换设备　指污水离子交换处理采用的设备，与污水吸附处理法基本相同。设备可分三大类：①搅拌沉降槽。把离子交换树脂和被分离的料液放在带搅拌器的槽中混合，经足够长的接触时间后停止搅拌，使液、固分离，再把树脂再生并释出被交换的离子。这种设备适用于处理黏稠液体。一个槽相当于一次接触，若达不到分离要求时，可采用多级串联操作。②固定床离子交换器。料液连续通过装有离子

交换树脂的交换柱（床层），直至出口浓度达到设计浓度，表明已达到“穿透”，需进行再生操作。再生后离子交换柱可循环重复使用。这种设备工业应用最多。③移动床离子交换器。可连续把离子交换剂取出再生，工业应用较少。

特点 具有去除率高、可浓缩回收有用物质、选择性强、设备简单、操作控制容易等优点。但目前应用范围还受到离子交换剂品种、性能、成本的限制；对预处理要求较高；离子交换剂的再生和再生液的处理有时较为困难。在工业废水处理中，主要用于回收重金属、贵金属和稀有金属，净化有毒物质，除去有机废水中的酸性或碱性的有机物质，如酚、酸、胺等。（王建兵）

wushui paifangkou

污水排放口 （sewage outlet） 将处理达标后的污水向水体排放的构筑物。

分类 按照排放口的位置一般分为岸边集中排放口、江心集中或分散排放口（见图1）。按照其与水体水面的相对高程分为淹没式和非淹没式排放口，非淹没式岸边集中排放口按照其翼墙可分为一字式（见图2）和八字式两种。

位置 污水排放口的位置，应取得当地卫生监督部门、水体管理养护部门的同意；如出水口伸入通航河道时，还应取得当地航运管理部门的同意。在较大的江河岸边设置排放口时，应与取水构筑物、游泳区及家畜饮水区有一定的距离。在城市河渠的桥、涵、闸附近设置排放口时，应保证不同结构条件、水力条件下所需要的距离。在海岸边设置污水排放口时，应考虑潮位的变化、水流方向、波浪情况、主导风向、海岸与海底高程的变迁情况、是否有码头泊岸设施、是否为风景游览区和游泳区、水产情况等，选择适当的位置，以保证排放口的使用安全，不影响水产、航运，保持海岸附近地带的环境卫生。

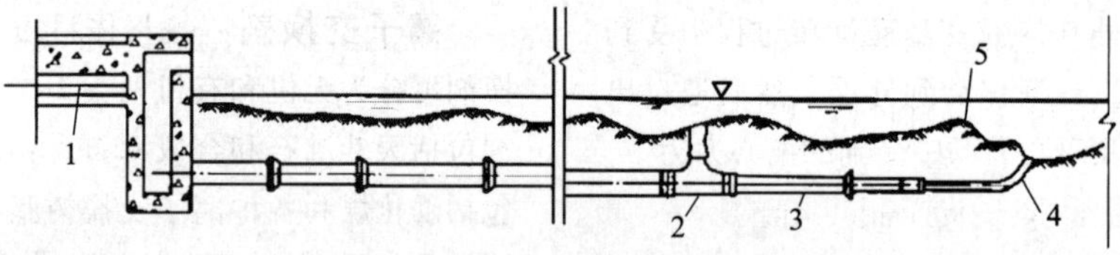

1—进水管渠；2—T形管；3—渐缩管；4—弯头；5—石堆

图1 江心分散排放口

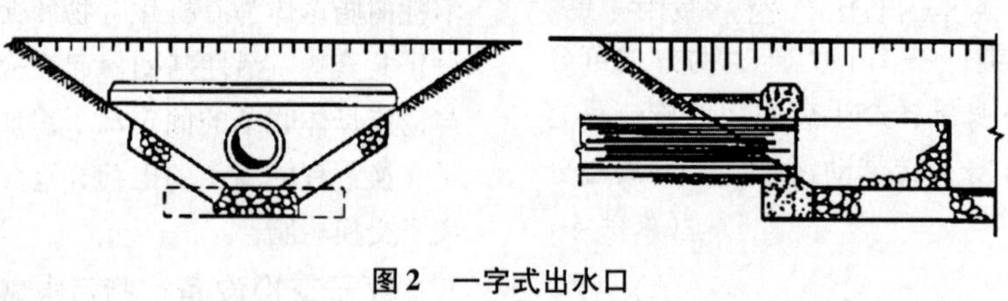

图2 一字式出水口

防冲措施 采用岸边式排放口时，排放口与岸边的连接部分要建挡土墙和护坡（不要侵占水体过水断面），底板要采取防冲刷、消能、加固等措施。

防潮防洪闸 在受潮汐影响的地区，一般应设自动式防潮闸门。在受短期洪水威胁的地区，可设置人工启闭式闸门，在受潮汐影响或洪水威胁的地区，污水排放口的数量要适当减少，以利于控制，防止倒灌。

砌筑材料 污水排放口最好用耐浸泡、抗冻胀的材料砌筑。一般用浆砌块石。

（李军 彭森）

wushui paifang kuosanguan

污水排放扩散管 （diffusor for sewage discharge） 在污水江心排放和污水海湾排放

中，采用分散漫射排放形式时所设置的排放管。污水经岸边井利用重力或经水泵加压后进入排放扩散管。

污水排放扩散管由两部分组成：前部起输水作用的输送管，后部开设分散漫射孔口起分散漫射作用的管段。为保证污水排放的安全，一般平行铺设两根排放扩散管；管道长度按照排放水量计算确定，设计时还应考虑江水和海浪冲击的影响和施工维护的方便。 （李军）

wushui qifu chulifa

污水气浮处理法 （air floatation of wastewater） 通过某种方法产生大量微气泡，使悬浮颗粒附着于微气泡形成密度小于水的气浮体而上升到水面，形成浮渣被刮除，从而实现污染物从污水中分离的方法。该方法可用于沉淀法不适用的固液分离场合，以分离密度接近于水和难以沉淀的悬浮物，如油脂、纤维、胶乳、藻类等，也可用于浓缩活性污泥。

技术原理 气浮过程包括气泡产生、气泡与颗粒附着以及上浮分离等连续过程。实现气浮分离的必要条件包括：向水中提供足够数量的微气泡和微气泡与悬浮颗粒附着。颗粒表面有亲水和憎水之分。憎水性颗粒表面容易附着气泡，因而可用气浮法；亲水性颗粒用适当的化学药品处理后可以转为憎水性颗粒。污水处理中的气浮法，常用混凝剂使胶体颗粒结成为絮体，絮体具有网络结构，容易截留气泡，从而提高气浮效率；水中如有表面活性剂（如洗涤剂）可形成泡沫，也有附着于悬浮颗粒一起上升的作用。污水中颗粒物与气泡附着的方式有气泡顶托、气泡与颗粒吸附和气泡裹挟三种。

主要类型 包括电解气浮法、散气气浮法和加压溶气气浮法。

电解气浮法 指在直流电的电解作用下，利用阳极和阴极产生的氧气和氢气，对废水中的悬浮颗粒进行黏附，并将其带至水面以进行固液分离的方法（见图1）。除固液分离外，还具有对有机物的氧化、脱色和杀菌作用，该方法对废水负荷的适应性强、占地省、噪声低。但电耗较高，较难适用于大型污水处理厂。

散气气浮法 分为扩散板曝气气浮法和叶轮曝气气浮法两种。扩散板曝气气浮法是指直接将空气注入水中，通过具有微细孔隙的扩散装置或微孔管使空气以微小气泡的形式进入水中，进行气浮的方法，但由于产生的气泡较大，气浮效果有限。叶轮曝气气浮法指在气浮池的底部设置叶轮叶片，由转轴与池上部的电机相连接，并由后者驱动叶轮转动，使空气以微小气泡的形式进入水中，进行气浮的方法（见图2），常用于悬浮物浓度较高的污水的处理，或作为加压溶气气浮的预处理。

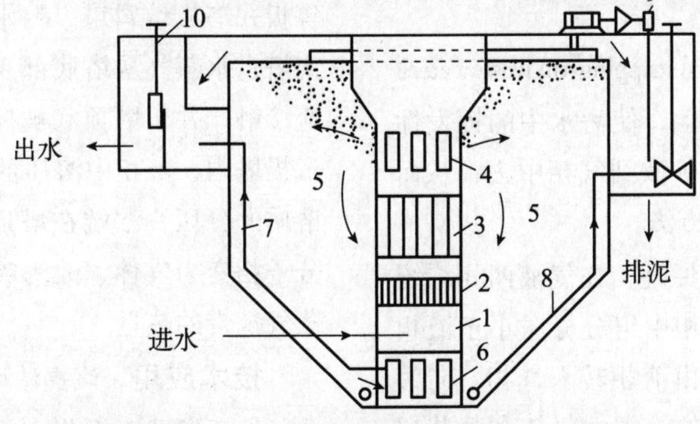

1—入流室；2—整流栅；3—电极组；4—出流孔；5—分离室；6—集水孔；
7—出水管；8—排沉泥管；9—刮渣机；10—水位调节器

图1 电解气浮法装置示意图

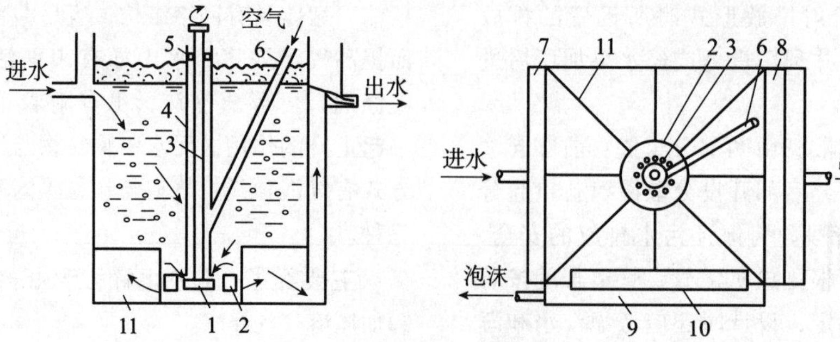

1—叶轮；2—盖板；3—转轴；4—轴套；5—轴承；6—进气管；
7—进水槽；8—出水槽；9—泡沫槽；10—刮沫板；11—整流板

图2 叶轮曝气气浮法装置示意图

加压溶气气浮法 指使空气在加压条件下溶于水中，再将压强降至常压，使过饱和空气以微小气泡逸出的气浮处理方法（见图3）。加压溶气气浮法产生的气泡小、粒径松散、在气浮池上升速度慢，特别适用于松散、细小絮凝体的固液分离。

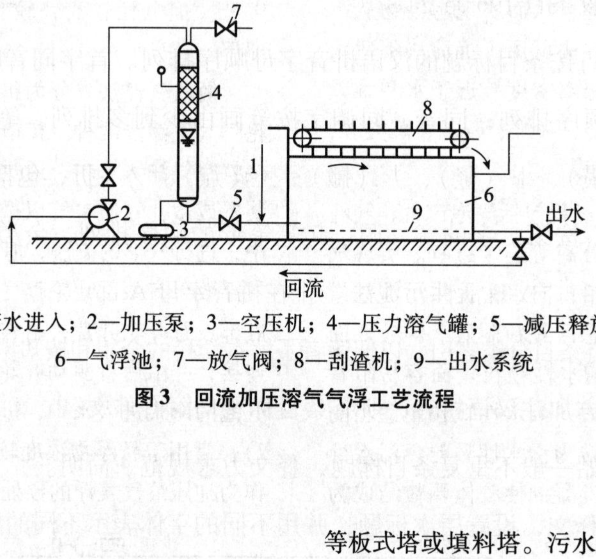

1—废水进入；2—加压泵；3—空压机；4—压力溶气罐；5—减压释放阀；
6—气浮池；7—放气阀；8—刮渣机；9—出水系统

图3 回流加压溶气气浮工艺流程

（王建兵）

wushui qiti chulifa

污水汽提处理法 (gas stripping of wastewater)

让污水与水蒸气直接接触，使污水中的挥发性物质按一定比例由液相扩散到气相中去，从而从污水中分离污染物的方法。

原理 根据相平衡原理，在气液两相系统中，当与液相接触的气相中组分分压小于液相平衡分压时，则组分将由液相转入气相。向污水中通入载气，污水中的溶解性气体和某些挥发性物质向气相转移，通常载气为水蒸气时称这种处理方法为汽提。

汽提塔 可采用筛板塔、泡罩塔、浮阀塔等板式塔或填料塔。污水从塔顶部入塔、底部离塔；水蒸气从塔底部入塔，与污水在塔内逆流接触，并于塔顶和被提馏组分一起离塔。在汽提塔内，液相中溶质的平衡分压大于气相中溶质的分压，浓端在塔顶，稀端在塔底。溶质分子相变为气体，故为吸热过程，需要消耗水蒸气携带的热量。

技术应用 汽提法可实现废水中溶解气体及各种挥发性有机化合物的选择性去除，便于后续实现资源回收，在石化、化工废水处理中应用广泛。例如，汽提技术已在炼油厂含硫废水处理中普遍应用，不仅可回收硫化氢和氨，而且处理后水污染物浓度较低，可回用作原油电脱盐注水，实现水资源的回用（见下图）。

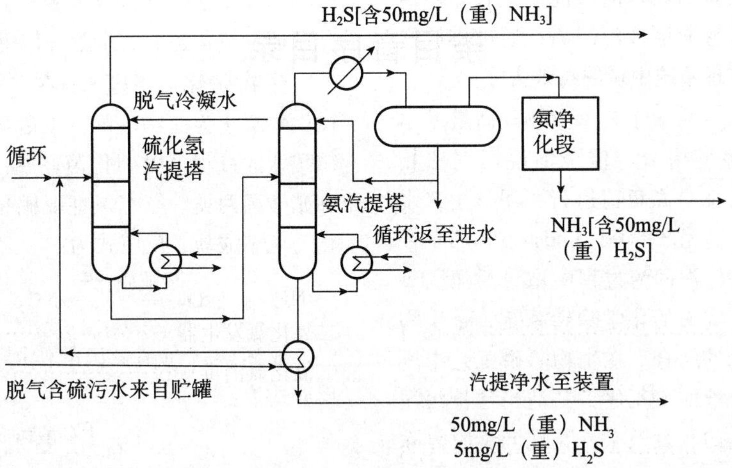

炼油含硫废水双塔汽提工艺示意图

（王建兵）

wushui shailü jieliufa

污水筛滤截留法（screening and filtration of wastewater） 一种通过筛滤介质截留的方式去除污水中悬浮杂质、细小悬浮物和溶解性污染物的方法，包括利用筛分机理的格栅、筛网和各种过滤方法。广义上包括格栅、筛网、深层过滤、膜过滤和滤布过滤等，但狭义上往往不包括截留较大悬浮物的格栅处理以及膜过滤。过滤的目的主要为去除污水中的悬浮物或胶体杂质，特别是有效地去除沉淀技术不能去除的微小粒子和细菌等。该处理工艺常用于污水预处理和深度处理。

表面过滤 基于筛分机理，污水中尺寸大于筛滤介质（如筛网、滤布等）筛孔孔径的颗粒物，被截留在过滤介质表面。

深层过滤 污水中颗粒物因粒径小于滤床的空隙，在过滤过程中被截留在过滤介质床内部。深层过滤的常见形式为滤池，按过滤速度可分为慢滤池（<5 m/h）、快滤池（5~15 m/h）和高速滤池（25~50 m/h）三种；按作用力可分为重力滤池和压力滤池；按过滤水流方向可分为下向流、上向流、双向流等；按滤料层组成可分为单层滤料、双层滤料和多层滤料。在水处理中最常用的滤料有石英砂、无烟煤粒、石榴石粒、磁铁矿粒、白云石粒、花岗岩粒以及聚苯乙烯发泡塑料等，其中以石英砂使用最广。当有溶解性物质需要去除时，也常使用活性炭，可同时起到过滤和吸附的作用。

（朱洪涛）

wushui shengwu chu lin

污水生物除磷（biological phosphorus removal from wastewater） 利用聚磷菌过量摄取磷的特性，使聚磷菌在污水生物处理系统中占优势，提高污泥含磷量，进而通过排放剩余污泥达到较高除磷率的方法，是污水除磷的常用方法。

原理 在厌氧条件下，聚磷菌将细胞内的聚磷酸盐水解为正磷酸盐释放到胞外，并从中获取能量，同时将环境中的有机碳源（挥发性脂肪酸）以胞内能源存储物（主要为聚-β-羟基丁酸）的形式贮存。在好氧条件下，聚磷菌以氧气为电子受体，氧化胞内贮存的聚-β-羟基丁酸，利用产生的能量过量地从污水中摄取磷，以聚磷酸高能键的形式存储。利用聚磷菌在厌氧和好氧条件下不同的代谢特性，将活性污泥交替在厌氧和好氧状态下运行，能使过量积聚磷酸盐的聚磷菌占优势生长，使活性污泥含磷量比普通活性污泥高，通过排放富磷的剩余污泥实现系统中磷的高效去除。

工艺 厌氧－好氧工艺是生物除磷最基本的工艺流程，池型构造与传统活性污泥法相似，最主要的特征是高负荷运行，泥龄短，水力停留时间短，污泥产率高。Phostrip 工艺是在传统活性污泥法污泥回流过程中增设污泥厌氧释磷池和释磷上清液的化学除磷系统，是生物除磷与化学除磷的结合。在生物除磷工艺中增加缺氧段和混合液回流工序，并适当延长污泥龄，可提高工艺的脱氮效果，实现同步脱氮除磷，如厌氧－缺氧－好氧活性污泥法工艺等。

影响因素 包括厌氧环境条件、有机物浓度及可利用性、pH 和污泥龄。

厌氧环境条件 厌氧释磷要控制厌氧池的溶解氧、硝酸盐等电子受体浓度，保证厌氧反应条件。溶解氧质量浓度应小于 0.2mg/L；氧化还原电位一般小于－150mV；硝酸盐会通过反硝化作用消耗污水中的易降解碳源，进而影响胞内能源存储物的贮存和后续的好氧吸磷效果。

有机物浓度及可利用性 碳源性质对磷释放及其速率影响很大，挥发性脂肪酸和其他结构简单的易降解有机物是聚磷菌最理想的碳源。

pH 生物除磷系统适宜的 pH 为中性和微碱性。

污泥龄 污泥龄的长短对聚磷菌摄取磷和剩余污泥排放量有直接影响。污泥龄越短，污泥中磷含量越高，产泥率和剩余污泥排放量越高，除磷效果越好。生物除磷系统一般采用较短的污泥龄（3.5～7d）。 （吴昌永　李军）

wushui shengwu tuo dan

污水生物脱氮 （biological nitrogen removal from wastewater） 在污水生物处理系统中，利用微生物的氨化、硝化、反硝化等作用，将污水中的有机氮及无机氮转化为氮气的过程，是污水中含氮污染物去除的常用方法。

生物氨化 指含氮化合物在好氧或厌氧微生物的作用下转化为氨态氮的过程，一般由异养菌通过氧化还原、水解等作用实现。

生物硝化 指氨态氮在有氧条件下被好氧微生物氧化为亚硝酸盐，然后再进一步氧化为硝酸盐的过程。由硝化菌完成，分为亚硝化菌和硝酸菌两类。氨态氮在亚硝化菌的作用下转化为亚硝酸盐，反应式为：

$$NH_4^+ + \frac{3}{2}O_2 \xrightarrow{\text{亚硝化菌}} NO_2^- + H_2O + 2H^+$$

亚硝酸盐在硝酸菌的作用下转化为硝酸，反应式为：

$$NO_2^- + \frac{1}{2}O_2 \xrightarrow{\text{硝酸菌}} NO_3^-$$

硝化作用的总反应式为：

$$NH_4^+ + 2O_2 \longrightarrow NO_3^- + H_2O + 2H^+$$

硝化菌为化能自养的革兰氏阴性菌，不生芽孢，广泛存活于土壤中，在自然界的氮循环中起着重要作用。

生物反硝化 指在厌氧或缺氧条件下硝酸根或亚硝酸根被微生物用作电子受体，通过生物作用转化为氮气、一氧化氮、氧化二氮（异化反硝化）或氨态氮（同化反硝化）的过程。参与反硝化过程的微生物称为反硝化菌。反硝化菌属兼性菌，在自然环境中广泛存在。当有溶解氧存在时，反硝化菌优先利用氧气为电子受体；在无溶解氧的情况下，反硝化菌利用亚硝酸盐和硝酸盐为电子受体。亚硝酸盐和硝酸盐反硝化生成氮气的反应式为：

$$NO_2^- + 3H(\text{电子供体有机物}) \longrightarrow 1/2N_2 + H_2O + OH^-$$

$$NO_3^- + 5H(\text{电子供体有机物}) \longrightarrow 1/2N_2 + 2H_2O + OH^-$$

厌氧氨氧化 指厌氧氨氧化菌以亚硝酸盐氮或硝酸盐氮为电子受体将氨氮氧化为氮气的过程。反应式为：

$$5NH_4^+ + 3NO_3^- \longrightarrow 4N_2 + 9H_2O + 2H^+$$

$$NH_4^+ + NO_2^- \longrightarrow N_2 + 2H_2O$$

生物脱氮工艺 传统的污水生物脱氮工艺以氨化－硝化－反硝化过程为核心，首先污水中的有机氮通过氨化作用转化为氨态氮，然后在好氧条件下通过硝化作用转化为硝酸盐，最后在缺氧条件下以有机物为电子供体通过反硝化作用转化为氮气。三级生物脱氮、两级生物脱氮、缺氧－好氧生物脱氮、后置缺氧反硝化、巴氏脱氮除磷工艺、外加碳源的硝化－反硝化等工艺均依据此原理。近年来，为降低污水生物脱氮过程中对氧气和有机物的消耗，提出了将硝化过程控制在亚硝化阶段的短程硝化－反硝化脱氮工艺和利用亚硝酸盐和硝酸盐作为氨氧化电子受体的厌氧氨氧化工艺等，采用SHARON-ANAMMOX组合工艺可实现低有机物、高氨氮废水中氮的高效去除。

生物硝化的影响因素 包括以下五方面。

溶解氧 氧是硝化反应过程中的电子受体，混合液溶解氧偏低，硝化速率较低。一般建议硝化反应池中溶解氧浓度大于2mg/L。

温度 硝化反应的适宜温度是20～30℃，15℃以下时，硝化速度下降，5℃时基本停止。

pH 硝化菌对pH变化非常敏感，当pH在7.0～7.8时亚硝化菌活性最强，pH在7.7～8.1时硝酸菌活性最强。对于污水硝化池，pH在7.0～8.0时，pH变化对硝化速率的影响较小；当pH降至5.0～5.5时，硝化反应几乎停止。硝化过程消耗碱度，当污水碱度不足时需适当补充，以保持硝化池内适宜的pH。

污泥龄 硝化菌的增殖速度远小于异养菌，如果污泥龄偏短，将造成硝化菌的流失和脱氮效果的下降。一般污泥龄至少应为硝化菌世代时间的2倍。

有毒物质 通常，硝化菌与好氧异养菌相比更容易受到有毒物质的抑制，重金属、氰化物、苯胺等有毒有机物均对硝化菌表现出抑制作用，高浓度的游离氨和亚硝酸也会对硝化菌产生抑制。

生物反硝化的影响因素 包括以下四方面。

pH 是影响反硝化作用的重要因素，对于反硝化菌的生长来说，最适宜的pH为7.0～7.5，当pH大于8.5或小于6时，反硝化会受到明显抑制。污水反硝化过程中会产生一部分碱度，有助于把pH保持在所需范围内。

温度 反硝化最适宜的温度为20～40℃，低于15℃反硝化速度明显降低。为了保证在低温下有良好的反硝化效果，可适当延长污泥龄，降低负荷，增加废水的水力停留时间。

溶解氧 生物反硝化需保持严格的缺氧条件，溶解氧对反硝化过程有抑制作用，活性污泥系统的反硝化池内溶解氧一般应保持在0.5mg/L以下。

碳源有机物 反硝化菌为异养菌，以有机物为电子供体还原硝酸盐，碳源有机物不同，反硝化速率也不同。污水中五日生化需氧量为总氮的3～5倍时，可认为碳源充足。

（吴昌永　李军）

wushui shishi kongqi yanghuafa

污水湿式空气氧化法

污水湿式空气氧化法（wet air oxidation of wastewater） 又称湿式氧化处理法，是在高温高压条件下，以纯氧或空气中的氧气为氧化剂，在液相条件下氧化污水中有机物和还原性无机物的污水处理方法。

沿革 污水湿式空气氧化法最初由美国的F. J. Zimmermann于1958年研究提出，用于处理造纸黑液，其工作温度为150～350℃，压强为5～20 MPa，废水经处理后COD可去除90%以上。在20世纪70年代以前，该方法主要用于城市污泥的处理、造纸黑液中碱液回收和活性炭的再生等。进入70年代后，该方法得到迅速发展，应用范围从回收有用化学品和能量进一步扩展到有毒有害废物的处理。目前主要应用于活性炭再生与含氰废水、煤气化废水、造纸黑液、高浓度有机化工污水、城市污泥和垃圾渗沥液等的处理。我国从20世纪80年代才开始进行WAO的研究，先后进行了造纸黑液、含硫废水、含酚废水、煤制气废水、农药废水和印染废水等实验研究。目前，国内已经有多处湿式空气氧化法处理工程。

技术原理 典型的湿式空气氧化处理工艺流程由高压泵、空气压缩机、热交换器、反应器等部分组成（见下图）。

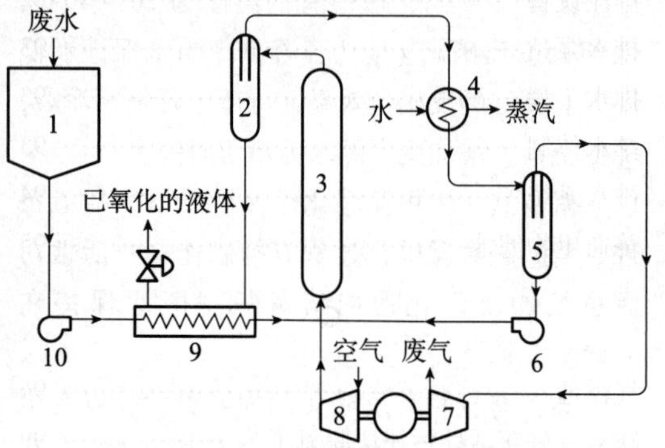

1—储存罐；2、5—分离器；3—反应器；
4—再沸器；6—循环泵；7—透平机；
8—空气压缩机；9—热交换器；10—高压泵

典型的湿式空气氧化处理的工艺流程图

污染物的去除主要发生在反应器中，过程较复杂，包括传质和化学反应两个过程。传质过程中，氧气在气－液界面的迁移是最主要的限速步骤。由于湿式空气氧化法采用较高的温度和压力，扩散和对流速度加快，有利于有机物和氧气在反应器中的传质。湿式空气氧化处理中的化学反应属于自由基反应，可分为链的引发、传递和终止3个阶段。在链的引发阶段，氧通过热反应产生 H_2O_2，H_2O_2 分解生成羟基自由基；在链的传递阶段，自由基与有机物反应，将其氧化并生成新的自由基；在链的终止阶段，自由基相互作用生成稳定的分子，链式反应停止。依靠有利的传质条件与化学反应过程中生成的强氧化自由基，湿式空气氧化法可实现难降解有机物的快速去除。

技术适用范围与局限性 基于自由基基团在高温高压下的大量生成，污水湿式空气氧化工艺可用于处理有机物浓度高、毒性强而又难以进行焚烧的难降解有机废水。然而，由于需要在高温高压的条件下运行，同时有机物氧化分解过程中会产生有机酸，工艺设备材料须满足耐高温、耐高压、耐腐蚀的要求，以保证运行时的安全性。这会导致较高的一次性投资和运行费用。此外，即使在很高的温度下，该工艺对于某些有机物如多氯联苯、小分子羧酸的去除效果也并不理想，难以做到完全矿化。这些问题都使得污水湿式氧化工艺在实际推广应用时仍存在一定的局限性。

主要衍生工艺 包括催化湿式氧化和催化湿式过氧化氢氧化。

催化湿式氧化 相对于传统的湿式氧化技术，催化湿式氧化通过向反应体系中添加催化剂减小能量输入、提高反应效率，以使工艺运行条件更加温和，减小高温高压系统带来的运行成本和安全风险。典型的催化剂包括负载Cu、Mn等的非贵金属催化剂，负载Ru、Pt等的贵金属系列催化剂和碳基材料催化剂等。

催化湿式过氧化氢氧化 是在催化湿式氧化技术基础上发展起来的新技术，以过氧化氢取代氧气作为氧化剂，可以在中低温、常压的条件下处理高浓度、难降解废水。该技术节省了高压动力设备和空气分离设备，同时避免了使用空气产生的气－液传质阻力，反应速率快，运行成本较低。

（王建兵）

wushui tudi chuli xitong

污水土地处理系统 （land treatment system for wastewater） 在人工控制的条件下，将污水投配在土地上，通过土壤－微生物－植物组成的生态系统，进行一系列物理、化学、物理化学和生物化学的净化过程，使污水得到净化的一种污水处理工艺系统，属于污水自然生态处理系统范畴。

组成 包括污水的预处理设施与设备，调节储存设施与设备，输送、分配、控制系统与设备，土地净化场和净化水的收集、利用系统，贮水湖，灌溉系统，地下排水系统等。

原理 净化污水的过程包括物理过滤、物理吸附与沉积、物理化学吸附、化学反应与沉淀、微生物的代谢作用与有机物的生物降解等。

物理过滤 土壤颗粒间的孔隙能截留、滤除污水中的悬浮颗粒。土壤颗粒的大小、颗粒间孔隙形状、大小分布及水流通道性状都会影响物理过滤效率。悬浮颗粒过粗、太多，微生物代谢产物过多均能造成土壤堵塞。

物理吸附与沉积 土壤中黏土矿物等能依靠范德华瓦耳斯吸附污水中的中性分子。

物理化学吸附 包括污水中金属离子与土壤中的无机胶体、有机胶体通过螯合作用形成螯合化合物；带正电的铵根离子在带负电的土壤颗粒表面的吸附；有机物与无机物的复合化生成复合物；重金属离子与土壤进行阳离子交换而被置换吸附；某些有机物与土壤中重金属生成可吸性螯合物而固定于土壤矿物的晶格之中。

化学反应与沉淀 重金属离子与土壤的某些组分进行化学反应生成难溶性化合物而沉淀。例如，生成非溶性硫化物、金属氢氧化物、金属磷酸盐等物质而沉积于土壤中。

微生物的代谢与有机物的生物降解 土壤中种类繁多、数量巨大的微生物，对被土壤截留、吸附的有机物、氨氮等具有很强的降解和转化能力，这是土地处理系统具有很强净化能力的原因。

污染物的去除机理 包括病原微生物的去除、有机物的去除、磷的去除、氮的去除、微量有机物的去除和微量金属的去除六方面。

病原微生物的去除 污水土地处理所关注的病原微生物有细菌、寄生虫和病毒。它们通过过滤、吸附、辐照、生物捕食等方式被去除。寄生虫的个体尺寸较大，主要被土壤表面的过滤作用去除；细菌主要通过土壤的吸附和土壤表面的过滤作用去除；病毒主要通过土壤的吸附作用去除。

有机物的去除 污水中的有机物进入土地处理系统后，首先在土壤表层区域通过过滤、吸附作用被截留下来，然后通过土壤层中生长着的细菌、真菌、原生动物、后生动物，甚至像蚯蚓这样的动物作用而被降解。

磷的去除 污水中的磷可能以聚磷酸盐、正磷酸盐等无机磷和有机磷形态存在。土地处理系统中磷的去除过程包括植物根系吸收、生物作用过程、吸附和沉淀等。土壤对磷的吸附容量与土壤所含的铝、铁、钙等矿物质含量及土壤 pH 有关。

氮的去除 污水中的氮可能以有机氮、氨氮、亚硝酸盐氮和硝酸盐氮形态存在。土地处理系统中氮的去除包括吸附吸收、生物脱氮及挥发。有机氮首先被截留或沉淀，然后在微生物的作用下转化为氨氮。土壤颗粒带正电，很容易吸附铵离子。土壤微生物可将铵离子转化为硝酸根，从而恢复土壤对氨氮的吸附能力。土地处理系统中的氮不管呈何种形态，如不挥发，最后都会矿化为硝酸盐氮。硝酸盐氮可通过作物的根部吸收和反硝化作用去除。

微量有机物的去除 二级处理出水中含的微量有机物，如卤代烃类、多氯联苯、酚化物以及有机氯、有机磷等，在土地处理系统中主要通过挥发、光解、吸附和生物降解等作用去除。

微量金属的去除 重金属等金属元素在土地处理系统中的去除主要通过吸附、沉淀、离子交换和螯合等作用完成。由于大多数金属的吸附发生在黏土矿物、金属氧化物以及有机物的表面，所以黏土和有机质丰富的土壤对金属元素的去除效果通常比沙质土壤好。

土地处理负荷量 指单位时间内灌至单位面积田块的水、污染物及营养素等的量。负荷量大小取决于系统的类型、土壤性质、植物（作物）组成、气候、地形等因素。负荷量包括水力负荷、有机负荷、氮负荷、磷负荷和重金属负荷等。需要严格控制氮及重金属负荷量，以防止氮通过土壤进入地下水以及防止重金属在土壤中积累并向作物迁移而造成污染。

基本工艺 分为土地渗滤处理系统和湿地处理系统。土地渗滤处理系统又分为慢速渗滤系统、快速渗滤系统、地表漫滤系统、地下渗滤系统等。湿地处理系统分为自然湿地系统、人工次生湿地系统和人工湿地系统等。

工艺特点 既经济有效地净化了污水，又充分利用了污水中的营养物和水分，能强化农作物、牧草和林木生产，促进水产和畜产发展，但需要大面积的土地，且处理效果受季节影响较大。（李军　卢少勇）

wushui wuli chuli jishu

污水物理处理技术 （physical treatment of wastewater） 利用物理作用分离去除污水中杂质和污染物的技术，包括筛滤、沉淀、上浮、过滤、吸附、萃取、吹脱、膜分离等。根据物理作用的不同，可分为污水筛滤截留法、污水重力分离法、污水离心分离法、气液交换处理法、污水吸附处理法、磁分离法等。（朱洪涛）

推荐书目

张晓健，黄霞．水与废水物化处理的原理与工艺．北京：清华大学出版社，2011.

wushui wuli huaxue chuli jishu

污水物理化学处理技术 （physical-chemical treatment of wastewater） 运用物理和化学的综合作用使污水得到净化的技术，通常是指由物理方法和化学方法组成的污水处理系统，或指同时包含物理过程和化学过程的单项处理方法。

分类 包括污水离子交换处理法、污水吸附处理法、污水气浮处理法、污水汽提处理法、污水萃取处理法、污水膜分离法等技术。

污水离子交换处理法 指通过离子交换剂中的离子同污水中的离子进行交换反应而去除污水中有害离子的方法。例如，采用离子交换法回收印刷电路板生产废水中的铜，采用离子交换法回收电镀含铬废水中的六价铬。

污水吸附处理法 指利用多孔性固体（称为吸附剂）吸附污水中某种或几种污染物（称为吸附质），以回收或去除某些污染物，从而使污水得到净化的方法，如活性炭吸附法、树脂吸附法等。

污水气浮处理法 指通过某种方法产生大量微气泡，使污染物附着于微气泡形成密度小于水的气浮体而上升到水面，从而实现污染物与水分离的方法，用于从废水中去除相对密度小于1的悬浮物和油脂，并用于污泥的浓缩。

污水汽提处理法 指让污水与水蒸气直接接触，使污水中的挥发性物质按一定比例扩散到气相中去，从而达到从污水中分离污染物的方法。例如，采用汽提技术从炼油厂含硫污水中回收硫化氢和氨。

污水萃取处理法 指向污水中投加不溶于水或难溶于水的溶剂（萃取剂），使溶解于废水中的某些污染物（被萃取物）经过萃取剂和污水两液相间界面转入萃取剂中，以实现污水的净化的方法，常用于污水中高浓度苯酚等的萃取回收。

污水膜分离法 指利用特殊薄膜为分离介质，通过在膜两侧施加一种或多种推动力，使污水侧组分选择性地透过膜，以实现污水中某些组分选择性去除的方法。

技术应用 物理化学处理技术既可独立应用，也可作为生物处理的预处理或后续处理措施，可去除使用生物处理难以有效去除的盐类、有毒有机物、悬浮物及胶体污染物等。其工艺的选择取决于污水水质、排放或回用的水质要求、处理费用等。（王建兵）

wushui xifu chulifa

污水吸附处理法 （adsorptive treatment of wastewater） 利用多孔性固体（称为吸附剂）吸附污水中某种或几种污染物（称为吸附质），以回收或去除某些污染物，从而使污水得到净化的方法。

原理 根据吸附剂与吸附质分子间作用力不同可分为物理吸附和化学吸附。

物理吸附 指吸附剂与吸附质之间通过分子间作用力产生的吸附。其特点是选择性不强，吸附的牢固程度不及化学吸附，容易发生解吸。可形成单分子吸附层或多分子吸附层。物理吸附过程是放热过程，温度降低有利于吸附。

化学吸附 指吸附剂与吸附质之间通过化学键力产生的吸附。化学吸附一般在较高温度下进行，吸附热较大。一种吸附剂往往只能对某种或者某几种物质发生化学吸附，因此化学吸附选择性较强。由于化学吸附是靠形成化学键进行吸附，一般只能形成单分子吸附层。当化学键力大时，化学吸附是不可逆的。由于化学吸附是吸热过程，温度升高有利于吸附。

吸附剂 常用的有活性炭、大孔树脂、活化煤、沸石、白土、硅藻土等。

吸附操作方式与设备 在污水处理中，吸附操作分为间歇和连续两种方式。

间歇吸附 指间歇进行的吸附操作。把一定质量的吸附剂投入预处理的污水中，不断进行搅拌，达到吸附平衡后，再利用沉淀或过滤的方法使污水和吸附剂分开。如经一次吸附后，出水水质达不到要求时，往往采取多级间歇吸附操作。间歇吸附常用处理设备为带有搅拌装置的反应器，由于操作烦琐，在污水处理中采用较少。

连续吸附 指利用吸附设备连续进水和排水的吸附操作。常用的连续吸附设备包括固定床和流化床。

固定床中吸附剂在操作中是固定的。当污水连续通过填充吸附剂的吸附设备时，污水的吸附质便被吸附剂吸附。若吸附剂质量足够时，从吸附设备中流出的污水中吸附质的浓度可降为零。吸附剂使用一段时间后，出水的吸附质浓度逐渐增加，当达到一定值后应停止通水，将吸附剂进行再生。根据水流方向又分为升流式和降流式两种形式。其中降流式固定床的出水水质较好，但经过吸附层的水头损失较大，为防止悬浮物堵塞吸附层，需定期进行反冲洗。在升流式固定床中，当水头损失增大时可适当提高水流流速，使填充层稍有膨胀就可达到自清洗目的。固定床根据处理水量、原水水质和处理要求还可分为单床式、多床串联式和多床并联式三种。

流化床与固定床不同的地方在于吸附剂在塔内处于膨胀状态和流化状态。被处理的污水与吸附剂基本上也是逆流接触，由于吸附剂在水中处于膨胀状态，与水的接触面积大，因此用少量的吸附剂就可处理较多的污水，基建费用低。这种操作适合处理含悬浮物较多的污水，不需要进行反冲洗。流化床吸附操作一般连续卸炭和投炭，要求上下不混层，保持炭层呈层状向下移动，运行操作严格。

吸附剂再生 吸附饱和的吸附剂，经过再生可以重复使用。再生是指在吸附剂本身结构不发生变化或极少发生变化的情况下，用某种方法将被吸附的物质从吸附剂的细孔中去除，以达到重复使用吸附剂的目的。根据吸附剂的不同，所选用的再生方法也不同，常用的吸附剂再生方法有加热再生法、药剂再生法、化学氧化法和生物法。 （王建兵）

wushui yanghua huanyuan chulifa

污水氧化还原处理法

（oxidation reduction treatment of wastewater） 使用氧化剂或还原剂，在没有微生物参与的条件下，通过氧化还原反应，去除污水中污染物的污水处理方法。

氧化还原反应 本质是元素化合价的升降，即电子转移（得失或偏移），可以分解成两个半反应，其中，反应物失去电子的称为氧化反应，反应物获得电子的称为还原反应。涉及有机物时，有机物引入氧或脱去氢的称为氧化反应，引入氢或失去氧的称为还原反应。

氧化剂与还原剂 在氧化还原反应中，获得电子的物质称作氧化剂；失去电子的物质称作还原剂。常用于污水处理的氧化剂包括臭氧、过氧化氢、高锰酸钾、氯气、氧气等；常用的还原剂有零价铁、硫代硫酸钠等。

氧化还原电势 是衡量化合物在一定条件下氧化还原能力的指标，它表示某一物质由某种氧化态转变为某种还原态，或由某种还原态转变为某种氧化态的难易程度。因此，氧化还原电势也是辅助判断氧化还原反应能否发生的依据。氧化还原电势一般用化学方法在原电池中测得，以 E 表示。其值随氧化态和还原态的相对浓度而改变。标准氧化还原电势以氢的电位值作基准，即：$E^{\ominus} = (2H^{+}/H_2) = 0$。

工艺设计 进行污水氧化还原处理的关键在于氧化剂（或还原剂）的选择、药剂投加量的确定以及投加方式的设计。首先，应根据氧化还原电位等信息，选择可以与污染物发生反应的氧化剂（或还原剂），实现污染物的去除或者转化，同时应避免发生二次污染；其次，应根据氧化还原反应中氧化剂（或还原剂）与污染物间的化学计量关系确定药剂的投加量；最后，须根据药剂的性质和用量设计或选择合适的投加设备和反应设备。（王建兵）

wushui zaisheng liyong

污水再生利用（wastewater reclamation and reuse） 污水收集、再生和利用的统称，包括污水再生处理、回用和实现水循环的全过程，是提高水资源综合利用率、减轻水体污染的有效途径之一，具有显著的社会效益、环境效益和经济效益。

再生水 指污水（废水）经过适当的处理，达到要求的（规定的）水质标准，在一定范围内能够再次被有益利用的水。再生水是重要水源，再生水合理回用既可减少水环境污染，又可缓解水资源紧缺的矛盾，是贯彻可持续发展的重要措施。

污水再生利用系统 包括污水再生处理、再生水输配与储存、再生水利用三个子系统。

污水再生处理系统 指污水按照一定的水质标准或水质要求、采取相应的技术方法进行净化处理并使其恢复特定使用功能及安全性的处理系统，主要包含水质的再生、水量的回收和病原微生物的有效控制。从理论上讲，污水再生处理系统包括（但不限于）一级处理、二级处理、深度处理和消毒处理等，但通常多指二级处理之后的深度处理与消毒处理。

再生水输配与储存系统 将再生水从污水再生处理系统输配到利用设备的输配和储存设施，包括再生水输配管网、移动式再生水罐装车等。

再生水利用系统 根据利用模式的不同，可分为集中型、就地（就近、小区、分散）型和建筑中水系统。

再生水利用途径 用作农、林、牧、渔业用水（农田灌溉、造林育苗、畜牧养殖、水产养殖等），城市杂用水（城市绿化、冲厕、道路清扫、车辆冲洗、建筑施工、消防等），工业用水（冷却用水、洗涤用水、锅炉用水、工艺用水、产品用水等），环境用水（娱乐性景观环境用水、观赏性景观环境用水、湿地环境用水等）和补充水源水（补充地表水、补充地下水等）。（于茵）

推荐书目

胡洪营，吴乾元，黄晶晶，等．再生水水质安全评价与保障原理．北京：科学出版社，2011.

wushui zhengfa chuli

污水蒸发处理（evaporation of wastewater） 通过加热污水使水分蒸发，从而将污水中水分与其他物质分离的处理工艺。在蒸发法处理中，水分先由液态（溶液）转化为气态（水蒸气）后再通过冷凝转化为液态水并得到收集。

单效蒸发 蒸发操作的一种。其特点是所产生的二次蒸汽不用来使物料进一步蒸发。因能效较差，应用非常有限。

多效蒸发 蒸发操作的一种。其特点是将前效的二次蒸汽作为下一效加热蒸汽的串联蒸发操作。在多效蒸发中，各效的操作压力、相应的加热蒸汽温度与溶液沸点依次降低。因能效较单效蒸发有明显提高，故应用广泛。

减压蒸发 与常压蒸发相对，又称负压蒸发或真空蒸发，指蒸发器在负压条件下进行操作的过程。需要密闭的设备，将二次蒸汽经冷凝器冷凝后排出，使蒸发器内的二次蒸汽成为负压。此时，溶液的沸点比常压时降低，加热蒸汽与二次蒸汽之间的有效传热温差可提高，蒸发器的生产强度可增大。减压蒸发可使用低压蒸汽或废气作为热源，同时操作中系统的热损失也小，故应用广泛。

薄膜蒸发 蒸发操作的一种。其特点是使液体形成薄膜而进行蒸发。在减压条件下，液体形成薄膜而具有极大的汽化表面积，热量传播快而均匀。薄膜蒸发具有污水受热温度低、时间短、蒸发速度快、可连续操作和缩短蒸发周期等优点。

机械式蒸汽再压缩蒸发 蒸发器内污水

蒸发产生二次蒸汽，经过压缩机的压缩，压力和温度得以升高，热焓随之增加，被送到蒸发器的加热室当作加热蒸汽即生蒸汽使用，使料液维持蒸发状态，而加热蒸汽本身将热量传递给物料而冷凝成水。这样，原来要废弃的蒸汽就得到了充分的利用，回收了潜热，又提高了热效率。

应用 蒸发处理常用于反渗透膜浓水、电渗析浓水等高含盐废水的处理，从而实现污水的零液体排放，或对污水中的盐进行回收。

（朱洪涛）

wushui zhonghe chulifa

污水中和处理法

（neutralization treatment of wastewater） 利用酸和碱相互反应生成盐和水的中和作用处理酸性废水或碱性废水使其 pH 呈中性或接近中性的方法。

原理 使酸性水中的 H^+ 与外加的 OH^- 或使碱性废水中的 OH^- 与外加的 H^+ 相作用，生成盐和水，从而消除酸碱的危害。中和反应中，消耗酸和碱的量服从当量定律，即参与中和反应的酸和碱有相等的物质的量。在中和反应过程中，当水中原有的酸或碱恰好被外加的碱或酸完全中和时，亦即反应双方的物质的量相等时，称为达到中和反应的等当点（或当量点）。中和等当点不一定是中性点：强酸同弱碱作用生成酸性盐，达到等当点时，水溶液呈酸性；强碱同弱酸作用生成碱性盐，达到等当点时，水溶液呈碱性；强酸同强碱中和达到等当点时，溶液呈中性。

中和方法 常用的方法有：酸性废水和碱性废水互相中和法、药剂中和法、过滤中和法等。酸性废水的中和药剂有石灰、石灰石、大理石、白云石、碳酸钠、苛性钠、氧化镁、电石渣等。碱性废水的中和剂有硫酸、盐酸、烟道气等。过滤中和法一般适用于处理含酸质量浓度较低的酸性废水（硫酸质量浓度 <2g/L，盐酸、硝酸质量浓度 <20g/L），常以粒状的石灰石、大理石、白云石或电石渣等作为中和滤料，采用的中和滤池分为普通中和滤池、升流式膨胀中和滤池和滚筒中和滤池。（王建兵）

wushui zhongli fenlifa

污水重力分离法

（gravity separation of wastewater） 利用重力作用原理使污水中不溶于水且与水密度不同的杂质与水分离而使废水净化的方法，包括沉淀法和上浮法。

原理 污水中不溶于水且与水密度不同的杂质在重力作用下与水分离，当杂质密度大于废水的密度时向下沉降形成沉淀，当杂质密度小于废水的密度时向上浮形成浮渣，再进一步通过措施排出沉淀或刮去浮渣实现污水净化。

废水中悬浮物沉降和上浮的速度（u），是废水处理设计中沉降分离设备（如沉淀池）、上浮分离设备（如上浮池、隔油池）的主要设计依据，一般可用斯托克斯公式表示。

$$u = \frac{\rho_g - \rho_y}{18\mu} g d^2$$

式中，u 为颗粒沉浮速度，m/s；ρ_g 为颗粒的密度，kg/m^3；ρ_y 为液体的密度，kg/m^3；μ 为水动力学黏度，Pa · s；g 为重力加速度，9.81 m/s^2；d 为颗粒的直径，m。

较小的球形悬浮颗粒在静水中的沉降速度可用斯托克斯公式计算。但废水中悬浮物质并非都是球形，而且在沉降过程中其形状、大小和密度常常发生变化，沉降速度也随之变化。在实际工作中，常用试验方法来测定悬浮物的沉降特性。

应用 污水处理工艺中的初次沉淀池、二次沉淀池、沉砂池等均利用了颗粒物密度大于水的重力沉降分离原理。含油废水的隔油处理则利用了油微粒密度小于水而上浮的分离原理。

（李军　朱洪涛）

X

xifu-zaisheng huoxingwunifa

吸附－再生活性污泥法（adsorption-regeneration activated sludge process） 又称生物吸附法或接触稳定法，是回流污泥从再生段进入，而污水从吸附段进入的活性污泥处理工艺。吸附池和再生池可分建成两个构筑物，也可把一个构筑物分成再生段和吸附段。20 世纪 40 年代末首先出现在美国。

原理 将污水与活性污泥进行混合曝气，有机物浓度在短时间内急剧下降的现象称为“初期吸附去除”。基于该现象开创了吸附－再生活性污泥法。再生后“饥饿”状态（内源呼吸期）的回流污泥与污水在吸附池中充分混合接触，并迅速吸附水中的有机物；经吸附反应处理的混合液进入二次沉淀池，沉降下来的污泥一部分回流至再生池曝气处理，将其所吸附的有机物氧化，恢复其活性和吸附能力（见下图）。再生时间随污水性质的不同而不同，通常为 3～6h。

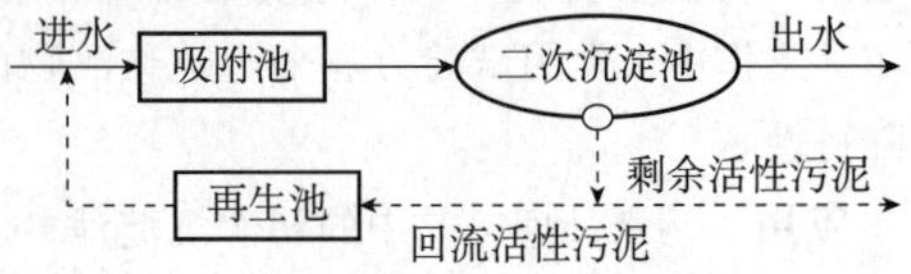

(a) 再生段与吸附段分建

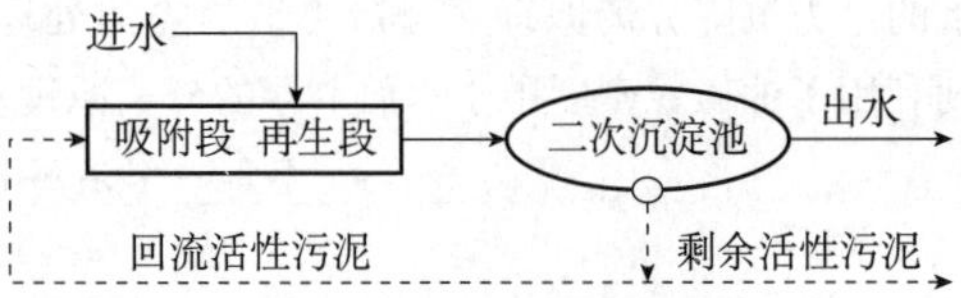

(b) 再生段与吸附段合建

吸附－再生活性污泥法工艺流程示意图

特征 与传统活性污泥工艺相比，具有以下特征：①废水与活性污泥在吸附池的接触时间较短，吸附池容积较小，再生池接纳的仅是浓度较高的回流活性污泥，因此，再生池的容积也较小。吸附池与再生池的总容积仍低于传统活性污泥工艺系统的曝气池容积，建筑投资较低。②具有一定的抗冲击负荷的能力，当吸附池的活性污泥遭到破坏时，可由再生池的污泥予以补充。③处理效果低于传统活性污泥工艺系统，对溶解性有机物含量较高的废水，处理效果更差。 （席宏波 宋玉栋）

推荐书目

张自杰. 排水工程. 5 版. 北京：中国建筑工业出版社，2015.

xiachenshi lüdi

下沉式绿地（sunken green belt） 具有狭义和广义之分，狭义的下沉式绿地指低于周边铺砌地面或道路在 200mm 以内的绿地；广义的下沉式绿地泛指具有一定的调蓄容积，且可用于调蓄和净化径流雨水的绿地，包括生物滞留设施、渗透塘、湿塘、雨水湿地、调节塘等。

主要功能 ①对于干旱缺水的城市，通过绿地下渗的雨水可增加土壤水分含量以减少绿地浇灌用水量，并补充地下水资源量，从而有助于城市节水；②下沉式绿地可减少地表径流，有组织地汇集雨水，有利于城市地表径流污水的集中收集和处理，有利于减少城市雨水径流对外界的影响，径流携带的氮、磷等污染物可用作绿地植物的营养物质，促进植物的生长；③在城市发生暴雨引起洪涝时起到滞洪减灾作用。

适用范围 可广泛应用于城市建筑与小区、道路、绿地和广场内。对于径流污染严重、设施底部渗透面距离季节性最高地下水水位或岩石层小于1m及距离建筑物基础小于3m（水平距离）的区域，应采取必要的措施防止次生灾害的发生。

净化机理 通过汇集周围硬化地表产生的降雨径流，利用植被、土壤、微生物的作用，截留和净化小流量雨水径流，超过绿地蓄渗容量的雨水经雨水口排入雨水管网。

工艺要求 狭义的下沉式绿地应满足以下要求：①下沉式绿地的下凹深度应根据植物耐淹性能和土壤渗透性能确定，一般为100～200mm。②下沉式绿地内一般应设置溢流口（如雨水口），保证暴雨时径流的溢流排放，溢流口顶部标高一般应高于绿地50～100mm。

工艺特点 狭义的下沉式绿地适用区域广，其建设费用和维护费用均较低，但大面积应用时，易受地形等条件的影响，实际调蓄容积较小。 （王灿）

xianzhi ziyang xiaohua fanxiaohua gongyi

限制自养硝化反硝化工艺 （oxygen limited autotrophic nitrification denitrification process） 通过限制溶解氧浓度实现氨氮的部分亚硝化并实现亚硝酸盐氮的浓度积累，进而通过厌氧氨氧化反应实现污水脱氮的污水生物处理工艺，简称OLAND工艺。

工艺原理 分两个过程进行：第一步是在限制溶解氧条件下将废水中的部分氨氮氧化为亚硝酸盐氮；第二步是在厌氧条件下亚硝酸盐氮与剩余氨氮发生厌氧氨氧化反应（ANAMMOX），从而去除含氮污染物。所涉及的反应式为：

第一步：$0.5NH_4^+ + 0.75O_2 \longrightarrow 0.5NO_2^- + 0.5H_2O + H^+$

第二步：$0.5NH_4^+ + 0.5NO_2^- \longrightarrow 0.5N_2 + H_2O$

总反应：$NH_4^+ + 0.75O_2 \longrightarrow 0.5N_2 + 1.5H_2O + H^+$

该工艺的核心技术是在限制溶解氧浓度的亚硝化阶段利用低溶解氧条件下亚硝化菌增殖速度快于硝酸菌的特点，通过严格控制溶解氧水平，淘汰硝酸菌，将硝化过程控制在亚硝化阶段，并将近50%的NH_4^+转化为NO_2^-，实现硝化出水中［$NH_4^+ - N/NO_2^- - N$之比为1∶（1.2±0.2）］，从而为厌氧氨氧化阶段提供理想的进水，提高整个工艺的脱氮效率。

工艺特点 在限制溶解氧浓度的亚硝化脱氮过程中，OLAND工艺理论上只需将一半的氨氮氧化，所以可比传统的硝化反硝化工艺节省62.5%的耗氧量；同时，由于在厌氧氨氧化过程中氨氮作为亚硝酸盐氮还原的电子供体，所以不需要加入外加有机碳源；好氧氨氧化菌（主要是亚硝化单胞菌和硝化杆菌）和厌氧氨氧化菌在限制溶解氧条件下生长都非常缓慢，产生的生物量很少，所以产生的污泥量也很少，这些特点都将有效降低其运行成本。

与相类似的SHARON/ANAMMOX工艺相比，OLAND工艺亦可节约能耗，而且在较低的温度（22～30℃）下仍可获得较好的脱氮效果。

反应器选择 主要采用两种反应器型式，一种是生物转盘系统；另一种是两阶段悬浮式膜生物反应器系统。

存在的问题 OLAND工艺在混合菌群连续运行的条件下对溶解氧浓度和pH的控制较困难，若工艺运行过程中可以通过化学计量方法合理地控制氧的供给则可有效地控制在亚硝化阶段。在实际应用中，由于厌氧氨氧化菌生长非常缓慢，存在着启动时间长（≥100d）的问题。 （李军）

xiaoduchi

消毒池 （disinfecting tank） 通过化学消毒剂与污水混合接触反应或利用紫外线对污水进

行照射，实现病原体灭活的水处理构筑物。

功能 灭活污水中的病原体，降低污水后续处理、排放和回用过程中的致病风险。

分类 按照消毒工艺，可分为药剂消毒池、臭氧消毒池和紫外线消毒渠道。

药剂消毒池 液氯消毒（见图1）和二氧化氯消毒可采用药剂消毒池。药剂消毒池包括混合池和接触池两部分。污水与消毒剂液体或溶液在混合池中混合，混合时间为5～15 s。当用鼓风混合时，鼓风强度为0.2 $m^3/(m^3 \cdot min)$；当用隔板式混合池时，池内平均流速不应小于0.6m/s。药剂投加量和接触时间与废水水质、消毒要求等有关。处理城市生活污水的接触池接触时间不小于30min。

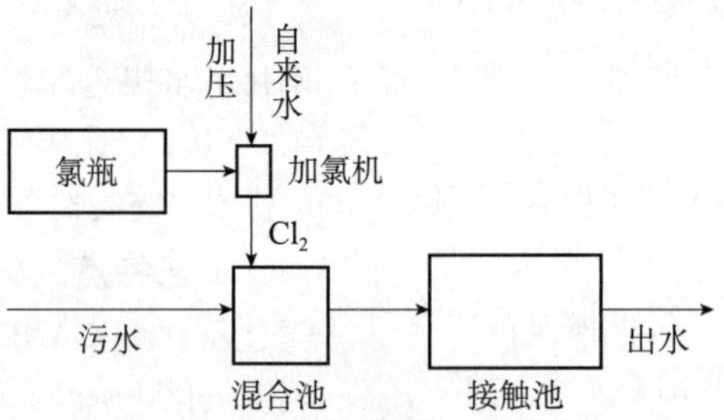

图1 液氯消毒工艺流程

臭氧消毒池 臭氧消毒的混合接触一般采用专用的接触氧化塔，气、水对流混合接触。消毒接触时间一般为5～10min，当需要彻底消灭病毒时，可用双格接触。第一格接触时间4～6min，第二格接触时间4min，布气量按6∶4分配，接触池水深一般为4～6m。

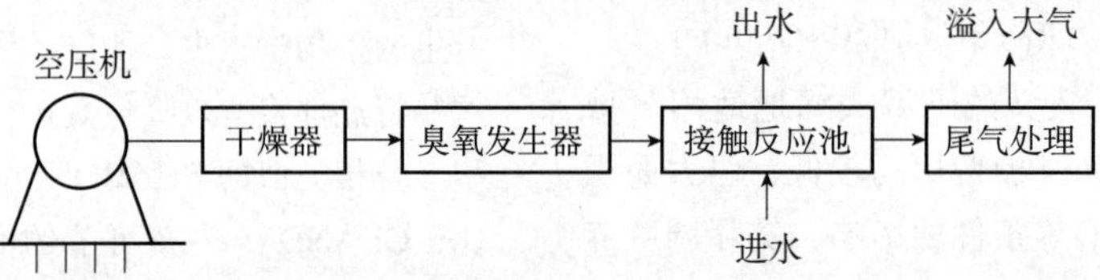

图2 臭氧消毒处理工艺流程

紫外线消毒渠道 紫外线消毒在渠道内进行，光照时间10～100s，渠道内的水流尽可能保持推流状态，水流流速最好不小于0.3m/s，以减少套管结垢。灯管前后的渠长度不宜小于1m，水深应满足灯管的淹没要求，渠道不宜少于2条。紫外线剂量宜根据试验资料或类似运行经验确定，也可参照以下标准：二级处理出水为15～22mJ/cm^2，再生水为24～30mJ/cm^2。

（闫海红）

xupishi huoxing wunifa

序批式活性污泥法 （activated sludge sequencing batch reactor） 又称间歇式活性污泥法（简称SBR），是在同一反应器（池）内，按时间顺序由进水、反应、沉淀、排水和闲置5个阶段组成的活性污泥污水处理方法。

沿革 SBR处理工艺并不是一种“全新”的污水处理技术。早在1914年活性污泥法开发时，即采用序批式运行方式，但由于一些技术问题无法妥善解决，投入生产性应用时采用的是连续进水－排水的运行方式。20世纪70年代初，美国Irvine等采用实验室规模装置对SBR处理工艺进行了系统研究，并于1980年在美国改建并投产了世界上第一个SBR污水处理厂。后来，他人又在常规SBR的基础上，从进水方式、脱氮除磷功能完善、污泥膨胀控制等方面对SBR进行了改进和发展，衍生出ICEAS、CASS、DAT-IAT、UNITANK、MSBR

等多种变形工艺。

原理 SBR周期性运行，每个周期由5个阶段组成，即进水、反应、沉淀、排水、闲置，从污水进入开始到闲置时间结束算一个周期。在一个周期内，一切过程都在一个设有曝气或搅拌装置的反应池内进行，这种周期过程周而复始反复进行（见图1）。

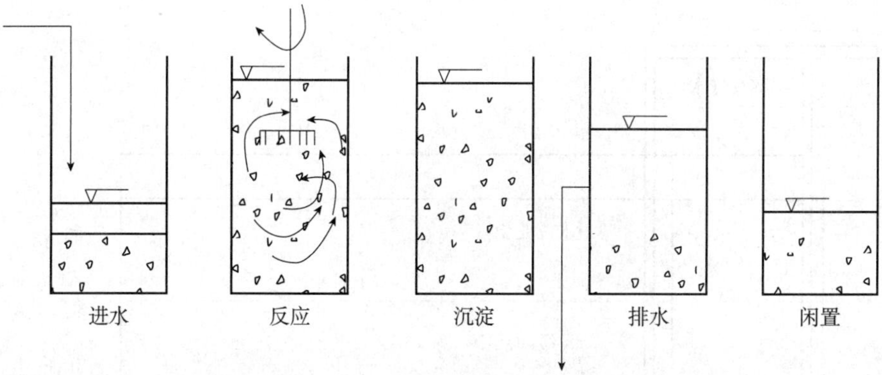

图1　SBR工艺反应器一个运行周期的操作程序

进水阶段 指反应池接纳废水的过程，在废水开始流入之前是前一周期的排水或闲置状态，因此反应池内有高浓度的活性污泥混合液。当废水进入反应器内、池内水位逐渐上升，达到最高水位或设定的时间时，停止进水。由于进水阶段仅流入废水，不排放处理水，因此反应池具有调节池的功能。进水方式可分为限制曝气进水（进水阶段不曝气）和非限制曝气进水（进水同时曝气）。

反应阶段 指当废水注入达到预定容积后，进行曝气或搅拌反应，以达到去除有机物、硝化、脱氮除磷的目的的过程。反应阶段可根据污水处理目的和要求采取不同的反应操作措施，直至混合液水质达到出水水质目标。例如，以有机物去除为目的，可采用曝气操作；以有机物去除和脱氮为目的，可采用缺氧搅拌－好氧曝气－缺氧搅拌的操作。

沉淀阶段 作用相当于传统活性污泥的二次沉淀池。池内曝气和搅拌停止，混合液中污泥通过重力沉降实现固液分离。由于是静止沉降，沉淀效果一般良好 。

排水阶段 指经沉淀后产生的上清液，作为处理水排放，一直排到设定水位的过程。此阶段也排出一部分剩余污泥，并在反应器内残留一部分活性污泥作为种泥。

闲置阶段 又称待机阶段，指处理水排放后，反应器处于停滞状态，等待下一个操作周期开始的阶段。设置闲置阶段可提高运行周期的灵活性。在闲置阶段还可根据下一个运行周期的工艺要求，进行某些准备性工作，如对反应器内污泥进行搅拌或曝气操作等。

优点 包括以下四方面：

①流程简单，基建与运行维护费用较低。

②运行方式灵活，脱氮除磷效果好。

③具有抑制活性污泥膨胀的条件。

④耐冲击负荷能力强，具有处理高浓度有机废水及有毒废水的能力。

存在的问题 包括以下三方面：

①反应器的容积利用率较低。

②控制设备较复杂，运行维护要求高。

③流量不均匀，处理水排放水头损失较大，与后续处理工段协调困难。

类型 主要包括间歇循环延时曝气工艺系统、循环活性污泥工艺系统、连续进水间歇曝气工艺系统、一体化活性污泥工艺系统和改良型序批式活性污泥工艺系统。

间歇循环延时曝气工艺系统（ICEAS工艺系统） 是传统SBR工艺的一种衍生工艺系

统，与传统 SBR 工艺在构造上的主要区别之处是将反应器分为预反应区和主反应区两部分，容积分别占反应器总容积的 10% ~15% 和 85% ~90%，中间设隔墙，隔墙底部设连通孔。污水经预处理后连续地进入预反应区，经处理后再以平流流态进入主反应区底层。主反应区连续进水，而曝气、沉淀、排水等操作周期性交替进行（见图 2）。

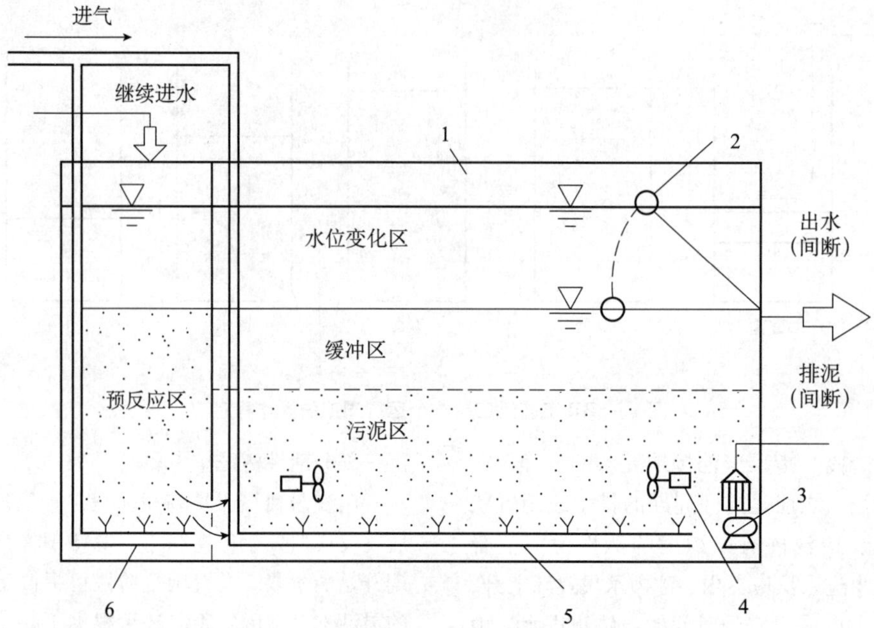

1—主反应区；2—滗水器；3—污泥泵；4—水下搅拌器；
5—微孔曝气器；6—大气泡扩散器

图 2　ICEAS 工艺反应器剖面结构图

循环活性污泥工艺系统（CASS 工艺系统）　传统 SBR 工艺的一种衍生工艺系统，是传统 SBR 工艺与生物选择器的有机结合。包括三个分区：生物选择区、缺氧区和好氧区（主反应区），循环过程分为进水曝气、沉淀、排水、闲置四个阶段，进水曝气阶段进行进水、曝气和污泥回流（好氧区至生物选择区）操作，沉淀、排水、闲置阶段不进水（见图 3）。

连续进水间歇曝气工艺系统（DAT-IAT 工艺系统）　是传统 SBR 工艺的一种衍生工艺系统，主体构筑物由 1 座连续曝气反应器（DAT）和 1 座间歇曝气反应器（IAT）串联组成（见图 4）。DAT 反应器连续进水，连续曝气，连续出水，连续从 IAT 反应器回流混合液，出水经导流墙进入 IAT 反应器。IAT 反应器连续进水，曝气、沉淀、排水三个阶段循环进行。

一体化活性污泥工艺系统（UNITANK 工艺系统）　传统 SBR 工艺的一种衍生工艺系统，反应器包含三个并排布置的反应池，三个反应池间的隔墙上设置连通孔，每个反应池均装有曝气系统，每个反应池均可进水，外侧的两个池子有排水溢流堰，交替用作沉淀区（见图 5）。UNITANK 反应器结合了三沟式氧化沟和 SBR 反应器的优点，在恒定水位下连续运行，在任意时刻，总有一个池子作为沉淀池。

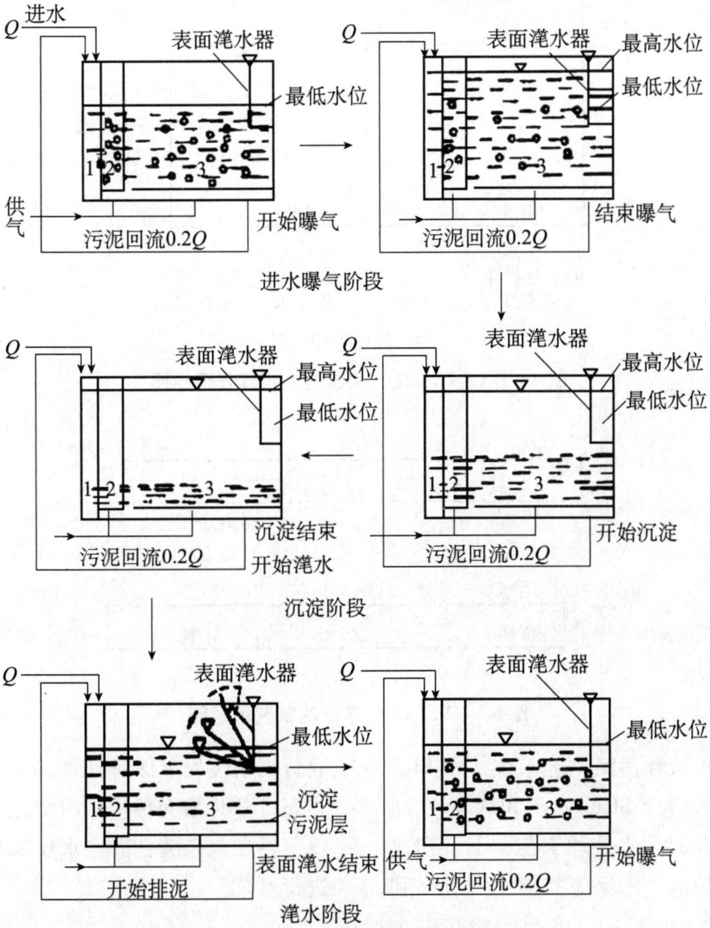

注：Q 为进水流量。

1—生物选择区；2—缓冲区；3—主反应区

图 3　CASS 工艺系统的循环操作过程

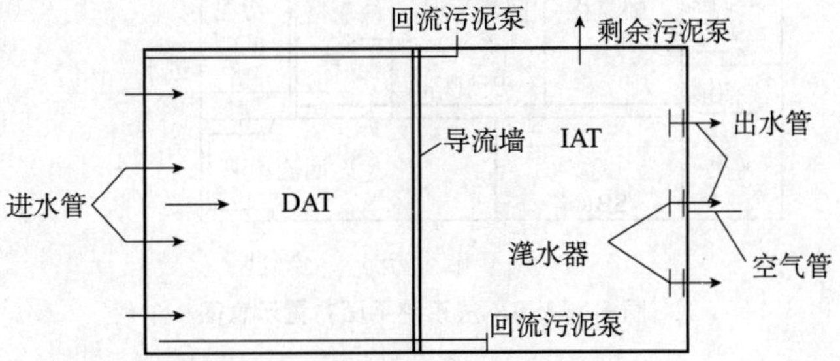

(a) 反应器平面布置图

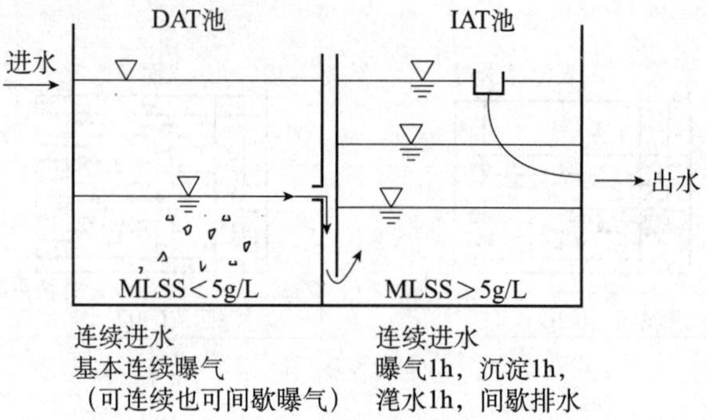

(b) 反应器剖面图

图4　DAT-IAT 工艺系统的运行操作示意图

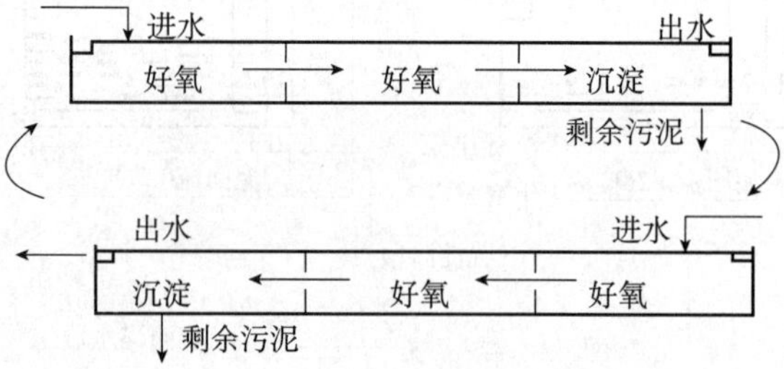

图5　UNITANK 系统的工艺示意图

改良型序批式活性污泥工艺系统（MSBR 工艺系统）　是结合 SBR 工艺和厌氧－缺氧－好氧工艺研发的污水处理工艺，不设初次沉淀池和二次沉淀池，主反应器由主反应格和两个 SBR 格组成（见图 6）。主反应格在整个运行周期过程中保持连续的厌氧、缺氧或好氧状态，SBR 格交替用作沉淀池和反应池。整个反应器在全充满、恒定水位和连续进水情况下进行。

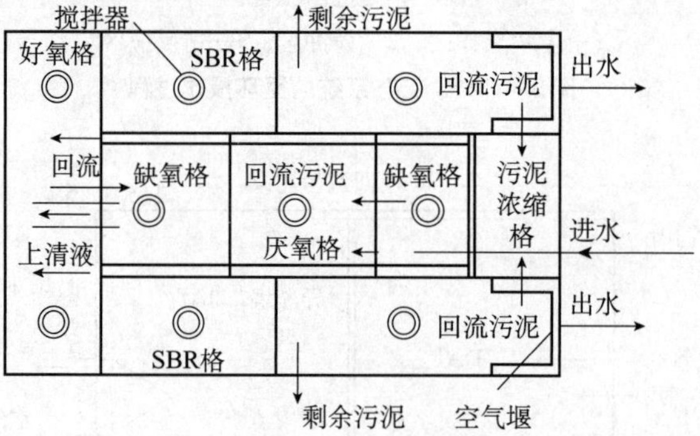

图6　MSBR 法系统平面布置示意图

（席宏波　宋玉栋）

xuningchi

絮凝池（flocculation tank）　使杂质颗粒之间或杂质与混凝剂之间发生絮凝，从而去除污水中悬浮物和胶体的构筑物。

原理　絮凝作用的机理主要有压缩双电层、吸附－电中和、吸附架桥以及网扫卷捕等作用，可使胶体脱稳、使微小的悬浮物凝聚成粒径较大的絮凝体。杂质颗粒之间或杂质与混凝剂相互碰撞，发生“异向絮凝”（布朗运动所造成的颗粒碰撞聚集）或“同向絮凝”（流体运动所造成的颗粒碰撞聚集）。

池型 按照混合方式分为水力搅拌式和机械搅拌式。常用的有隔板絮凝池、折板絮凝池和机械絮凝池。

隔板絮凝池 是应用历史悠久、目前仍常应用的一种水力搅拌絮凝池，有往复式和回转式两种，后者是在前者的基础上加以改进而成的。在往复式隔板絮凝池内，水流做180°转弯，局部水头损失较大，而这部分能量消耗往往对絮凝效果作用不大。回转式隔板絮凝池内水流做90°转弯，局部水头损失大为减小，絮凝效果也有所提高。

折板絮凝池 是在隔板絮凝池基础上发展起来的水力搅拌絮凝池，目前已得到广泛应用。折板絮凝池通常采用竖流式。它是将隔板絮凝池（竖流式）的平板隔板改成具有一定角度的折板。折板可以波峰对波谷平行安装，称为“同波折板”；也可波峰相对安装，称“异波折板”。按水流通过折板间隙数，又分为“单通道”和“多通道”。无论在单通道还是在多通道内，同波、异波折板两者均可组合应用。有时，絮凝池末端还可以采用平板。

折板絮凝池的优点是水流在同波折板之间曲折流动或在异波折板间缩、放流动且连续不断，以至形成众多的小旋涡，提高了颗粒碰撞絮凝效果。在折板的每一个转角处，两折板之间的空间可以视为连续搅拌完全混合（CSTR）型单元反应器。众多的CSTR型单元反应器串联起来就接近推流型反应器。因此，从总体来看，折板絮凝池接近推流型反应器。

机械絮凝池 利用电动机经减速装置驱动搅拌器对水进行搅拌，故水流的能量消耗来源于搅拌的功率输入。搅拌器有桨板式和叶轮式等，目前我国常用前者。根据搅拌轴的安装位置，分为水平轴和垂直轴两种形式，水平轴式通常用于大型水厂，垂直轴式一般用于中、小型水厂。

（李军）

Y

yandaoqi tuo liu feishui

烟道气脱硫废水 （wastewater from flue gas desulphurization）　烟道气脱硫过程中产生的废水。

烟道气　指燃料（如煤和石油等）燃烧时从烟道排出的混合性气体。主要由惰性气体、氮气、氧气、燃烧产物、未燃烧和部分燃烧的燃料以及烟尘等组成。烟道气中的一氧化碳、硫氧化物、氮氧化物、有机化合物及颗粒物构成燃烧烟道气中的主要污染物。烟道气湿法脱硫多采用石灰石法、石灰法、氧化镁法、钠碱法、钠钙双碱法和氨法等，产生大量脱硫废水。其中，燃煤电厂烟道气脱硫应用石灰石法较广泛，石油炼厂催化裂化装置催化剂再生烟气脱硫主要采用钠碱法。

废水特征及处理方法　燃煤电厂烟道气石灰石法脱硫废水含有的杂质主要包括悬浮物、无机盐及重金属等，成分复杂，具有高悬浮物、高含盐、高硬度、含多种痕量重金属等特点。主要含有的盐离子包括 Ca^{2+}、Mg^{2+}、SO_4^{2-}、Cl^-、F^- 等，可能含有的重金属包括汞、铅、镍、铬、砷、铜、锌等。燃煤电厂采用最广泛的脱硫废水处理技术为化学混凝沉淀法，也称“三联箱”法，主要包括中和、沉淀、絮凝澄清、中和/氧化等工序，可有效去除废水中的悬浮物和重金属类污染物，处理出水仍含有较高的盐度和硬度，可用于冲灰系统，也可通过进一步浓缩和固化处理实现“近零排放”。常用的浓缩工艺包括软化－过滤－膜浓缩工艺以及多效蒸发、机械式蒸汽再压缩和烟气余热蒸发浓缩等热法浓缩工艺。常用的固化处理工艺包括蒸汽蒸发结晶工艺和烟道气蒸发干燥工艺。

石油炼厂催化裂化装置催化剂再生烟气钠碱法脱硫废水具有高悬浮物、高含盐的特点，溶解性盐主要为 Na_2SO_3、$NaHSO_3$ 和 Na_2SO_4，通常采用混凝澄清－氧化工艺进行处理，通过混凝澄清去除悬浮物，通过空气氧化将亚硫酸盐转化为硫酸盐。氧化出水可进一步进行蒸发结晶处理，以生产硫酸钠副产品并进行蒸发冷凝水的回用，实现废水中盐资源和水资源的回收利用。

（宋玉栋）

yanshi baoqi huoxingwunifa

延时曝气活性污泥法 （extended aeration activated sludge process）　又称完全氧化活性污泥法，是通过延长曝气池水力停留时间，使池内活性污泥长期处于内源呼吸代谢状态的活性污泥处理工艺。该法污泥负荷低、曝气时间长、污泥产量少，于 20 世纪 50 年代开始在美国得到工业化应用。

原理　该法曝气池停留时间多在 24 h 以上，污泥龄为 20～30 d，污泥负荷和容积负荷均较低，污水中的污染物得到充分氧化，因此出水水质较好，污水五日生化需氧量（BOD_5）去除率可达 95% 以上，且有相当一部分氨态氮被氧化为硝态氮和亚硝态氮。

特征　包括以下三方面：①污染物氧化充

分，出水水质好，系统耐冲击负荷能力强，可不设初次沉淀池。②有机负荷低，污泥持续处于内源呼吸代谢状态，剩余活性污泥少，且污泥稳定、不需再进行消化处理。③曝气池停留时间长，容积大，占地面积大，建设投资和运行成本高，适合处理存在较难生物降解有机物的废水（如某些工业废水）或处理程度要求高的废水。（席宏波　宋玉栋）

yanyang anyanghua gongyi

厌氧氨氧化工艺（anammox process）　在厌氧条件下，厌氧氨氧化菌以亚硝酸盐为电子受体，将氨氮氧化成氮气的污水处理工艺，简称 ANAMMOX 工艺。过程中约 10% 的氮（亚硝酸盐和氨）将转化为硝酸盐。

由于氨氧化菌生长缓慢，因此通常选用具有长污泥龄的反应器，如厌氧流化床反应器。此外，固定床和升流式厌氧污泥床（UASB）、序批式活性污泥法（SBR）反应器等也可用于 ANAMMOX 工艺。ANAMMOX 工艺一般与 SHARON 工艺组合（短程硝化－反硝化工艺）处理高浓度氨氮污水。（李军）

yanyang jiechu gongyi

厌氧接触工艺（anaerobic contact process）在厌氧消化池之外加一个沉淀池来分离和收集污泥，并使其回流至消化池的厌氧处理工艺。1956 年由 Schroefer 等开发，较传统厌氧消化池水力停留时间大大缩短。

原理　厌氧接触工艺类似于活性污泥法，其反应器为完全混合式消化池，在消化池后设置沉淀池，厌氧污泥和处理水在沉淀池分层，沉淀池底部的污泥回流至消化池，上层污水由沉淀池上部排出（见下图）。由于设置了污泥分离与回流设备，比传统消化池减少了污泥流失，实现了污泥停留时间和水力停留时间的分离，因此有利于生长缓慢的产甲烷菌的生长，水力停留时间较传统消化池大大缩短。

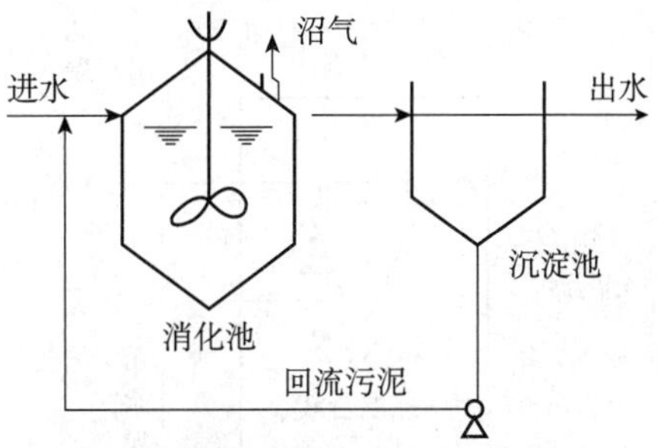

厌氧接触反应器系统构造组成示意图

特点　包括以下三方面。

①由于设置了专门的污泥截留设施，能够回流污泥，使厌氧接触工艺具有较长的污泥停留时间，因此有利于高活性厌氧微生物的富集，反应器内污泥浓度高，容积负荷高，耐冲击负荷能力强，易于启动，管理较方便。

②适合处理悬浮物浓度较高的废水，如酒糟废水等。

③由于增设了沉淀池、污泥回流系统和真空脱气设备，工艺流程较复杂。

（宋玉栋　王文东）

yanyang keli wuni pengzhangchuang

厌氧颗粒污泥膨胀床（expanded granular sludge bed）　简称 EGSB 反应器，是由底部的布水区、中部的反应区和中上部的三相分离区组合为一体的，通过回流和结构设计使废水在反应器内具有较高上升流速、反应器内部颗粒污泥处于膨胀状态的厌氧反应器。EGSB 反应器是改进型的升流式厌氧污泥床（UASB），于 20 世纪 80 年代末由荷兰 Lettinga 等开发设计。

构造　包括主体、进水系统、三相分离器和出水循环等部分（见下图）。反应器高径比一般为 3～5。进水系统与 UASB 相近，一般采用一管多孔或多管式布水。出水循环通过水泵加压实现，分为外循环（三相分离器出水循环）和内循环（未进入顶层三相分离器的出水循环）2 种。

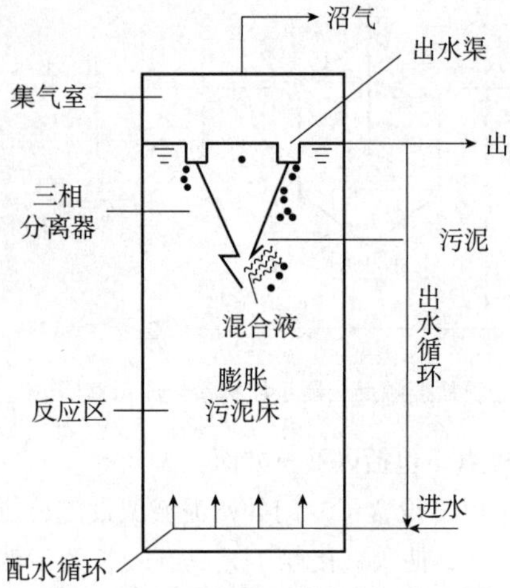

EGSB 反应器结构示意图

原理 当反应器内液体上升流速达到一定程度时，液体通过污泥床层的压力降大于单位面积床层重量，颗粒污泥之间的相对位置发生变化，床层孔隙率增加，床层开始膨胀。在此状态下，颗粒污泥与废水的接触传质更加充分和均匀，从而获得更高的处理负荷。

特点 包括以下四方面：

①处理水回流可对高浓度有机废水或有毒废水进行稀释，有效降低高浓度废水的有机负荷冲击或有毒废水的抑制性冲击，还可提高低浓度废水的处理负荷，保证去除效果。

②上升流速高、颗粒污泥床层处于膨胀状态、传质效果好。EGSB 的上升流速可达 5～10m/h，颗粒污泥床处于膨胀状态，促进了进水与颗粒污泥的接触，提高了传质速率，保证了反应器在较高容积负荷下的处理能力。

③容积负荷率高，水力停留时间短，反应器容积小，投资省。

④反应器为细高型塔式结构，高径比大，占地面积小。 （宋玉栋　王文东）

yanyang-queyang-haoyang huoxingwunifa gongyi

厌氧－缺氧－好氧活性污泥法工艺 （anaerobic-anoxic-oxic activated sludge process） 简称 A^2/O 工艺，是厌氧－缺氧－好氧池依次串联，二次沉淀池污泥回流至厌氧池，好氧池混合液回流至缺氧池的活性污泥法工艺。

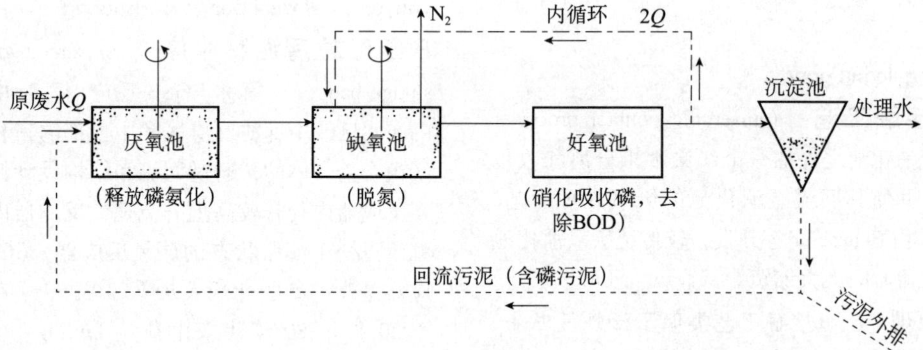

注：Q 为处理水量。

A^2/O 工艺流程

工艺过程 包括：①原废水首先进入厌氧池与来自二次沉淀池的回流污泥混合，进行有机物的水解酸化和磷的释放，同时对部分有机物进行氨化。②厌氧池混合液进入缺氧池，反硝化菌利用污泥中的有机物和回流混合液中的硝酸盐进行反硝化，实现有机物和氮的去除。③缺氧池混合液进入好氧池，实现磷的过量摄取、氨的硝化和有机物的进一步去除。④好氧池混合液进入二次沉淀池进行泥水分离，上清液作为处理水排放，沉淀污泥一部分回流至厌氧池，一部分作为剩余污泥外排（见上图）。

工艺特点 该工艺是最简单的同步脱氮除磷工艺，具有较好的除磷效果，但脱氮能力需要通过回流比来保证，为了达到较高的总氮去

除率，就必须要有较高的混合液回流比。回流污泥中含硝酸盐，会对厌氧池的磷释放产生不利影响。（吴昌永）

yanyang shengwu chuli

厌氧生物处理（biological anaerobic treatment） 又称厌氧消化、厌氧发酵，是在无氧条件下，形成厌氧微生物所需的营养条件和环境条件，通过厌氧菌和兼性菌协同作用，对有机物进行分解消化的过程。主要用于有机污泥和有机废水的处理，也可用于厌氧氨氧化。厌氧生物处理过程中产生的沼气是具有经济价值的能源。

机理 复杂有机物的厌氧生物降解分三个阶段。第一阶段为水解发酵阶段，废水中可溶性大分子有机物和不溶性有机物在水解酸化菌释放到水中的胞外酶的作用下水解成可溶性小分子有机物。例如，脂肪、蛋白质和多糖类在胞外酶作用下分解为长链脂肪酸、氨基酸和可溶性糖类。第二阶段是产酸脱氢阶段，水解发酵形成的可溶性小分子有机物被产酸菌作为碳源和能源，最终产生简单脂肪酸（乙酸、丙酸、丁酸）、H_2和CO_2等。第三阶段为产甲烷阶段，产甲烷菌把第一阶段和第二阶段产生的简单脂肪酸、H_2和CO_2等转化为甲烷。厌氧生物处理的反应过程见下图。

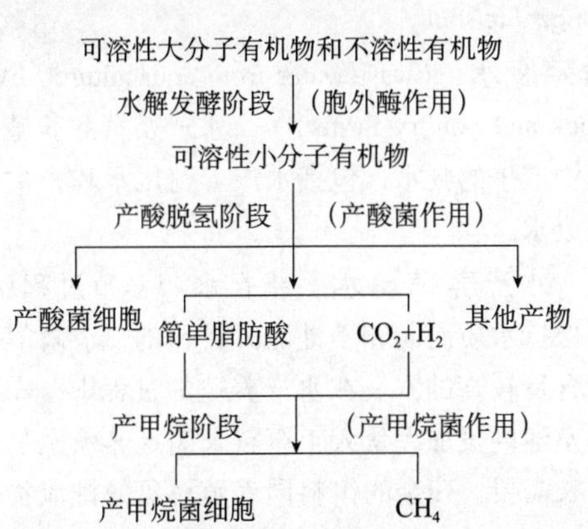

厌氧生物处理反应过程

特点 与好氧生物处理相比有以下特点。①可直接处理高浓度有机废水，不需要大量的稀释水，并有较高的有机物去除率。②动力消耗低，一般约为活性污泥法的1/10，且可产生甲烷气体回收能源。③剩余污泥产生量少，仅为好氧生物处理的1/10～1/6。④厌氧处理设备较便宜，不需价格较高的曝气设备等。⑤为使出水水质达到国家标准，还需进行补充处理。⑥污泥增长缓慢，装置启动周期长（第一次启动周期在8～12周）。⑦因所产甲烷易燃，需要有相应安全措施。

影响因素 厌氧生物处理的影响因素很多。以产酸菌群为代表的非产甲烷菌对pH、温度、氧化还原电位和有机负荷等外界环境因素的变化具有较强的适应性，且增殖速度较快。而产甲烷菌是严格厌氧菌，对外界环境因素的要求比非产甲烷菌更严格，且增殖速度较慢。因此，产甲烷菌是决定厌氧处理成败和效率的关键微生物类群，产甲烷阶段是厌氧生物处理过程的限制步骤。

温度 根据反应温度条件的不同，厌氧生物处理可分为常温、中温和高温三种类型。常温厌氧生物处理采用常温产甲烷菌，其适应的温度为8～30℃；中温厌氧生物处理采用中温产甲烷菌，其适应的温度为30～36℃；高温厌氧生物处理采用高温产甲烷菌，其适应的温度为50～55℃。

pH 产酸菌对酸碱度不及产甲烷菌敏感，其适宜的pH范围较宽（一般为5～8）。产甲烷菌最适pH为6.8～7.2。在废水的厌氧生物处理中，由于产酸和产甲烷过程大多在同一构筑物内进行，为了维持平衡，避免有机酸过多积累，应保持反应器内pH在6.8～7.8的范围内。

氧化还原电位 产甲烷菌对氧气等氧化剂非常敏感，无氧环境是严格厌氧产甲烷菌繁殖的基本条件之一。在厌氧生物处理过程中，不产甲烷阶段可在兼氧条件下完成，氧化还原电位为－100～100mV；而在产甲烷阶段氧化还原电位宜控制在－330mV以下。

有机负荷 指单位时间内单位反应器容积处理的废水有机物量，直接影响产气量和处理效率。在一定范围内，随着有机负荷的提高，产气率即单位质量物料的产气量趋向下降，而反应器单位容积产气量则增多，反之亦然。

应用工艺 目前工程应用的厌氧生物处理法包括厌氧滤池（AF）、厌氧接触法、厌氧流化床、升流式厌氧污泥床（UASB）、厌氧颗粒污泥膨胀床（EGSB）和内循环厌氧反应器（IC）等。

（李军　王文东）

推荐书目

王凯军. 厌氧生物技术（I）——理论与应用. 北京：化学工业出版社，2014.

yanyang shengwu lüchi

厌氧生物滤池

（anaerobic biofilter）　一种装填滤料作为微生物载体的厌氧反应器。厌氧菌在滤料上附着生长形成生物膜，生物膜与滤料一起形成滤床。

沿革 1891 年，Scott - Moncreff 在英格兰建成了第一座厌氧滤池，但处理负荷较低。20 世纪 60 年代末，J. C. Young 和 P. L. McCarty 在前人基础上发展了厌氧生物滤池，使其容积负荷提高到 10 ~ 15kgCOD/（m^3·d）。

原理 厌氧生物滤池容积负荷较高的根本原因在于通过生物固定化极大地延长了反应器的污泥停留时间。厌氧生物滤池内厌氧污泥的保留通过两种方式完成：一是在滤料表面形成生物膜，二是在滤料之间形成微生物聚集体。

分类 根据反应器内水流方向分为升流式、降流式和平流式。

升流式厌氧生物滤池 废水由底部进入，向上流动通过滤料层，处理水从滤池顶部旁侧流出，沼气通过设于滤池顶部最上端的收集管排出滤池。下部配水空间和滤料缝隙中易生长悬浮的厌氧污泥，容易堵塞，通常通过出水回流的方式防止堵塞、局部 pH 的降低和有毒产物的积累。

降流式厌氧生物滤池 悬浮污泥和脱落生物膜可被及时排出反应器，微生物几乎全部附着在滤料和反应器表面，有助于克服堵塞问题，但是膜的形成比较慢，容积负荷也较低。

平流式厌氧生物滤池 适合含较高浓度悬浮物的有机废水，滤料层与水流方向垂直。可通过沉淀截留污水中的悬浮物。

特征 厌氧生物滤池生物浓度高，有机负荷率高，污泥停留时间长，耐冲击负荷能力强，停止运行后再启动容易；无须污泥回流，设备简单，能耗低，运行管理方便。

（宋玉栋　王文东）

yanyang shengwu zhuanpan

厌氧生物转盘

（anaerobic rotating biological contactor）　一种由密闭水槽和其中完全或大部分浸没于污水中的旋转盘体组成的生物处理构筑物。

厌氧生物转盘和好氧生物转盘类似，由盘片、接触反应槽、转轴及驱动装置组成。利用一根水平轴装上一系列转盘，若干转盘为一组，称为一级。为创造厌氧条件，盘片及转轴安装在 1 个封闭的容器内（接触反应槽），并有 70% ~ 100% 的高度浸没在水中。转盘不停地旋转，生物膜不断和污水中的有机物接触，在水解酸化菌和产甲烷菌共同作用下，把有机物分解成沼气。接触反应槽上方形成气室，对产生的沼气进行收集。为防止盘片上生物膜生长过厚造成堵塞，将转盘分为固定盘片和转动盘片，通过两种盘片相对运动避免盘片间的生物膜黏结和堵塞。（李军　宋玉栋）

yangzhi feishui

养殖废水

（wastewater from aquaculture, livestock and poultry farms）　水产及畜禽养殖过程中产生的废水，包括水产养殖尾水和畜禽养殖废水。

水产养殖尾水 指在水产养殖过程中，为保持水质而向养殖池塘外排出的氮、磷等元素含量较高的水。在水产养殖的过程中，需向养殖池内投加大量人工饵料来满足养殖生物的生长需要。残余的饵料同养殖对象的排泄物一起进入养殖池塘，造成池塘内水质恶化，需要定期排放和换水。

组成与特性 水产养殖尾水中的主要污染物有氨氮、亚硝酸盐、有机物、磷以及污损生物。国内常见的水产养殖方式是池塘养殖，残余的饵料和养殖对象的排泄物会导致池塘内水质环境恶化，影响鱼类的生长速度，严重的甚至会导致泛池或者死亡。养殖尾水未经处理直接排放将对受纳水体造成污染。

处理方法 常见的处理技术包括机械过滤和泡沫分离等物理处理方法，臭氧氧化和混凝沉淀等物化处理方法，池塘净化、设施净化、湿地净化等生态处理方法。

畜禽养殖废水 指畜禽养殖过程中产生的尿液，全部粪便或残余粪便，饲料残渣，冲洗水及工人生活、生产过程中产生的废水，其中冲洗水占大部分。畜禽养殖废水水质特征与畜禽舍结构、清粪方式与冲洗水的使用、饲料营养、畜禽消化功能和生产管理等有关。

组分与特性 规模化养殖场每天排放的废水量大、集中，且废水中含有大量污染物，主要是有机物和氨氮，另外还有重金属、残留的兽药和大量的病原体等，因此如不经过处理就排放于环境或直接农用，将会造成当地生态环境和农田的严重污染。

源头减量 用干清粪工艺代替水冲粪工艺和水泡粪工艺，可降低畜禽养殖废水产生量和污染物浓度。在养殖场建立雨污分流制的排水系统，可防止雨水进入污水收集系统增加污水水量。

处理方法 当养殖规模在存栏（以猪计）2 000头及以下时，以厌氧处理作为养殖废水处理的核心，产生沼气回收能源，并将厌氧处理出水（沼液）用作肥料。当养殖规模在存栏（以猪计）10 000头及以上时，对畜禽养殖废水进行固液分离，分离后废水依次进行厌氧处理、好氧处理、自然处理和消毒，实现达标排放或农田灌溉。

固液分离设备可选用水力筛网、螺旋挤压分离机等。当污水不进行固液分离时，厌氧生物处理工艺宜采用完全混合厌氧反应器、升流式固体反应器或推流式反应器。当污水进行固液分离时，厌氧生物处理工艺宜采用升流式厌氧污泥床（UASB）、复合厌氧反应器（UBF）、厌氧过滤器（AF）或折流式厌氧反应器（ABR）等。

好氧生物处理宜选用具有脱氮功能的好氧处理工艺，如具有脱氮功能的序批式活性污泥法、氧化沟法、缺氧/好氧活性污泥法脱氮工艺等。

自然处理宜采用人工湿地、土地处理或稳定塘技术。

消毒宜采用紫外线、臭氧或过氧化氢等非氯化的消毒处理方法，以防止氯代消毒副产物的产生。（宋玉栋）

yanghuagou

氧化沟（oxidation ditch） 又名循环混合式曝气池或氧化渠，是曝气池呈封闭无终端循环流渠形布置，池内配置充氧和推动水流设备的活性污泥法污水处理系统。平面多为椭圆形，总长可达几十米，甚至几百米。在沟渠内安装与渠宽等长的机械式表面曝气装置，常用的有转刷和叶轮等。曝气装置一方面对沟渠中的污水进行充氧，另一方面推动污水做循环流动。氧化沟多用于处理中、小水量的生活污水和工业废水，可间歇运转，也可连续运转。

沿革 1954年荷兰建成了世界上第一座氧化沟污水处理厂（Pasveer氧化沟），主体为一个环状跑道式斜坡池壁的间歇运行反应池，白天用作曝气池，晚上用作沉淀池，其有效水深在1.5m以下。20世纪60年代末，荷兰DHV公司将立式低速表面曝气机应用于氧化沟，开发了卡鲁塞尔（Carrousel）氧化沟，将有效水深提高到4.5m以上，并于1968年在荷兰应用成功。1970年，南非开发了使用转盘曝气机的奥贝尔（Orbal）氧化沟。后来又逐步出现了交替工作式氧化沟、一体化氧化沟、微孔曝气氧化沟等。

特征 ①氧化沟结合了推流和完全混合两种流态，有利于克服短流和提高缓冲能力。氧化沟在短时间内呈推流式，可减少短流，长时间内呈现完全混合特征，使进水受到数十倍甚至上百倍的混合液稀释，因此具有很强的抗冲击能力。②氧化沟内具有明显的溶解氧浓度梯度，易于实现硝化－反硝化过程。因曝气位置固定，曝气区溶解氧浓度较高，然后沿沟长逐步下降，下游区基本处于缺氧状态。通过将多个曝气机沿池长间隔分布，可在池内形成好氧区和缺氧区交替分布的状态，有利于污水的硝化－反硝化脱氮。③氧化沟沟内曝气功率密度的不均匀分布，有利于氧的传质、液体混合和污泥絮凝。④氧化沟的整体功率密度较低，可节约能源。氧化沟内混合液被加速到平均流速后，维持循环仅需克服沿程和弯道的水头损失，因而氧化沟维持混合液流动和活性污泥悬浮状态所需功率密度比其他工艺低得多。⑤流程简单。氧化沟处理城市生活污水时可不设初沉池，污水中悬浮有机物可在氧化沟内得到部分稳定，剩余活性污泥产量小，且已得到一定程度的稳定，一般可不进行污泥消化。⑥处理效果稳定，出水水质好。

类型 包括奥贝尔氧化沟、卡鲁塞尔氧化沟、三沟式交替运行氧化沟、DE 型双沟式氧化沟、船形一体化氧化沟、VR 型氧化沟和鼓风曝气氧化沟。

奥贝尔氧化沟 是采用同心圆式的多沟串联的氧化沟处理系统（见图1）。奥贝尔氧化沟一般由三个同心的椭圆形沟道组成，污水由外沟道进入，与回流污泥混合后，由外沟道进入中间沟道再进入内沟道，在各沟道循环达数十到数百次。最后经中央岛的可调出水堰流出，至二次沉淀池。在各沟道安装有不同数量的水平转碟曝气机，进行供氧和推流搅拌。外沟道容积占整个氧化沟体积的50%～55%，溶解氧值较低，是有机物氧化的主要区域；中间沟道容积占整个氧化沟体积的25%～30%，溶解氧值控制在中间水平，可发挥外沟道或内沟道的强化作用；内沟道的容积为总容积的15%～20%，维持较高的溶解氧值，以保证较高的有机物和氨氮去除率。

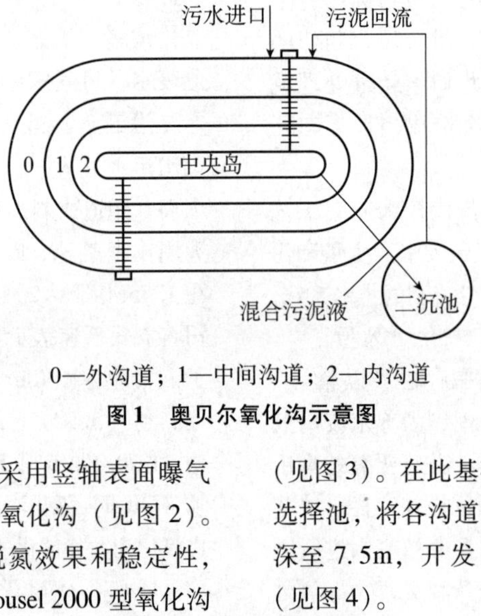

0—外沟道；1—中间沟道；2—内沟道

图1 奥贝尔氧化沟示意图

卡鲁塞尔氧化沟 是由采用竖轴表面曝气机的多个氧化沟串联形成的氧化沟（见图2）。为提高卡鲁塞尔氧化沟的脱氮效果和稳定性，增加预反硝化区开发了 Carrousel 2000 型氧化沟（见图3）。在此基础上，进一步增加厌氧池和选择池，将各沟道组合成圆形布置，并增加池深至 7.5m，开发出深池型 Carrousel 氧化沟（见图4）。

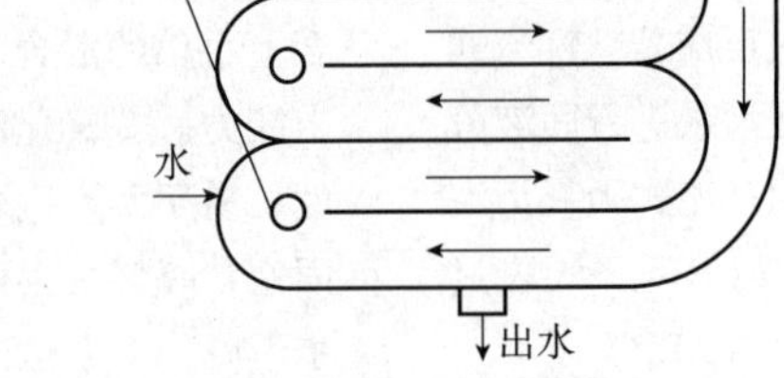

图2 传统 Carrousel 氧化沟

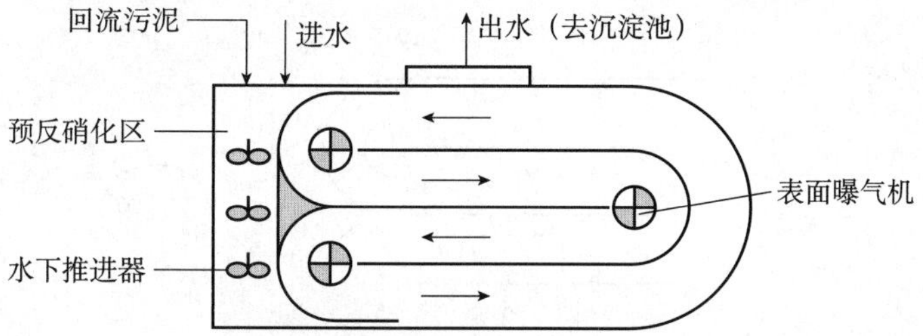

图3　Carrousel 2000型氧化沟

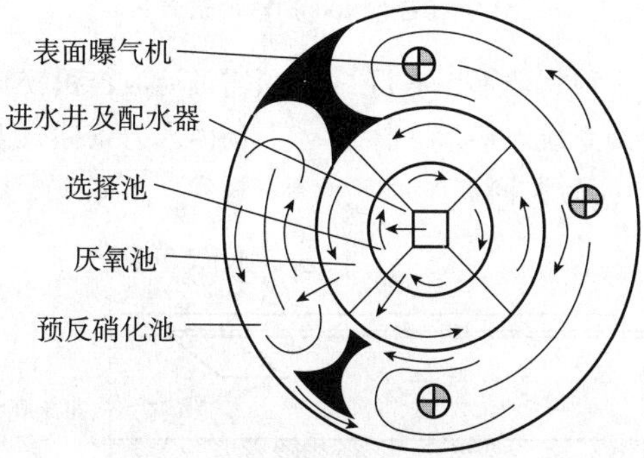

图4　深池型Carrousel氧化沟

三沟式交替运行氧化沟　又称T型氧化沟，是由3座各部位尺寸、容积完全相同并通过管道或沟壁间的孔道相互连接的氧化沟并排组成的组合体，是交替工作式氧化沟的一种典型构造型式（见图5）。中间氧化沟始终按曝气反应氧化沟运行，其两侧的氧化沟则交替地按曝气反应和沉淀过程运行。该类氧化沟工艺流程简单，无须另设初沉池、二沉池和污泥回流系统，基建投资和运行费用低，并在一定程度上解决了氧化沟占地面积大的缺点。

DE型双沟式氧化沟　是由两个相同容积、相互连通、交替进水的氧化沟组成的半交替工作式氧化沟系统。沉淀池与氧化沟分开，并有独立的污泥回流系统。由于两沟交替硝化与反硝化，缺氧区和好氧区完全分开，污水始终从缺氧区进入，因此可保证较好的脱氮效果，且不需要混合液内回流系统（见图6）。

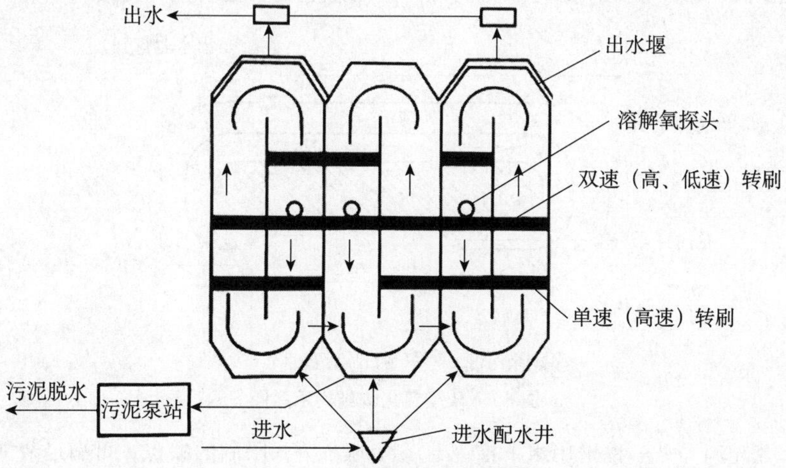

图5　三沟式交替运行氧化沟

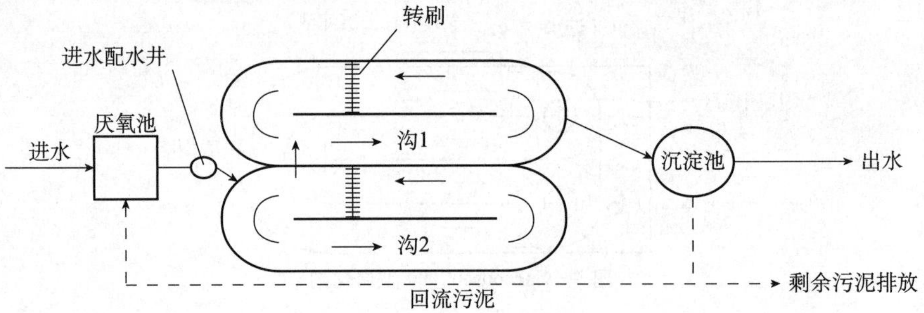

图6　DE 型氧化沟结构示意图

船形一体化氧化沟　是一种将船形二次沉淀池设置于氧化沟内的氧化沟系统。船形一体化氧化沟无须另建沉淀池，且污泥回流及时，所需沉淀池容积较小。污泥回流依靠自身重力及沟内水力条件，无须另建污泥回流系统，投资较省（见图7）。

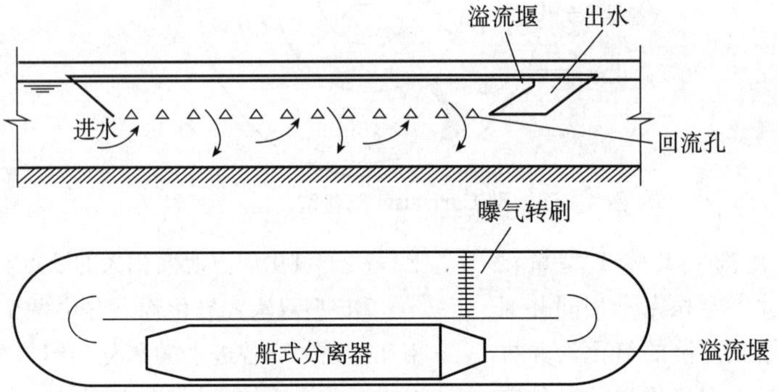

图7　船形一体化氧化沟结构示意图

VR 型氧化沟　是两沟交替工作式氧化沟，沟型如环形跑道，中央有一小岛状的直壁式结构。曝气沟渠用隔墙分为容积基本相等的沟1、沟2两部分，中间用单向活板门相连。VR 型氧化沟利用定时改变曝气刷的旋转方向的方式，改变沟渠内总的水流方向，使沟1、沟2两部分交替地作为曝气区和沉淀区，因此不需要另设二沉池。当沉淀区变为曝气区运行时，已沉淀的污泥会自动与水相混合，因此不需要设置污泥回流装置（见图8）。

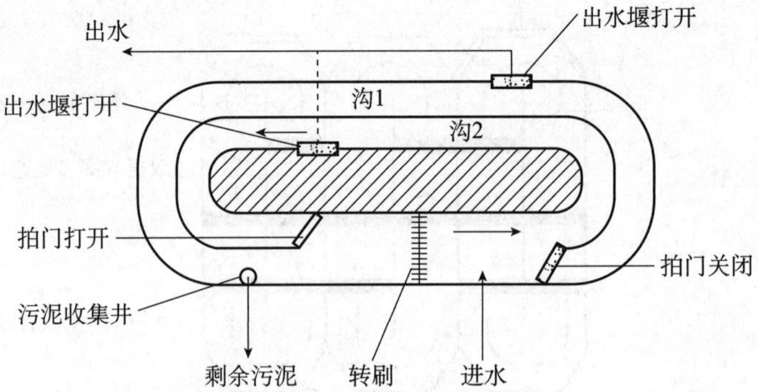

图8　VR 型氧化沟结构示意图

鼓风曝气氧化沟　是一种采用水下推进器配合微孔曝气的氧化沟，克服了氧化沟深度受曝气方式限制的缺点，可满足节能要求，并减少占地面积（见图9）。

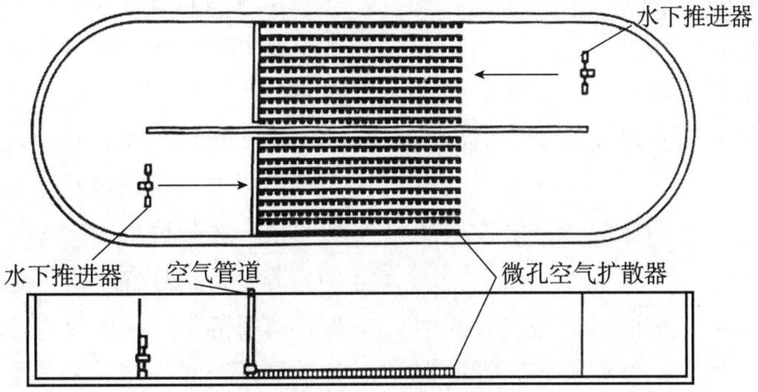

图 9　鼓风曝气氧化沟结构示意图

（李军　席宏波）

yelü xiaodu

液氯消毒（chlorine disinfection）　以液氯为消毒剂的消毒方法。液氯是一种强氧化剂，杀菌能力强，价格低廉，是目前广泛应用的消毒剂。

消毒机理　液氯消毒法的消毒机理是利用液氯溶解于水生成次氯酸和盐酸。

$$Cl_2 + H_2O = HClO + HCl$$

次氯酸是很小的中性分子，能扩散到带负电的细菌表面，穿透细胞壁到达细菌内部，氧化破坏细菌的酶系统而使细菌死亡。但是次氯酸对于水中病毒和寄生虫卵的杀灭效果较差，需要在较高剂量才能达到理想的消毒效果。

缺点　①液氯消毒的安全性较差。②液氯消毒存在二次污染。氯与污水中某些有机和无机成分反应，能生成一系列稳定的含氯化合物，其大部分对人体健康有害，有些含氯化合物有致癌性。③氯与污水中的氨反应生成的氯氨，会降低消毒效力，而且氯氨排入水体后会对环境生物产生毒性作用。

消毒副产物　氯在水中的反应非常复杂，它不仅可起氧化反应，还可与水中的有机物起取代或加成反应而得到各种氯代化合物。氯消毒副产物主要来自氯对水中有机物的氯化作用。主要消毒副产物的毒理学信息见下表。

主要消毒副产物的毒理学信息（引自 Rehan Sadig）

副产物类型	物质	等级	毒害效应
三卤甲烷	氯仿	B_2	致癌，肝、肾和生殖损害
	二溴一氯甲烷	C	神经系统、肝、肾和生殖损害
	一溴二氯甲烷	B_2	致癌，肝、肾和生殖损害
	溴仿	B_2	致癌，神经系统、肝、肾损害
卤乙酸	二氯乙酸	B_2	致癌，生殖和发育损害
	三氯乙酸	C	肝、肾、脾和发育损害
氯代醛、酮	甲醛	B_1	致突变（吸入暴露）
氯酚	2-氯酚	D	致癌，促进肿瘤
无机化合物	溴酸盐	B_2	致癌
	亚氯酸盐	D	生殖和发育损害
卤乙腈	三氯乙腈	C	致癌，致突变

注：B_1—可能的人致癌剂（有流行病学证据）；B_2—可能的人致癌剂（有充分的实验室证据）；C—可能的人致癌剂；D—未分类。

消毒工艺 根据加氯点分为预氯化法、后氯化法和中途加氯法。

预氯化法 在混凝沉淀前加氯，其主要目的在于改良混凝沉淀和防止藻类生长，但易生成大量氯化副产物。

后氯化法 在滤后水中加氯，是最常用的氯消毒法。

中途加氯法 又称二次加氯，是在管网中途的加压泵站或贮水池泵站补充加氯。管道很长时，采用此法既能保证末梢余氯，又不致使水厂附近的管网水中余氯过高。

余氯 是剩余氯的简称，是氯消毒的水质参数。余氯过高将给水带来臭味，过低将使水失去保持杀菌的能力，降低供水的卫生安全性。余氯分为游离性余氯和化合性余氯。《生活饮用水卫生标准》（GB 5749—2006）要求加氯消毒时做到：接触 30min 后游离性余氯不小于 0.3mg/L；给水管网末端，水中游离性余氯不小于 0.05mg/L。《城市污水再生利用　城市杂用水水质》（GB/T 18920—2020）要求，出水厂总余氯不小于 1.0mg/L；管网末端，水中总余氯不小于 0.2mg/L，用于城市绿化时不应超过 2.5mg/L。　（李军　郭美婷）

yiyao gongye feishui

医药工业废水　（pharmaceutical industry wastewater）　制造抗生素、抗菌素、抗血清及有机、无机医药等工厂排出的废水。水量与水质随工厂生产规模、药品种类、生产工艺而各不相同。按医药产品特点分为抗生素废水、有机合成药物废水和中成药废水等。按医药生产工艺分为生物制药废水、化学制药废水、中成药生产废水和制剂生产废水等。

生物制药废水 是利用生物体或生物过程生产药物的过程（主要包括通过菌种发酵生产抗生素）中产生的废水。目前用于临床医学或其他用途的抗生素类药物主要有 β - 内酰胺类、四环素类、氨基糖苷类、大环内酯类、多肽类等种类，有数百个品种。

来源与特性 根据废水产生过程，分为工艺废水、生产冲洗排水和动力系统排水等其他废水。

工艺废水　也称提取废水或发酵废水，来自产品提取或精制过程，如提取废母液、精制废母液、树脂再生废水等。含有大量未被利用的培养基及其分解产物，也含有一定浓度的酸、碱或有机溶剂。一般具有污染物浓度高、菌丝体等悬浮物浓度高、组成复杂、含难降解物质和有抑菌作用的抗生素、含盐量高、含氮量高、色度高等特点。

生产冲洗排水　来自发酵罐、分离机、树脂柱、其他设备及地面的清洗，水质与提取废水类似，但污染物浓度较提取废水低。

其他废水　生物制药厂大多有冷却水排放，一般污染物浓度较低，经简单处理后可回用或直接排放。

源头减量 通过培养基和发酵工艺条件优化、菌种优选、分离提取技术改进等清洁生产措施，可大幅降低单位产品的废水和污染物产生量。

处理方法 包括预处理、生物处理和深度处理工艺。

预处理工艺　溶剂含量高的废水优先采用精馏、物理分层等方式进行溶剂回收预处理；高氨氮废水可采用氨吹脱等工艺进行预处理；含有大量难降解有机物的废水，宜进行化学氧化、精馏等预处理；含有大量悬浮物及大分子胶体有机物的废水，可进行混凝沉淀或气浮预处理。

生物处理工艺　通常采用厌氧 - 好氧组合处理工艺。厌氧处理可采用水解酸化、升流式厌氧污泥床反应器、厌氧颗粒污泥膨胀床反应器及完全混合式反应器。好氧处理可选用传统活性污泥法、序批式活性污泥法、生物接触氧化、膜生物反应器等。

深度处理工艺　可采用混凝沉淀（气浮）、吸附、过滤、膜分离、化学氧化、曝气生物滤池等工艺中的一种或几种工艺组合。

化学制药废水 指利用有机或无机原料通过化学反应制备药品或中间体过程中产生的废水，根据废水产生过程，分为工艺废水、生产冲洗排水和动力系统排水等其他废水。

来源与特性 绝大多数化学合成药的生产采用间歇法，生产工序多，排放废水过程多，且不同废水间水质、水量差异大。化学制药废水主要来自：①工艺废水，例如，失去效能的溶剂、过滤液、浓缩液及结晶、转相、吸附等过程的母液；②地板以及过滤机械、反应容器、催化剂载体、树脂、吸附剂等设备和材料的冲洗废水；③管道的密封水；④洗刷用具的废水等。通常具有污染物浓度高、含盐量高、有毒、污染物难生物降解等特点。

源头减量 通过物料回收与综合利用，采用新技术和先进生产设备，可减少废水及污染物产生量。

处理方法 主要采用高浓度废水预处理后与低浓度废水混合，然后进行好氧（或水解-好氧）生物处理，最后进行深度处理的组合工艺。预处理工艺根据废水水质选择，常用混凝法、电解法、蒸发法、芬顿氧化法等工艺，生物处理多采用厌氧-好氧组合工艺，深度处理根据排放或回用的水质要求可采用混凝沉淀（气浮）、吸附、过滤、膜分离、化学氧化、曝气生物滤池等工艺中的一种或几种工艺组合。

中成药生产废水 以天然动植物为主要原料，通过清洗、浸汲浓缩、提取、精制、包装等工序生产中成药产品的过程产生的废水。

来源与特性 主要来自设备清洗、下脚料废液清洗和辅助工段清洗过程及提取工段，其中提取工段废水水量大、浓度高，是中成药生产废水污染物的主要来源。中成药生产废水中主要含有各种天然有机污染物，其主要成分为糖类、有机酸、苷类、蒽醌、木质素、生物碱、鞣质、蛋白质、淀粉及它们的水解产物等。废水悬浮物浓度高，色度高。

源头减量 通过物料回收与综合利用，采用新技术和先进生产设备，可减少废水及污染物产生量。

处理方法 包括预处理、生物处理和深度处理过程。常用的预处理工艺包括混凝法、电凝聚、破乳、气浮等，用于分离污水中的悬浮态及胶态有机物。生物处理多采用厌氧-好氧组合工艺，深度处理工艺与生物制药废水相近。

制剂生产废水 制剂分为固体制剂、注射剂、软膏剂和栓剂等。制剂生产过程中产生的废水主要包括各工段的制剂冲洗水、净化水、冷却水、地面冲洗水等，一般污染程度不大，经简单处理可达标排放。 （宋玉栋）

yiyuan wushui

医院污水 （hospital sewage） 医院门诊、病房、手术室、各类检验室、病理解剖室、放射室、洗衣房、太平间等处排出的诊疗、生活及粪便污水。当办公、食堂、宿舍等排水与上述污水混合排出时亦视为医院污水。

分类 按照污水来源及特性分为传染病医院污水、非传染病医院污水和特殊性质医院污水。

传染病医院污水 传染性疾病专科医院及综合医院传染病房排放的诊疗、生活及粪便污水。

非传染病医院污水 各类非传染病专科医院以及综合医院除传染病房外排放的诊疗、生活及粪便污水。

特殊性质医院污水 医院检验、分析、治疗过程产生的少量特殊性质污水，主要包括酸性污水、含氰污水、含重金属污水、洗印污水、放射性污水等。

污水性质 医院污水来源及成分复杂，含有粪便，病原性微生物，有毒、有害的物理化学污染物和放射性污染物等。传染性细菌和病毒等病原性微生物，具有传染性，可以诱发疾病或造成伤害。牙科治疗、洗印和化验等过程产生的污水含有重金属、氰化物、消毒剂、有机溶剂等，部分具有致癌、致畸或致突变性。同位素治疗和诊断产生放射性污水。

污水处理原则 包括全过程控制原则、分质处理原则、就地处理原则、因地制宜原则、风险控制原则和生态安全原则。

全过程控制原则 对医院污水产生、处理、排放的全过程进行管理和控制。

分质处理原则 在污水和污物发生源处进行严格控制和分离，对医院内生活污水与病区污水、传染病医院污水、特殊性质污水分别收集和处理。严禁将医院的污水和污物随意弃置排入下水道。

就地处理原则 为防止医院污水输送过程中的污染与危害，在医院必须就地处理。

因地制宜原则 根据医院性质、规模、污水排放去向和地区差异选择医院污水处理工艺路线。

风险控制原则 从工艺技术、工程建设和监督管理等方面综合考虑医院污水稳定达标要求，并提高应对突发性事件的能力。

生态安全原则 有效去除污水中有毒有害物质，减少处理过程中消毒副产物产生和控制出水中过高余氯，保护生态环境安全。

处理方法 特殊性质医院污水应单独收集，足量后单独预处理，再进入医院污水处理系统。传染病医院污水和非传染病医院污水应分别收集和处理。传染病医院污水应在预消毒后采用二级处理+消毒工艺或二级处理+深度处理+消毒工艺。非传染病医院污水，若处理出水直接或间接排入地表水体或海域时，应采用二级处理+消毒工艺或二级处理+深度处理+消毒工艺；若处理出水排入终端已建有正常运行的二级污水处理厂的城市污水管网时，可采用一级强化处理+消毒工艺。

酸性污水预处理 酸性污水是医院检验或制作化学清洗剂时使用硝酸、硫酸、过氯酸、一氯乙酸等酸性物质而产生的污水，采用中和法预处理。

含氰污水预处理 含氰污水是医院在血液、血清、细菌和化学检查分析时使用氰化钾、氰化钠、铁氰化钾、亚铁氰化钾等含氰化合物而产生的污水，采用碱式氯化法预处理。

含汞污水预处理 含汞污水是各种口腔门诊治疗，分析检测和诊断中因使用氯化汞、硝酸汞和硫氰酸化汞等剧毒物质，以及含汞检测仪器破损而产生的少量污水，宜采用硫化钠沉淀+活性炭吸附法预处理。

含铬污水预处理 含铬污水是医院在病理、血液检查及化验等工作中使用重铬酸钾、三氧化铬、铬酸钾等化学品形成的污水，宜采用化学还原沉淀法预处理。

洗印污水预处理 洗印污水采用过氧化氢氧化法预处理。

放射性废水处理 应单独收集，并直接排入衰变池，衰变处理满足要求后直接排放，不进入医院污水综合处理系统。

污泥处理 医院污水处理污泥含有大量病原体，必须进行消毒处理。消毒方法有加热消毒、化学药剂消毒等。加热消毒的热源通常为蒸汽、电能或生物能（高温堆肥），还可采用焚烧法处理。化学药剂消毒可用漂白粉、石灰、液氯或苛性钠等。 （李军 宋玉栋）

yidongchuang shengwumo fanyingqi

移动床生物膜反应器

（moving bed biofilm reactor，MBBR） 采用密度接近于水的可悬浮填料作为微生物载体并依靠曝气或搅拌作用处于流化状态的生物膜法反应器。开发于20世纪80年代中期，20世纪80年代末以来在生活污水和工业废水处理中得到大量应用。

原理 所用微生物载体密度接近于水，在少量曝气或搅拌条件下微生物载体即可在反应器内循环流动并与污水充分接触（见下图）。所采用的典型载体为带有大量凹槽的空心圆柱体，可生长和保持大量生物膜，可使反应器达到很高的微生物浓度和处理负荷。生物膜厚度较大，在生物膜表层和内部分别处于好氧和厌氧状态，分别生长好氧菌和厌氧菌（或兼性菌），每个载体都可看成是一个微型反应器，使硝化反应和反硝化反应同时存在，从而提高反应器的脱氮效果。载体在水中的碰撞和剪切作用，使空气气泡更加细小，增加了氧气的利用率。

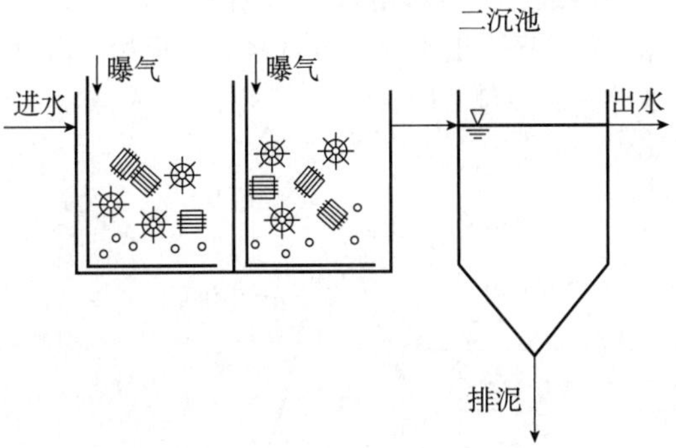

典型 MBBR 工艺流程

特征 MBBR 结合了传统流化床和生物接触氧化法微生物浓度高、传质效果好、处理负荷高的优点，解决了固定床反应器易堵塞需定期反冲洗，传统流化床载体流化能耗高、反应器结构复杂，生物接触氧化池结构复杂的问题。与活性污泥法和固定填料生物膜法相比，MBBR 既具有活性污泥法的高效性和运转灵活性，又具有传统生物膜法耐冲击负荷、污泥龄长、剩余污泥少的特点，该工艺具有以下特征：

①有机物去除效果好。反应器内污泥浓度较高，一般情况下污泥质量浓度为传统活性污泥法的 5 ~ 10 倍，可高达 30 ~ 40g/L，可大幅提高有机物的去除负荷。

②脱氮能力强。填料上形成好氧、缺氧和厌氧环境，硝化和反硝化反应能够在一个反应器内发生，对氨氮和总氮的去除效果好。

③填料易截留，反应器结构简单。填料多为聚乙烯、聚丙烯及其改性材料、聚氨酯泡沫体等制成，密度接近于水，以圆柱状和球状为主，尺寸较流化床载体大，易于采用滤网截留，且易于挂膜、悬浮和流化，不结团、不堵塞，所需的反应器结构简单，易于对现有的活性污泥系统进行改造。

④维护管理容易。曝气池内无须设置填料支架和载体分离器，对填料以及池底曝气装置维护方便。 （李军 宋玉栋）

youjilin nongyao feishui

有机磷农药废水 （organic-phosphorus pesticide wastewater） 有机磷农药生产过程中产生的废水。

来源与特征 主要来自有机磷农药生产过程，具有毒性高、浓度大、组成复杂等特点。

危害 对硫磷（1605）、甲基对硫磷、乙基对硫磷（EPN）和甲基内吸磷四种有机磷化合物杀虫能力强，曾广泛地应用于农业，属于剧毒类。此外，还有属于中等毒性物质的有机磷化合物，如敌敌畏、二甲硫吸磷（M－81）等和属于低毒性物质的有机磷化合物，如乐果、马拉硫磷、敌百虫和二嗪农等。对硫磷、甲基对硫磷、乙基对硫磷和甲基内吸磷在化学性质方面具有相似性，即在碱性条件下不稳定，加热后水解生成间硝基苯酚和 S－烷基异性体，后者也具有毒性。在世界范围内曾有众多有机磷化合物中毒事件发生。重者全身抽搐、大小便失禁，最终致死。轻者全身倦怠、头痛、头晕、多汗、恶心呕吐，进一步发展为瞳孔缩小、肌肉纤维收缩、言语发生障碍、视力减退等症状。近年来研究发现，有机磷化合物具有烷基化作用，可能会引起人体及动物体的“三致”（致癌、致突变、致畸）作用，但这个问题还似有争议。

处理方法 常用的方法可以分为氧化法、生物法、吸附法和水解法等。臭氧氧化法适用于处理浓度较低、难被生物降解或对生物有毒的农药废水污染物，如马拉硫磷、伏杀磷等。一般生成羰基化合物，最后生成 CO_2 和 H_2O，无二次污染，在分解有机物的同时，还具有脱色、脱臭和杀菌作用。臭氧氧化的缺点是臭氧发生器耗电量较高，故在电量供应充足的条件下才适合。预处理后的有机磷农药废水可进一步进行生物处理，实现可生物降解有机物的有效去除。有机磷处理吸附效果更好，也可经碱解（常用石灰乳）后再用活性炭吸附，活性炭可用蒸汽再生。废水中的磷酸三丁酯可用飞灰及黏土作吸附剂去除，但在酸性介质中加硝酸可提高去除率。聚乙烯用醇或酮处理后可用来

吸附水中微量的有机磷化合物。在碱性或酸性条件下，有机磷分子易发生水解，从而降低有机磷废水的处理难度。（李军）

yushui shidi

雨水湿地 （stormwater wetland） 将雨水进行沉淀、过滤、净化、调蓄的湿地系统，同时兼具生态景观功能，通过物理、植物及微生物共同作用达到净化雨水的目标，分为雨水表流湿地和雨水潜流湿地。

构造 与湿塘相似，一般由进水口、前置塘、沼泽区、出水池、溢流竖管、堤岸、溢洪道等构成（见下图）。

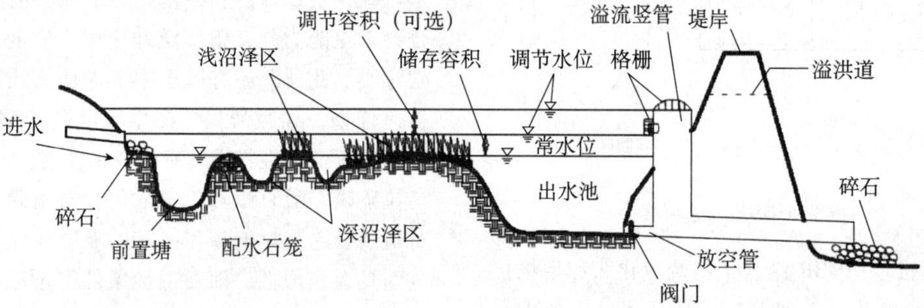

雨水湿地典型构造示意图

适用范围 适用于具有一定空间条件的城市道路、城市绿地、滨水带等区域。

净化机理 雨水湿地是一种人工浅沼泽系统，用来处理城市雨水并控制径流水量。当雨水径流流经湿地设施时，主要通过沉淀、沼泽植被吸收及微生物降解作用清除污染物。

工艺要求 包括以下五方面：①进水口和溢流水口应设置碎石、消能坎等消能设施，防止水流冲刷和侵蚀。②前置塘对径流雨水进行预处理。③沼泽区分为深沼泽区和浅沼泽区，是雨水湿地主要净化区，浅沼泽区水深范围一般为0～0.3m，深沼泽区水深范围一般为0.3～0.5m；水生植物依据不同水深进行种植。④雨水湿地的调节容积应在24h内排空。⑤出水池主要起到防止沉淀物的再悬浮和降低温度的作用，水深一般为0.8～1.2m，出水池容积约为总容积（不含调节容积）的10%。

工艺特点 雨水湿地可有效削减污染物，并具有一定的控制径流总量和峰值流量的效果，但建设及维护费用较高。（王灿）

Yuehanneisibao gongyi

约翰内斯堡工艺 （Johannesburg process）在传统 A^2/O 工艺前增设了预缺氧池，二次沉淀池的污泥回流至预缺氧池，与一部分原污水混合进行反硝化，再与其他部分原污水混合进入 A^2/O 工艺的*活性污泥法*工艺，是传统 A^2/O 工艺的一种变型，简称JHB工艺。

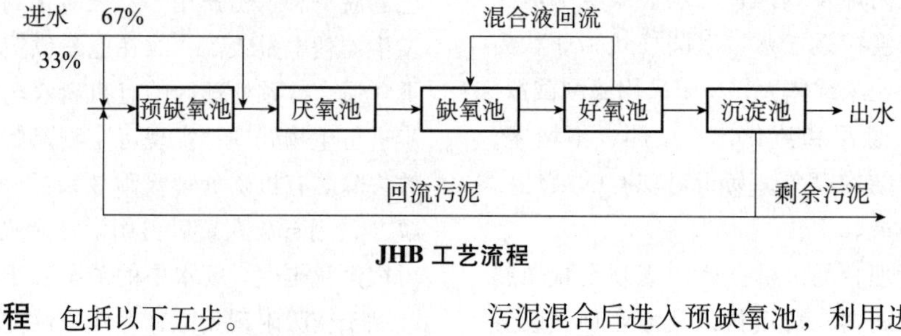

JHB 工艺流程

工艺过程 包括以下五步。

①33%的原污水与来自二次沉淀池的回流污泥混合后进入预缺氧池，利用进水中提供的碳源进行反硝化去除回流污泥中的硝态氮。

②与67%的原污水一起进入厌氧池，用易降解有机物合成聚-β-羟丁酸（PHB）等胞内储存物，并释放磷。③厌氧池混合液进入缺氧池与来自好氧池的混合液及来自二次沉淀池的回流污泥混合，进行生物反硝化和有机物的去除。④缺氧池混合液进入好氧池，实现磷的过量摄取、氨的硝化和有机物的进一步去除。⑤好氧池混合液进入二次沉淀池进行泥水分离，上清液作为处理水排放，沉淀污泥一部分回流至预缺氧池，另一部分作为剩余污泥外排（见上图）。

工艺特点 该工艺可去除回流污泥中的硝态氮，减轻硝态氮对厌氧段释磷的不利影响，有利于磷的去除。（李军）

Z

zaishengshuichang

再生水厂 （water reclamation plant） 使污染源排出的污（废）水经过适当处理后达到一定的水质指标或对经过处理的废水再进行深度处理使其满足某种使用要求的人工强化处理场所，是以污水再生利用为目的的污水处理厂。

污水再生处理工艺应依据再生水水源和供水水质要求选择。在既有污水处理设施基础上升级改造时，可选择增建深度处理设施的工艺流程，新建再生水厂时应统筹考虑污水二级处理和深度处理有机结合的工艺流程。

常用的污水再生处理工艺有：二级处理出水→介质过滤→消毒；二级处理出水→微絮凝→介质过滤→消毒；二级处理出水→混凝→沉淀（澄清、气浮）→介质过滤→消毒；二级处理出水→混凝→沉淀（澄清、气浮）→膜分离→消毒；污水→二级处理（或预处理）→曝气生物滤池→消毒；污水预处理→膜生物反应器→消毒；深度处理出水（或二级处理出水）→人工湿地→消毒。当上述流程不能满足供水水质要求时，可再增加臭氧氧化、活性炭吸附、臭氧－活性炭、高级氧化等深度处理单元中的一种或几种。 （闫海红）

zaozhi gongye feishui

造纸工业废水 （pulp and paper industry wastewater） 在造纸工业生产过程中产生的废水。

造纸工业 造纸生产分为制浆和造纸两个基本过程。制浆是指利用化学方法、机械方法或是化学与机械相结合的方法，使植物纤维原料离解变成本色纸浆或漂白纸浆的生产过程；而造纸则是指纸浆经稀释、成型、压榨、烘干制成纸产品的过程。造纸工业的整个生产过程，包括从备料到成纸、化学品回收、纸张的加工等都需要大量的水，用于输送、洗涤、分散物料及冷却设备等。

来源 在制浆造纸的生产过程中，废水主要来源于备料、蒸煮、冷凝、洗浆、漂白和抄造纸工序。

备料过程中的废水 指以木材为原料的制浆厂在备料过程中所产生的废水。主要包括洗涤水以及湿法剥皮机排出水，其中主要含有树皮、泥沙、木屑以及木材中的水溶性物质，包括果胶、多糖、胶质单宁等。

蒸煮废液 指植物纤维原料经化学蒸煮、洗浆后，产生的煮废液。在碱法制浆中，此液呈黑色，故称“黑液”；而在酸法制浆中，此液呈红色，故称“红液”。其主要成分是木素、糖类及蒸煮所用的化学药剂。蒸煮方法和所用纤维原料不同，蒸煮废液的组分也存在很大的差异。

污冷凝水 指在化学法制浆过程中，蒸煮锅排放蒸汽经冷却产生的污冷凝水。碱法蒸煮产生的污冷凝水，主要含有烯类、甲醇、乙醇、丙酮、丁酮及糠醛等污染物；硫酸盐法制浆过程还会产生硫化氢及有机硫化物。制浆纤维原料是针叶木时，冷凝液表面还会漂有一层松节油。

机械浆及化学机械浆废水 主要来自木片洗涤、化学浆处理残液及浆料的洗涤、筛选等工艺过程。机械浆得率为93% ~98%，废水污染物产生量总体较少。其中，预热磨木浆的磨浆温度较高，木材溶出物多，废水污染负荷较磨石磨木浆和木片磨木浆高。化学机械浆的纤维原料在进入机械磨浆之前，先用化学药剂进行温和预处理，故浆得率较高，污染物排放负荷比化学制浆少很多，但是比传统机械浆排污负荷高。

洗浆、筛选废水 在洗浆过程中，设备的跑、冒、滴、漏和洗浆机及相关的贮槽清洗水是洗浆废水的主要来源。通过加强管理，可基本不排废水。筛选工序去除粗浆中生片、木节、粗纤维素及非纤维素等的过程中，会产生大量浓缩排水，是筛选废水的主要来源，可循环到筛选前的稀释工序以减少排水量。

废纸回用过程的废水 废纸造纸废水主要来源于废纸脱墨、洗涤、浆料净化筛选、浓缩和纸机湿部。在制浆部分的除渣、洗浆、漂洗等过程中产生大量的洗涤废水。抄纸部分产生含有纤维、填料和化学药品的废水，经处理后可循环利用，并回收纤维和填料。脱墨工艺产生废水的污染负荷较非脱墨工艺更高。

漂白废水 纸浆漂白分两类。一类是以氧化性漂白剂破坏木素及有色物质的结构，使其溶解，从而提高纸的纯度与白度；另一类是以漂白剂改变有色物质分子上发色基团的结构，使其脱色，但不涉及纤维组分损失。常用的氧化性漂白剂多是含氯化合物，导致漂白废水污染严重。过氧化物漂白剂多用于高得率浆或废纸回收纸浆的漂白，它们不同于含氯漂白剂，不破坏木素结构，也不使其溶解，浆损失少，污染较轻。为了减少污染，现已出现了许多新的漂白工艺，如氧－碱漂白、O_3漂白、气相漂白和置换漂白等。

造纸废水 主要来自打浆、纸机前筛选和抄造等工序。在生产过程中，纸料在造纸机的造纸网上流动时，浆料中添加的辅助化学品和辅助剂一部分保留在浆料中，另一部分则随着用于悬浮纤维的水流向网下。从网上纸料中脱除的水称为“白水”，其中含有纤维碎屑、小纤维、颜料、淀粉及染料等。

水质特征 制浆造纸工业废水的主要污染物为有机物和悬浮物。对机械浆、化学机械浆等制浆废水，重金属离子也是重要污染物。对于硫酸盐法、烧碱法及中性亚硫酸盐半化学法制浆废水，其颜色也值得重视。制浆造纸废水中污染物的毒性问题已受到人们的普遍关注，如漂白硫酸盐浆厂废水中的二噁英及可吸附的有机卤代物（AOX）的形成。

减量化 化学制浆生产系统可采用能源和化学品回收、循环工艺用水等措施降低废水和污染物排放量，例如，碱法化学浆黑液可采用燃烧法碱回收技术回收碱，亚硫酸铵法化学制浆废液可采用蒸发浓缩干燥等技术提取木质素磺酸盐；对洗选漂废水进行分级逆流回用可降低制浆工段排水量。高浓度化学机械浆废水可采用蒸发燃烧技术处理；白水回收和纸机白水封闭循环等措施可降低废水排放量。

处理方法 造纸工业废水处理流程可分为高浓度污水预处理和综合污水一级处理、二级处理和三级处理4个阶段。预处理阶段包括备料的混凝沉淀处理、机械浆和化学机械浆生产废水的厌氧处理。综合污水一级处理包括格栅、纤维回收、初沉池（混凝沉淀或气浮池）、调节池等；综合污水二级处理包括厌氧＋好氧处理工艺（化学需氧量大于2 000 mg/L）或好氧处理工艺（化学需氧量小于1 200 mg/L）；综合污水三级处理包括混凝沉淀（气浮）、过滤、高级氧化、活性炭吸附、臭氧－活性炭生物滤池、离子交换、膜分离等。 （李军）

zhedian lühuafa tuo dan

折点氯化法脱氮 （break point chlorination denitrification） 将氯气或次氯酸加入废水中达到游离氯开始增加的点（折点）而将氨转变为氮气的方法。

当向含有氨氮的废水中投加氯气或次氯酸

时，氨与次氯酸首先生成一氯胺。随着加氯量的增加，当废水中的氨氮全部转化为一氯胺后，多余的次氯酸与一氯胺反应生成氮气，从而实现废水脱氮。其反应式为：

$$NH_4^+ + 1.5HClO \longrightarrow 0.5N_2 + 1.5H_2O + 2.5H^+ + 1.5Cl^-$$

需氯量取决于氨氮的浓度，两者质量比为7.6∶1，为了保证完全反应，一般氧化1mg氨氮需加9～10mg的氯气。pH在6～7时为最佳反应区间，接触时间为0.5～2h。

折点氯化法的处理率达90%～100%，处理效果稳定，不受水温影响，投资较少。折点氯化法的缺点是加氯量大，费用高，从而增加了总溶解固体的含量，副产物氯胺和氯代有机物会造成二次污染。（李军）

zhibei huanchongdai

植被缓冲带（vegetated buffer strip） 坡度较缓的植被区，其利用植被拦截及土壤下渗作用减缓地表径流流速，并去除径流中的部分污染物。植被缓冲带的坡度一般为2%～6%，宽度不宜小于2m（见下图）。

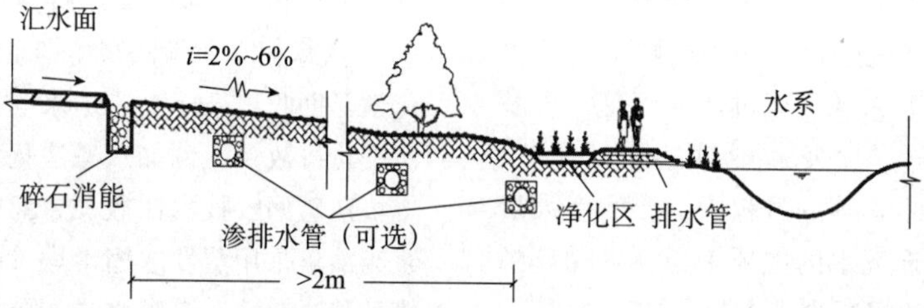

植被缓冲带典型构造示意图

分类 按照植被缓冲带的植被组成可划分为草地缓冲带、灌木缓冲带、林木缓冲带和以上几种植被构成的复合缓冲带，不同的植被类型对于陆源污染物的阻控能力不同。按照缓冲带位置可分为坡地等高缓冲带、水体周边缓冲带和风蚀区缓冲带。

坡地等高缓冲带 大致相当于我国的等高植物篱，应用于缓坡耕地的农作物与林草间，但设计上强调对面源污染的控制。

水体周边缓冲带 一般沿河道、湖泊水库周边设置，强调对水质的保护功能。

风蚀区缓冲带 相当于我国的防风、防沙林带。

适用范围 适用于居民区、公园、商业区或厂区、湖滨带，也可设于城市道路等不透水面周边，可作为生物滞留设施等低影响开发设施的预处理设施，也可作为城市水系的滨水绿化带，但坡度较大（大于6%）时其雨水净化效果较差。

净化机理 植被缓冲带对地表径流、地下径流及深层地下水流中携带的污染物质具有良好的吸收、沉淀功能，可起到净化、过滤的缓冲作用，是控制面源污染的有效措施。其去除污染物的主要机理包括植被和土壤拦截、植物吸收、土壤吸附和微生物降解等。

工艺特点 植被缓冲带建设与维护费用低，但对场地空间大小、坡度等条件要求较高，且径流量控制效果有限。（王灿）

zhicaogou

植草沟（grassed swale） 用来收集、输送、削减和净化雨水径流的表面覆盖植被的明渠，可用于衔接海绵城市其他各单项设施、城市雨水管渠系统和超标雨水径流排放系统，以代替传统的沟渠排水系统。

植草沟能够通过植被的滞留、过滤、吸附功能，减缓径流流速，去除径流中的污染物，利用弹性的排蓄空间降低雨水对城市排水系统造成的压力和污染。

由来和发展 植草沟作为一种治理污染的生态技术始于20世纪80年代。美国波特兰市从20世纪90年代开始在大量的公路和社区设置了完整的生态排水体系，植草沟为其重要组成部分。美国对城市和农村的面源污染控制提出了包括植草沟在内的“最佳管理措施（BMP）”方案，并于1996年在波特兰市尝试了大尺度的植草沟系统设计，在城市雨水入河前利用植草沟减少了50%的径流污染，之后陆续得到推广应用。

分类 按照地表径流流入方式，分为转输型植草沟、干式植草沟和湿式植草沟。

转输型植草沟 指开阔的浅型植草沟，它将集水区中的径流引导和转输到其他处理系统。

干式植草沟 包含由人工改造土壤所组成的过滤层，并在过滤层底部铺设地下排水系统，强化了雨水的传输、过滤、渗透和滞留能力，从而保证雨水在设计停留时间内从沟渠排干。

湿式植草沟 与转输型植草沟类似，但长期保持潮湿状态，为沟渠型湿地处理系统。

适用范围 植草沟适用于道路、广场、停车场等不透水面的周边，城市道路及城市绿地等区域，也可作为生物滞留设施、湿塘等低影响开发设施的预处理设施。植草沟也可与雨水管渠联合应用，在场地允许且不影响安全的情况下植草沟也可代替雨水管渠。

转输型植草沟一般应用于高速公路的排水系统，在径流量小及人口密度较低的居民区、工业区或商业区，可以替代路边的排水沟和雨水管道系统。干式植草沟最适用于居民区，通过定期割草，可有效保持植草沟干燥。湿式植草沟一般用于高速公路的排水系统，也用于过滤来自小型停车场或屋顶的雨水径流，由于其土壤层在较长时间内保持潮湿状态，可能产生异味及蚊蝇等卫生问题，因此不适于居民区。

净水机理 污染物在植草沟中的去除涉及物理、化学、生物等作用，并与植被种类、土壤种类等密切相关。植草沟对颗粒物及吸附于表面的污染物（重金属、磷等）的去除，主要是通过渗透、过滤和沉积等物理过程实现。对氮的去除主要是通过反硝化、生物累积和土壤交换来实现。

工艺特点 ①浅沟断面形式宜采用倒抛物线形、三角形或梯形。②植草沟的边坡坡度（垂直：水平）不宜大于1∶3，纵坡不应大于4%。纵坡较大时宜设置为阶梯形植草沟或在中途设置消能台坎。③植草沟最大流速应小于0.8m/s，曼宁系数宜为0.2～0.3。④转输型植草沟内植被高度宜控制在100～200mm。

（王灿）

zhi ge feishui

制革废水 （tannery industry wastewater）

制革生产过程中各工段产生的废水。

制革工艺 制革生产主要包括准备、鞣制和整理三大工段。准备工段是对原皮的初步加工，包括浸水、浸灰、脱毛、脱灰、软化、浸酸等工序，主要去除附着在原皮上对制革无益的成分，如毛被、血污、脂肪、可溶性蛋白等，去除皮内油脂及非纤维蛋白质，并使生皮半成品的纤维结构适当分离和松散，便于进行鞣制和鞣制后的整理操作。鞣制工段是把已经准备好的生皮转变成革的过程，包括浸酸、鞣制等工序。整理工段是通过对已经鞣制的皮革进行物理化学处理以及机械整理操作，增进成革的物理机械性能和感官性能，分为湿态染整和干态整饰两部分，湿态染整包括复鞣、染色、加脂等工序，干态整饰主要为涂饰工序。

来源 主要来自准备工段、鞣制工段和整理工段。

准备工段废水 主要来自水洗、浸水、脱毛、脱灰、软化、脱脂等工序。主要污染物包括污血、泥浆、蛋白质、油脂、表面活性剂、脱脂剂等有机物，和盐、硫化物、石灰、碳酸钠、氨、氢氧化钠等无机物。

鞣制工段废水 主要来自浸酸和鞣制两个工序。浸酸废水中含有蛋白质、无机盐、无机酸、有机酸和悬浮物等；鞣制废水中含有蛋白质、无机盐、铬和有机酸等。

整理工段废水 主要来自水洗、中和、复鞣、染色、加脂工序，主要污染物有染料、油脂、铬、树脂等。

特征 包括以下四方面：水量和水质波动大；高悬浮物浓度、高 pH、高含盐量和高色度；含硫化物、铬和防腐剂、合成鞣剂、染料、表面活性剂等难降解有机物；主要污染物为蛋白质、动物脂肪等，整体的可生化性较好。

处理方法 包括高浓度废水预处理和综合废水处理。

高浓度废水预处理 包括含铬废水的碱沉淀预处理，含硫废水的催化氧化、化学混凝、酸化回收硫化氢等预处理，脱脂废水的酸提取和气浮预处理等。

综合废水处理 包括前处理、生物处理和深度处理三部分：前处理包括格栅、沉砂池、初次沉淀池等；生物处理通常采用厌氧－好氧组合处理工艺；深度处理可采用混凝、沉淀（气浮）、过滤、曝气生物滤池和芬顿氧化工艺。 （宋玉栋）

zhi tang feishui

制糖废水 （sugar industry wastewater） 甘蔗制糖和甜菜制糖生产过程中产生并外排的废水。

甘蔗制糖废水 甘蔗制糖过程一般包括提汁、清净、蒸发和结晶成糖等工序。其中蒸发、结晶成糖的工艺路线较为固定，而提汁与清净工序则可采用不同的工艺路线。提汁工序可采用压榨法、渗出法与磨压法；清净工序可采用亚硫酸法、石灰法、碳酸法、电澄清法和离子交换法等，其中以亚硫酸法和碳酸法为主。

甘蔗制糖过程中产生低、中、高三种浓度的废水。

低浓度废水 包括制糖车间蒸发、煮糖冷凝器排出的冷凝水和设备冷却水，真空吸滤机水喷射泵排水、压榨动力汽轮机和动力车间汽轮发电机等设备排出的冷却水。这部分水量较大，占整个糖厂废水总量的65%～75%，其化学需氧量（COD）一般为50mg/L以下（含微量糖分），悬浮物（SS）一般为30mg/L左右，水温一般为40～60℃。将此水冷却降温循环使用或做其他工程用水，可减少废水排放量。

中浓度废水 包括澄清压榨工序的洗滤布水（亚硫酸法糖厂），滤泥沉淀池溢出水（碳酸法糖厂），洗罐水及锅炉湿法排灰、烟囱水膜除尘废水等。这类废水含糖、悬浮物和少量机油，COD 和 SS 达几百到几千毫克/升，废水排放量较少，占制糖总排水量的20%～30%。

高浓度废水 主要是碳酸法清净工序的湿法排滤泥废水，COD 和 SS 高达几万毫克/升，废水呈弱碱性。

甜菜制糖废水 甜菜的加工一般须经原料预处理（甜菜流送、洗涤、切丝）、渗出、清洗、蒸发、煮糖工序。甜菜糖的加工首先将甜菜从堆放场用明渠水力输送到厂内（干法输送除外），经沉砂、除草和洗涤后，把甜菜切成丝，送入扩散器内，在一定压力下把热水以逆向通入，从甜菜丝中提取糖和其他可溶性固体。从扩散器中流出的浆汁用石灰乳处理，以去除非糖物质，然后充入二氧化碳达到饱和，经混合后沉淀出多余的石灰。糖汁再进一步用二氧化硫脱色，然后送至多效蒸发器里，浓缩到含糖固体占比达65%，再送至单效蒸发器浓缩至糖结晶，分离出糖。

甜菜制糖过程中产生低、中、高三种浓度的废水。

低浓度废水 主要指甜菜糖生产中的蒸发罐、结晶罐等的冷凝水和动力车间、汽轮发电机等设备的冷却水，只受到轻微的污染，除温度较高外，水质基本无变化。这部分水量占总废水量的30%～50%，废水中 COD 值一般在60mg/L以下（冷凝水则含有少量氨气和糖分），SS 在100mg/L以下。

中浓度废水 主要指糖厂甜菜流送、洗涤废水以及锅炉排灰水，含有较多的悬浮物和相当数量的溶解性有机质，废水中 COD 值一般为2 000～4 000mg/L，SS 在500～2 000mg/L，其水量占整个糖厂废水总量的40%～50%。

高浓度废水 包括甜菜流送水泥浆、压粕水、洗滤布水、冲滤泥水等。这类废水含有较多的糖类等有机物，特别是压粕水，COD 值在5 000mg/L以上。这部分废水的水量较少，约占总排水量的10%。

处理与循环利用 冷却水和冷凝水等低浓度废水经降温后可循环利用。冷却设施通常有自然塘（湖）冷却、机械通风冷却塔冷却和喷水池冷却。若在降温的同时加入适量石灰、明矾之类，则有一定的净化效果。为了防止结垢和腐蚀，可在循环水中投加阻垢缓蚀剂、杀菌剂等。

锅炉湿法排灰、水膜除尘废水通常经过沉淀处理后循环使用。含固体杂质的甜菜流送洗涤水也可通过澄清处理后回用。压粕水经处理后可回用作制糖工艺的渗出器用水。

其他制糖废水往往排入制糖企业末端处理系统进行处理。末端处理系统一般采用生化处理为主、物化处理为辅的工艺。甘蔗制糖废水进入末端处理系统时，COD一般为300～1 000mg/L，其生化处理通常采用好氧工艺，包括活性污泥法、接触氧化法等。甜菜制糖废水进入末端处理系统时的COD一般为2 500～6 000mg/L，其生化处理通常采用厌氧、好氧组合工艺，厌氧工艺有升流式厌氧污泥床（UASB）等，好氧工艺有活性污泥法、接触氧化法等。（李军）

zhonghechi

中和池 （neutralization tank） 中和酸性或碱性废水的水处理构筑物。酸性废水的中和方法分为碱性废水中和、药剂中和及过滤中和等。碱性废水的中和方法分为酸性废水中和、药剂中和及烟道气中和等。

酸碱废水相互中和的设施 当水质、水量变化较小，或废水缓冲能力较大，或后续构筑物对pH要求范围较宽时，可不单独设中和池，而在集水井（或管道、曲径混合槽）内进行连续流式混合反应。但对出水pH要求较严格时，应单设连续流式中和池。当水质、水量变化较大，且水量较小，连续流式中和池无法保证出水pH要求时，或当出水水质要求较高，或废水中还含有其他杂质或重金属离子时，较稳妥可靠的做法是采取间歇流式中和池，一般至少设2座，以便交替使用。

药剂中和的设施 包括中和剂制备与投加设施、混合反应设施和沉淀设施。中和剂制备与投加设施有干投和湿投两种。混合反应设施应根据废水水质水量、中和剂特性和废水处理要求确定。当废水水量和酸碱浓度较小，且不产生大量沉渣时，中和剂可投加在水泵集水井中，在管道中反应，在满足混合反应时间的情况下不设混合反应池。当废水量较大时，一般需设单独的混合池，池内采用压缩空气或机械搅拌。为获得稳定可靠的中和处理效果宜采用多级式自动控制系统，多采用二级（粗调、终调）或三级（粗调、中调、终调），投药量由设在池出口的pH检测仪控制。当沉渣量少，且为重力排渣时，可采用竖流式沉淀池；当沉渣量大，重力排泥困难时，可采用平流式沉淀池，沉渣用污泥泵排出。

过滤中和的设施 常用的有普通中和滤池和升流式膨胀中和滤池，其采用的滤料有石灰石、白云石和大理石等。酸性废水过滤中和处理中产生大量二氧化碳，使出水二氧化碳过饱和，pH一般在4左右，需后接吹脱处理。过滤中和设施的优点是操作简单，出水pH比较稳定，与石灰法相比沉渣量少。其缺点是进水的硫酸浓度不能太高，需定期倒床，劳动强度较高。

普通中和滤池 为固定床，按水流方向分为平流式和竖流式两种，竖流式又分为升流式和降流式两种（见图1）。普通中和滤池的滤料粒径不宜过大，一般为30～50mm，不得混有粉料杂质。当废水中含有可能堵塞滤料的杂质时，应进行预处理。过滤速度一般为1～1.5m/h，不大于5m/h，接触时间不少于10min，滤床厚度一般为1～1.5m。当进水酸浓度较大时，易在滤料颗粒表面结垢，且不易冲洗，因此效果较差，现已很少采用。

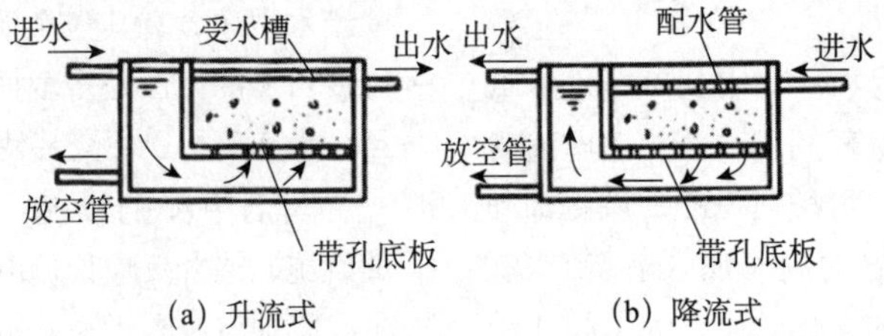

图1　普通中和滤池

升流式膨胀中和滤池　废水从滤池的底部进入，从池顶流出，使滤料处于膨胀状态。按滤池内的滤速分布分为等速（见图2）和变速（见图3）两种。等速升流式膨胀中和滤池采用的滤料粒径小（0.5～3mm）、滤速高（60～80m/h）、中和效果好、沉渣量少，但下部大颗粒滤料因不易膨胀而易结垢，上部的小颗粒易随水流失。变速升流式膨胀中和滤池目前应用最为广泛，采用倒锥形结构，直径下小上大，滤料直径0.5～3mm，下部的大粒径滤料在高滤速（130～150m/h）下工作，上部的小粒径滤料在低滤速（40～60m/h）下工作，从而使滤层中不同粒径滤料都能均匀膨胀，使大颗粒不结垢或少结垢，小颗粒不至随水流失。

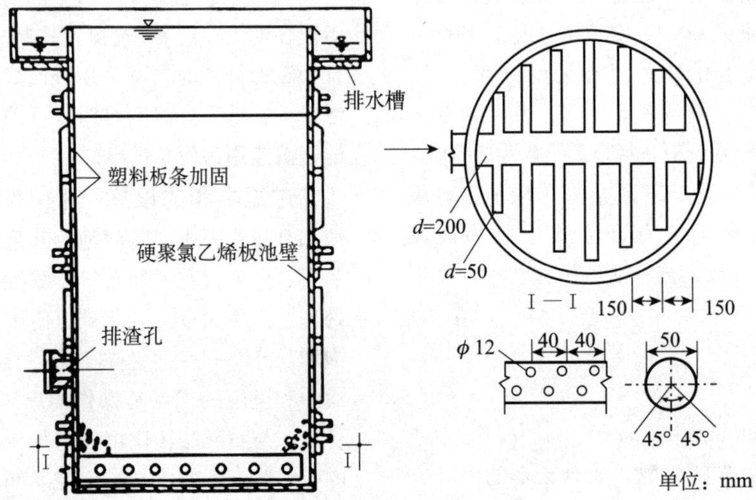

图2　等速升流式膨胀中和滤池

烟道气中和的设施　可采用烟道气湿法除尘器设备，也可采用气体吸收的填料塔。待中和废水从其顶部喷淋而下，与烟道气充分接触后，从其底部排出。　（宋玉栋　闫海红）

ziwaixian xiaodu

紫外线消毒　（ultraviolet disinfection）　利用特殊设计的高效率、高强度和长寿命的紫外光发生装置，产生紫外线辐射（100～280nm），用以杀灭水中的各种细菌、病毒、寄生虫、藻类等的消毒方法。

紫外线特性　紫外线是一种频率高于可见光的电磁波，按其波长可以分为UVA（315～400nm）、UVB（280～315nm）和UVC（100～280nm）三个波段。目前用于水消毒的紫外线灯主要是波长为253.7nm的低压紫外线灯或100～280nm的中压紫外线灯。

机理　微生物的遗传物质DNA在260nm附近有较强的吸收。此波段恰好在UVC的波长范围内。在一定剂量的UVC辐射后，微生物的遗传物质形成二聚体等，使微生物失去繁殖的能力，从而达到消毒的目的。

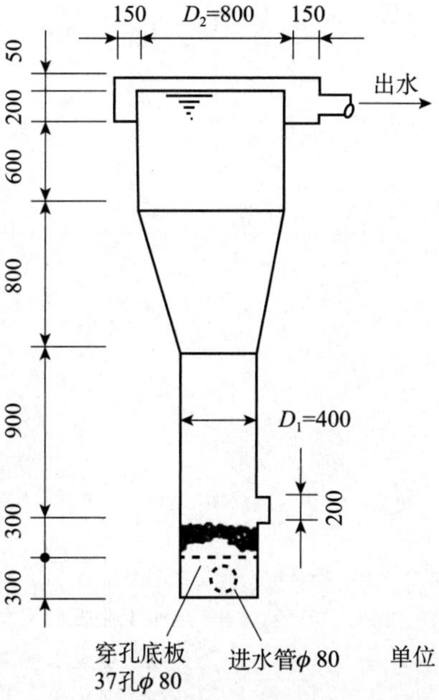

图3　变速升流式膨胀中和滤池

紫外线消毒系统　紫外线消毒系统分为开放式和封闭式。开放式紫外线消毒系统多用于污水消毒，封闭式紫外线消毒系统多用于净水消毒。

性能特点　包括以下两方面。

优点　①消毒速度快，效率高，占地面积小。②不影响水的物理特性和化学成分，不增加水的嗅和味。③设备操作简单，便于运行管理和实现自动化等。

缺点　①不具备后续消毒能力，易产生二次污染。②污水悬浮物（SS）较大时，消毒效果很难保证。

（李军　郭美婷）

条目分类索引

【总论】

水域功能 123
水质 124
水污染 120
水环境容量 118
水环境承载能力 117
水污染物排放标准 121
水环境管理 117
水污染源 121
水污染全过程控制 120
污水处理 138
污水处理二次污染 141
黑臭水体 56
富营养化 42
水环境修复 118
水体自净 119

【水污染源】

[城市生活污水]
　城镇污水 22
　生活污水 106
　医院污水 183
工业废水 49
　钢铁工业废水 44
　焦化废水 65
　医药工业废水 182
　机械加工工业废水 63
电子工业废水 33
造纸工业废水 188
化学工业废水 58
石油化工废水 114
石油炼制工业废水 115
食品工业废水 116
酿造工业废水 79
制糖废水 192
纺织染整工业废水 38
制革废水 191
养殖废水 176
电镀废水 31
放射性废水 38
高温废水 46
酸性废水 125
碱性废水 64
含酚废水 51
含油废水 55
含氰废水 53
含砷废水 54
含镉废水 52
含铬废水 52
烟道气脱硫废水 172
含汞废水 52
含醛废水 53
有机磷农药废水 185
含锌废水 55
含铜废水 54

含氟废水 51
面源 74
水体内源 119

【污水收集输送】

排水体制 93
排水工程 93
排水系统 94
污水分质收集 146
工业园区污水收集模式 50
［管网与泵站］
给排水管道工程 64
污水管网 147
排水泵站 93
污水检查井 150
污水排放口 152
污水排放扩散管 152
［城市低影响开发雨水系统］
低影响开发 25
植草沟 190
植被缓冲带 190
下沉式绿地 164
生物滞留设施 111
渗透塘 104
湿塘 114
雨水湿地 186
绿色屋顶 73
透水铺装 127

【污水物理化学处理】

［物理处理］
污水物理处理技术 160
污水重力分离法 163
污水离心分离法 151
污水筛滤截留法 155
污水蒸发处理 162
隔油处理法 49
膜分离技术 75
微滤 133
超滤 16
纳滤 78
反渗透 38
渗透汽化 104
［物理化学处理］
污水化学处理法 148
污水混凝处理法 149
污水中和处理法 163
污水化学沉淀处理法 148
污水氧化还原处理法 161
污水湿式空气氧化法 157
污水高级氧化处理法 146
污水光催化氧化法 147
污水电解处理法 145
污水物理化学处理技术 160
污水离子交换处理法 151
污水吸附处理法 160
污水气浮处理法 153
污水汽提处理法 154
污水磁混凝澄清处理法 142
污水萃取处理法 142
电渗析 32
扩散渗析 68
水消毒处理 122
液氯消毒 181
次氯酸钠消毒 24
二氧化氯消毒 36
紫外线消毒 194
电化学消毒 32
臭氧消毒 23
折点氯化法脱氮 189

【污水生物处理】

［通用术语］
废水生物处理法 41
好氧生物处理 55
厌氧生物处理 175
污水处理厂污泥 139
颗粒污泥 67
活性污泥法 59
吸附－再生活性污泥法 164
分段进水活性污泥法 42
延时曝气活性污泥法 172
深井曝气活性污泥法 103
纯氧曝气活性污泥法 23
高负荷活性污泥法 45
氧化沟 177

A－B 活性污泥法（A－B 法） 1
序批式活性污泥法 166
膜生物反应器 76
生物膜法 110
普通生物滤池 95
高负荷生物滤池 45
塔式生物滤池 126
生物转盘 112
生物接触氧化池 107
曝气生物滤池 10
生物活性炭滤池 106
生物流化床 109
移动床生物膜反应器 184
［污水厌氧生物处理］
厌氧接触工艺 173
厌氧生物转盘 176
厌氧生物滤池 176
升流式厌氧污泥床 105
厌氧颗粒污泥膨胀床 173
内循环反应器 78
［污水生物脱氮除磷］
污水生物脱氮 156
污水生物除磷 155
三级活性污泥法脱氮工艺 103
缺氧－好氧活性污泥法脱氮工艺 99
短程硝化－反硝化工艺 35
厌氧氨氧化工艺 173
Phostrip 工艺 81
巴氏脱氮除磷工艺 3
Phoredox 工艺 81
厌氧－缺氧－好氧活性污泥法工艺 174
缺氧－厌氧－好氧活性污泥法工艺 100
UCT 工艺 129
VIP 工艺 131
限制自养硝化反硝化工艺 165
约翰内斯堡工艺 186
［废水脱硫］
废水生物脱硫 42

【污水自然净化处理】

［土地处理系统］
污水土地处理系统 158
快速渗滤系统 67
慢速渗滤系统 74
地表漫流系统 28
地下渗滤系统 28
湿地处理系统 113
人工湿地 101
［塘系统］
稳定塘 133

【污水再生】

污水再生利用 162

【水环境修复】

湖泊水库水环境修复 57
河流水环境修复 55
地下水修复 30

【构筑物】

污水处理构筑物 142
污水处理厂 139
再生水厂 188
格栅 47
沉砂池 18
沉淀池 16
絮凝池 170
气浮池 96
中和池 193
调节池 127
曝气池 3
消毒池 165
隔油池 48
化粪池 58

【污水处理设备】

拦污设备 70
机械搅拌设备 63
曝气设备 5
排泥设备 82
污泥脱水设备 135
滗水器 12
臭氧发生器 23
二氧化氯发生器 36

条目汉字笔画索引

说　明

一、本索引供读者按条目标题的汉字笔画查检条目。

二、条目标题按第一字笔画数由少到多的顺序排列，同画数的按笔顺横（一）、竖（丨）、撇（丿）、点（丶）、折（乛，包括ㄱ乚く等）的顺序排列，笔画数和笔顺都相同的按下一个字的笔画数和笔顺排列。第一字相同的，依次按后面各字的笔画数和笔顺排列。

三、以英文字母开头的条目标题，依次排在汉字名目标题的后面。

二画

二氧化氯消毒 36
人工湿地 101

三画

三级活性污泥法脱氮工艺 103
工业园区污水收集模式 50
工业废水 49
下沉式绿地 164

四画

中和池 193
内循环反应器 78
水污染 120
水污染全过程控制 120
水污染物排放标准 121
水污染源 121
水体内源 119
水体自净 119
水环境承载能力 117
水环境修复 118
水环境容量 118
水环境管理 117
水质 124
水消毒处理 122
水域功能 123
气浮池 96
升流式厌氧污泥床 105
化学工业废水 58
化粪池 58
反渗透 38
分段进水活性污泥法 42
巴氏脱氮除磷工艺 3

五画

石油化工废水 114
石油炼制工业废水 115
电子工业废水 33
电化学消毒 32
电渗析 32
电镀废水 31
生物转盘 112
生物活性炭滤池 106
生物流化床 109
生物接触氧化池 107

生物滞留设施 111
生物膜法 110
生活污水 106

六画

机械搅拌设备 63
机械加工工业废水 63
扩散渗析 68
地下水修复 30
地下渗滤系统 28
地表漫流系统 28
再生水厂 188
厌氧生物处理 175
厌氧生物转盘 176
厌氧生物滤池 176
厌氧－缺氧－好氧活性污泥法工艺 174
厌氧氨氧化工艺 173
厌氧接触工艺 173
厌氧颗粒污泥膨胀床 173
有机磷农药废水 185
吸附－再生活性污泥法 164
延时曝气活性污泥法 172
次氯酸钠消毒 24
污水土地处理系统 158
污水中和处理法 163
污水气浮处理法 153
污水化学处理法 148
污水化学沉淀处理法 148
污水分质收集 146
污水电解处理法 145
污水生物除磷 155
污水处理 138
污水生物脱氮 156
污水处理二次污染 141
污水处理厂 139
污水处理厂污泥 139
污水处理构筑物 142
污水再生利用 162
污水光催化氧化法 147
污水吸附处理法 160
污水汽提处理法 154
污水物理化学处理技术 160
污水物理处理技术 160
污水重力分离法 163
污水氧化还原处理法 161
污水高级氧化处理法 146
污水离子交换处理法 151
污水离心分离法 151
污水排放口 152
污水排放扩散管 152
污水萃取处理法 142
污水检查井 150
污水混凝处理法 149
污水筛滤截留法 155
污水湿式空气氧化法 157
污水蒸发处理 162
污水磁混凝澄清处理法 142
污水管网 147
好氧生物处理 55
约翰内斯堡工艺 186

七画

折点氯化法脱氮 189
医药工业废水 182
医院污水 183
低影响开发 25
含汞废水 52
含油废水 55
含氟废水 51
含砷废水 54
含酚废水 51
含铜废水 54
含铬废水 52
含锌废水 55
含氰废水 53
含镉废水 52
含醛废水 53
序批式活性污泥法 166
沉砂池 18
沉淀池 16
快速渗滤系统 67
纯氧曝气活性污泥法 23
纳滤 78
纺织染整工业废水 38

八画

雨水湿地 186

制革废水 191
制糖废水 192
废水生物处理法 41
废水生物脱硫 42
放射性废水 38
河流水环境修复 55
限制自养硝化反硝化工艺 165

九画

城镇污水 22
面源 74
钢铁工业废水 44
食品工业废水 116
养殖废水 176
活性污泥法 59
给排水管道工程 64

十画

格栅 47
缺氧－厌氧－好氧活性污泥法工艺 100
缺氧－好氧活性污泥法脱氮工艺 99
氧化沟 177
造纸工业废水 188
透水铺装 127
臭氧消毒 23
高负荷生物滤池 45
高负荷活性污泥法 45
高温废水 46
烟道气脱硫废水 172
消毒池 165
调节池 127

十一画

排水工程 93
排水体制 93
排水系统 94
排水泵站 93
移动床生物膜反应器 184
液氯消毒 181
深井曝气活性污泥法 103
渗透汽化 104
渗透塘 104
绿色屋顶 73

十二画

塔式生物滤池 126
超滤 16
植草沟 190
植被缓冲带 190
紫外线消毒 194
黑臭水体 56
短程硝化－反硝化工艺 35
焦化废水 65
普通生物滤池 95
湖泊水库水环境修复 57
湿地处理系统 113
湿塘 114
富营养化 42
隔油处理法 49
隔油池 48
絮凝池 170

十三画

微滤 133

十四画

酿造工业废水 79
酸性废水 125
碱性废水 64
颗粒污泥 67
稳定塘 133
膜分离技术 75
膜生物反应器 76
慢速渗滤系统 74

十九画

曝气生物滤池 10
曝气池 3

其他

A-B 活性污泥法（A-B 法） 1
Phoredox 工艺 81
Phostrip 工艺 81
UCT 工艺 129
VIP 工艺 131

条目外文索引

说　明

本索引按照条目外文标题的逐词排列法顺序排列。

A

A-B activated sludge process 1
acidic wastewater 125
activated sludge process 59
activated sludge sequencing batch reactor 166
adsorption-regeneration activated sludge process 164
adsorptive treatment of wastewater 160
advanced oxidation process of wastewater 146
aeration equipment 5
aeration tank 3
air floatation of wastewater 153
aldehyde containing wastewater 53
alkaline wastewater 64
anaerobic biofilter 176
anaerobic contact process 173
anaerobic rotating biological contactor 176
anaerobic-anoxic-oxic activated sludge process 174
anammox process 173
anoxic-anaerobic-oxic activated sludge process 100
anoxic-oxic activated sludge process for nitrogen removal 99
arsenic containing wastewater 54
artificial wetland 101

B

bar screen 47
Bardenpho process 3
biofilm process 110
biological activated carbon filter，BACF 106
biological aerated filter，BAF 10
biological aerobic treatment 55
biological anaerobic treatment 175
biological contact oxidation tank 107
biological fluidized bed 109
biological nitrogen removal from wastewater 156
biological phosphorus removal from wastewater 155
biological treatment of wastewater 41
bioretention system 111
biotower 126
black and odorous water 56
break point chlorination denitrification 189
brewing industry wastewater 79

C

cadmium containing wastewater 52
centrifugal separation of wastewater 151
chemical treatment of wastewater 148
chemical industry wastewater 58
chlorine dioxide disinfection 36
chlorine dioxide generator 36
chlorine disinfection 181
chromium containing wastewater 52
clarification tank 22

classified sewage collection 146
coagulation treatment of wastewater 149
coking wastewater 65
copper containing wastewater 54
cyanide containing wastewater 53

D

deep well aeration activated sludge process 103
diffusion dialysis 68
diffusor for sewage discharge 152
discharge standard of water pollutants 121
disinfecting tank 165
disinfection of water and wastewater 122
domestic wastewater 106
drain grating device 70

E

electrochemical disinfection 32
electrodialysis 32
electrolytic treatment of wastewater 145
electronics industry wastewater 33
electroplating wastewater 31
eutrophication 42
evaporation of wastewater 162
expanded granular sludge bed 173
extended aeration activated sludge process 172
extraction treatment of wastewater 142

F

floatation tank 96
flocculation tank 170
fluoride containing wastewater 51
food industry wastewater 116
function of water body 123

G

gas stripping of wastewater 154
granular sludge 67
grassed swale 190
gravity separation of wastewater 163
green roof 73
grit chamber 18
groundwater remediation 30

H

high load activated sludge process 45
high temperature wastewater 46
high-rate trickling filter 45
hospital sewage 183

I

industrial wastewater 49
infiltration pond 104
internal circulation reactor 78
internal source of water body 119
ion exchange treatment of wastewater 151
iron and steel industry wastewater 44

J

Johannesburg process 186

L

land treatment system for wastewater 158
low impact development 25

M

magnetic coagulation clarification of wastewater 142
mechanical industry wastewater 63
mechanical stirring device 63
membrane bioreactor, MBR 76
membrane separation 75
mercury containing wastewater 52
microfiltration 133
moving bed biofilm reactor, MBBR 184
municipal wastewater 22

N

nanofiltration 78
neutralization tank 193
neutralization treatment of wastewater 163
non-point source 74

O

oil containing wastewater 55
oil separation 49
oil separator 48

organic-phosphorus pesticide wastewater 185
overland flow system 28
oxidation ditch 176
oxidation reduction treatment of wastewater 161
oxygen aeration activated sludge process 23
oxygen limited autotrophic nitrification denitrification process 166
ozone disinfection 23
ozone generator 23

P

pervaporation 104
petrochemical wastewater 115
petroleum refining industry wastewater 116
pharmaceutical industry wastewater 182
phenol containing wastewater 51
Phoredox process 81
Phostrip process 81
photocatalytic oxidation process of wastewater 147
physical treatment of wastewater 160
physical-chemical treatment of wastewater 160
porous pavement 127
pulp and paper industry wastewater 188
pumping station 93

R

radioactive wastewater 41
rapid infiltration system 67
reverse osmosis，RO 38
rotating biological contactor 112

S

screening and filtration of wastewater 155
secondary pollution from wastewater treatment 141
self-purification of water body 119
septic tank 58
settling tank 16
sewage control well 150
sewage outlet 152
sewage pipe network 147
sewerage system 93
shortcut nitrification-denitrification process 35
slow rate infiltration system 74
sludge dewatering equipment 135
sludge from wastewater treatment plant 139
sludge scraper 82
sodium hypochlorite disinfection 24
stabilization pond 133
step-feed activated sludge process 42
stormwater wetland 186
subsurface wastewater infiltration system 26
sugar industry wastewater 192
sunken green belt 164

T

tannery industry wastewater 191
three-stage activated sludge process for nitrogen removal 103
textile dyeing and finishing industry wastewater 38
trickling filter 95

U

UCT process 129
ultrafiltration 16
ultraviolet disinfection 194
upflow anaerobic sludge blanket，UASB 105

V

VIP process 131

W

wastewater biological desulfurization 42
wastewater collection mode of industrial park 50
wastewater engineering 93
wastewater engineering system 94
wastewater flow equalization basin 127
wastewater from aquaculture, livestock and poultry farms 176
wastewater from flue gas desulphurization 172
water decanter 12
water environment capacity 118
water environment carrying capacity 117
water environment management 117
water environment restoration 118
water environment restoration of lakes and reservoirs 57
water environment restoration of rivers 55

water pollution 120
water pollution source 121
water quality 124
wastewater reclamation and reuse 162
wastewater treatment 138
wastewater treatment by chemical precipitation process 148
wastewater treatment plant 139
wastewater treatment structure 142
water reclamation plant 188
water supply and drainage pipeline engineering 64
wet air oxidation of wastewater 157
wet pond 114
wetland treatment system 113
whole process control of water pollution 120

Z

zinc containing wastewater 55

本书主要编辑、出版人员

社　　长：武德凯
首席编审：周　煜
总 经 理：罗永席
主任编辑：李卫民
责任编辑：李卫民　谷妍妍　张　娣
装帧设计：彭　杉　宋　瑞
责任校对：任　丽
责任印刷：满　好